防空地下室给水排水设计施工与维护管理

丁志斌　编著

中国建筑工业出版社

图书在版编目（CIP）数据

防空地下室给水排水设计施工与维护管理/丁志斌编
著. —北京：中国建筑工业出版社，2019.4（2024.8重印）
ISBN 978-7-112-23236-9

Ⅰ.①防… Ⅱ.①丁… Ⅲ.①人防地下建筑物-给水排
水系统-建筑设计②人防地下建筑物-给水排水系统-建筑施
工③人防地下建筑物-给水排水系统-维修 Ⅳ.①TU927

中国版本图书馆 CIP 数据核字（2019）第 020849 号

　　本书共分 16 章，分别是绪论、武器效应、相关专业知识概论、防空地下
室供水水源、给水排水系统的防护及原理、战时给水系统、排水系统、洗消给
水排水设计、柴油电站给水排水及供油系统设计、消防给水系统设计、平战转
换、防空地下室设计示例、防空地下室施工图审查、防空地下室给水排水施工
监理、防空地下室给水排水维护管理、常见问题及分析。

　　本书可作为从事防空地下室给水排水专业设计、施工图审查、施工、监理
及维护管理的专业技术或管理人员的职业培训教材或自学用书，也可作为高等
院校给水排水专业本科学生的选修课教材。

责任编辑：于　莉　杜　洁
责任校对：李美娜

防空地下室给水排水设计施工与维护管理
丁志斌　编著

*

中国建筑工业出版社出版、发行（北京海淀三里河路 9 号）
各地新华书店、建筑书店经销
北京科地亚盟排版公司制版
建工社（河北）印刷有限公司印刷

*

开本：787×1092 毫米　1/16　印张：17　字数：420 千字
2019 年 5 月第一版　　2024 年 8 月第二次印刷
定价：55.00 元
ISBN 978-7-112-23236-9
（33524）

前　言

随着我国国民经济持续高速发展，结合地面建筑开发的防空地下室建设总量和规模不断增大，需要有更多的人员掌握防空地下室设计、施工、监理及维护管理的专业知识。由于历史和行业管理体制等方面的原因，目前公开出版的相关图书资料很少，给防空地下室的建设和管理工作带来了许多困难和不便。

本书是在编者主编的内部培训教材《全国人防防护工程师考试培训教材——给水排水专业》的基础上充实完善而成。第1、2、3章分别介绍了人防工程概论及标准体系，武器效应，人防建筑与结构、通风、供电专业知识概论。第4～11章以现行《人民防空地下室设计规范》GB 50038—2005中给水排水专业条文涉及的主要内容及知识点为顺序，对相关概念原理、计算方法、设计要点等进行了详细介绍。第12章以实际工程为背景，示例了二等人员掩蔽工程、专业队队员掩蔽工程、物资库工程、柴油电站、医疗救护站的设计计算书，对施工图设计中的关键点进行了图示和说明。第13章介绍了防空地下室给水排水专业施工图审查的相关要求。第14章介绍了防空地下室给水排水施工及监理的要点。第15章介绍了防空地下室给水排水维护管理的基本要求。第16章列举并分析了防空地下室设计、施工及维护管理中常见的45个问题。

本书可作为从事防空地下室给水排水专业设计、施工图审查、施工、监理及维护管理的专业技术或管理人员的职业培训教材或自学用书，也可作为高等院校给水排水专业本科学生的选修课教材。

在本书编写过程中，得到了很多人防工程技术专家和专业工程师的支持和帮助，在此深致谢意。

由于编者水平有限，希望读者对本书的错误和缺点给予批评和指正。

编　者

2018 年 10 月于南京

目　　录

第1章 绪 论

1.1 人民防空工程概论

人民防空工程简称人防工程，也称人防工事，是指为保障战时人员与物资掩蔽、人民防空指挥、医疗救护而单独修建的地下防护建筑，以及结合地面建筑修建的战时可用于防空的地下室。人防工程是防备敌人突然袭击，有效掩蔽人员和物资，保存战争潜力的重要设施；是坚持城镇战斗，长期支持反侵略战争直至胜利的工程保障设施。

1. 人防工程分类

（1）按构筑形式分类

人防工程按构筑形式分为地道工程、坑道工程、堆积式工程和掘开式工程。

地道工程是大部分主体地面低于最低出入口的暗挖工程，多建于平地。

坑道工程是大部分主体地面高于最低出入口的暗挖工程，多建于山地或丘陵地。

堆积式工程是大部分结构在原地表以上且被回填物覆盖的工程。

掘开式工程是采用明挖法施工且大部分结构处于原地表以下的工程，包括单建掘开式工程和附建掘开式工程。图 1-1 所示为单建掘开式工程，上部一般没有直接相连的建筑物；图 1-2 所示为附建掘开式工程，上部有坚固的楼房，亦称防空地下室。

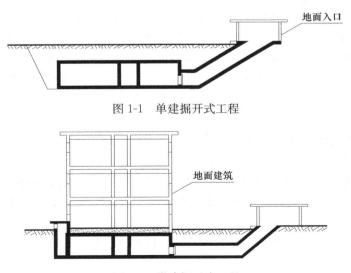

图 1-1 单建掘开式工程

图 1-2 附建掘开式工程

根据《人民防空地下室设计规范》GB 50038—2005（该规范是本书的主要编写依据，本书以下简称"防空地下室设计规范"）第 1.0.2 条对规范适用范围的解释，除附建掘开式人防工程外，防核武器抗力级别 4 级、4B 级、5 级、6 级和 6B 级，防常规武器抗力级别5级和6级，居住小区内结合民用建筑易地修建的单建掘开式人防工程，也适用于该规范。

（2）按战时功能分类

防空地下室按战时功能分为指挥通信工程、医疗救护工程、防空专业队工程、人员掩蔽工程和其他配套工程5大类。

指挥通信工程是指各级人防指挥所及其通信、电源、水源等配套工程的总称。

医疗救护工程是指战时对伤员独立进行早期救治工作的防空地下室。按照医疗分级和任务的不同，医疗救护工程分中心医院、急救医院、医疗救护站等。医疗救护工程多数结合地面医院进行规划建设。

防空专业队工程是指保障防空专业队掩蔽和执行某些勤务的防空地下室，一般称为防空专业队掩蔽所。一个完整的防空专业队掩蔽所一般包括专业队队员掩蔽部和专业队装备（车辆）掩蔽部两个部分。防空专业队系指按专业组成的担负人民防空勤务的组织，其中包括抢险抢修、医疗救护、消防、防化防疫、通信、运输、治安等专业队。

人员掩蔽工程是指主要用于保障人员掩蔽的防空地下室，按照战时掩蔽人员的作用，人员掩蔽工程共分为两等：一等人员掩蔽所，指战时坚持工作的政府机关、城市生活重要保障部门（电信、供电、供气、供水、食品等）、重要厂矿企业和其他战时有人员进出要求的人员掩蔽工程；二等人员掩蔽所，指战时留城的普通居民掩蔽所。

其他配套工程是指除指挥通信工程、医疗救护工程、防空专业队工程和人员掩蔽工程以外的保障性防空地下室。主要包括区域电站、区域供水站、人防物资库、人防汽车库、食品站、生产车间、人防交通干（支）线、疏散机动干道、连接通道、核化监测站、音响警报站等。

（3）按平时使用功能分类

防空地下室按平时使用功能分为地下宾馆（招待所），地下商场（商店），地下餐厅（饭店、饮食店、酒吧、咖啡厅），地下文艺活动场所（包括舞厅、电影院、展览室、录像放映厅、卡拉OK厅、射击场、游乐场、台球室、游泳池等），地下教室、办公室、会堂（会议室）、试验（实验）室，地下医院（手术室、急救站、医疗站），地下生产车间、仓库、电站、水库，地下过街道、地下停车场、地下车库等。

2. 人民防空

在政府和组织层面，使用"人民防空"这一术语，指动员和组织人民群众防备敌方空中袭击、消除空袭后果所采取的措施和行动，简称"人防"。国外把民众参与实施的战时防空与平时救灾相结合，称为"民防"。"CCAD"是中国人民防空的标志，是英文 Chinese Civil Air Defence 的缩写。我国各级政府组织中有人民防空办公室或民防办公室机构，其职能一般包括：

（1）拟定人民防空事业发展战略与中长期发展规划，编制人民防空工作年度计划，并组织实施。

（2）组织实施人民防空法律、法规和方针、政策；起草人民防空地方性法规、规章草案和规范性文件，并监督实施；组织开展人民防空行政执法，依法审批相关事项。

（3）负责人民防空工作规划、建设、维护和技术管理，对城市地下空间开发利用兼顾人民防空功能进行监督和管理。

（4）开展人民防空组织指挥和重要经济目标防护工作，建设战时人口疏散基地；组织指导群众防空组织建设和防空防灾演练。

（5）负责人民防空信息化、通信警报建设；组织发放防空防灾警报。

（6）负责开发利用和管理已建人民防空工程；负责管理人民防空平战结合工作；对已建人民防空工程设施进行开发利用和管理。

（7）组织开展人民防空宣传教育、人民防空理论和人民防空科学技术研究，推广应用科研成果，普及人民防空知识和技能。

（8）利用人民防空资源参与抢险救灾和应急救援。

（9）管理和使用人民防空经费和人民防空国有资产，依法征缴社会负担的人民防空经费。

（10）战时配合城市防卫、要地防空作战，组织开展城市防空袭的相关工作，消除空袭后果。

3. 防空地下室建设的意义

世界各国特别是发达国家，对防空地下室建设的基本共识有：

（1）防空地下室主要用于应对战争灾害，同时兼顾应对平时的自然灾害及突发事故。

（2）防空地下室建设具有极为重要的战略地位，是一个国家战时防御能力的重要组成部分。

（3）重视提高总体防护能力，主要防御目标是核战争，并依据抵御核爆炸冲击波能力确定设计标准。

（4）防空地下室建设耗资大、周期长，维护费用高，普遍采用平战结合的方针，特别是在现代城市发展中，结合城市地下空间开发利用，有计划地修建防空地下室，处理好社会价值与经济价值的关系。

4. 国外民防工程

防空地下室结合城镇新建民用建筑修建，便于地面人员就近掩蔽，是减少战时人员伤亡损失的重要途径。由于防空地下室设计抗力不高，便于平战结合利用，投资费效比高。因此，世界各国普遍重视防空地下室建设。

瑞士民防的定义为："国防的组成部分，旨在战时保护与救援平民，预防并减少战争给人民生命财产带来的损失，平时用于抢险救灾。"《联邦民防建筑法》对私人及公共建筑中建设防空掩体的义务、实施方法、政府补贴、平时维护作了明确的规定。该法律还规定对于违反民防建筑法的行为予以罚款，情节严重的将追究刑事责任。目前瑞士全国已建成各种地下隐蔽所，可供全部常住人口使用，人均"三防"掩蔽工程的面积超过 $5m^2$。

瑞典现已建民防工事 7000 多个，总面积达 720 万 m^2 左右，大型建筑下面都建有二层以上的掩体，战时全国 90% 以上的人员能进入民防工事，人均防护面积为 $0.8m^2$。连接斯德哥尔摩市中心和机场的高速列车隧道，长达 40km，是一个大型平战结合工程，仅地下候机长廊的 3 个车站，战时就能掩蔽 3 万人。

英国民防的定义为："在敌人武装进攻的情况下，保护国民生命财产、公共设施、设备产业和文物，并努力进行救护和修复工作。"英国政府最早于 1948 年制定《民防法》，1974 年制定《民防计划规定》，1983 年制定《民防规定》，2004 年制定《民事应急法案》等。这些法律法规在不同历史时期对民防工作作了明确的界定和规划，明确了政府部门、社会团体和每个家庭等在民防以及紧急事件处置工作中的相互职责与义务。各不同地区和部门亦根据各自的不同情况，在国家法律框架内，制定自己的民防工作规定和应对各种突发民防事件的行为规范和操作指南。为弥补国家民防设施的不足，英国政府号召各级地方政府、大型私营企业及每个家庭都要重视平时的民防工程建设，以弥补公共民防设施的不足。一是加强公共民防设施建设和使用。英国的公共民防设施主要是防空洞、城市地铁、公共建筑地下室和地下停车场等。二是多建中、小型掩蔽所。由于财力有限，英国政府难以在平时集中大量人力财力修建民防设施，但要求大型企业、私营业主等新建楼房时必须修筑地下室，并鼓励其在修建地下室时考虑战时可方便转为掩蔽部之用，政府可提供技术咨询和指导。三是建造家庭掩蔽部。

美国民防历史开始于第二次世界大战以后，美国民防的定义为："把对美国攻击和因自然灾害造成的损失，减小到最低限度，同时处置因这种攻击和灾害引起的直接紧急事态，并修理或紧急修复因这种攻击和灾害而遭受破坏或损失的重要公共设施"。美国民防建设总体上不如欧洲国家重视，但已建人员掩蔽工程可掩蔽 1.2 亿人，配套设施全，防护能力较强。城市中 75％的建筑都有地下室，州以下的紧急活动中心有 5 万多个，其他公共掩蔽工程 29 万多个。

俄罗斯民防的定义为："为保护俄罗斯联邦境内的居民、物质与文化财产，免遭军事行动和自然、人为灾害所采取的综合措施。"俄罗斯民防法规定人均占有防护工程面积不小于 $0.5m^2$，空间不小于 $1.5m^3$。

20 世纪 70 年代以来，西方发达国家都普遍减少了单纯为战时防护而修建的民防工程，强调平战结合，突出民防工程平时的经济效益，把地下掩蔽部用作地下商场、地下车间、地下粮库、地下发电站、地下停车场、地下旅馆、地下娱乐场所等，服务民众的生活。瑞典国家法律规定：已建的防空掩体，平时必须使用。坚持把民防发展与城市建设一体化作为民防建设的重要指导思想，把民防工程纳入城市发展的总体规划，修建的地下车间、地下粮库、地下发电站、地下停车场、地下旅馆等，与其他地下建筑互联互通、连片成网，与地面空间有机结合、融为一体，既满足民防的需要，又适应城市的发展。英国强调地下空间的开发与利用，将民防工程与地铁、地下快速道路、地下步行道等地下交通建设相结合。伦敦市区地铁拥有 150 多年历史，分上、中、下三层，其建设充分考虑了民防需要，做到了"先规划后建设、地上地下贯通"，地铁内设置了多通道连通出入口，做到平战结合，不仅战时可以有效地隐藏人员和物资，平时也有利于缓解地面交通拥堵，改善城市环境品质。

5. 我国人防工程发展简史

在抗日战争时期，我国的一些大城市成立了防空司令部，以减少日军轰炸的人员伤亡。1950 年，国务院颁布了《发展人民防空工作的决定》，在全国范围内开始建立人民防空组织。1951 年，成立了中央人民防空委员会。1953 年 11 月第一次全国人防工作会议在北京召开，确定了"长期准备、重点建设"的方针，在沈阳、大连等 36 个城市开展人民防空工作，并成立了人民防空领导机构，修建人民防空工事，建立防空袭警报设施。20世纪 50～60 年代，在美苏核装备竞赛及国际形势的影响下，建设了一批地下工厂、军事设施等军用工程。1969 年，毛主席号召"深挖洞，广积粮，不称霸"，以应付帝国主义和霸权主义发动的侵略战争，全国人民掀起了防空地下室建设的高潮；全国各大区、省

（市、自治区）和主要城市都调整和健全了人民防空领导机构和组织；各级人民防空委员会下设办公机构，承办日常工作。1971年7月第二次全国人防工作会议召开，确定了设防城市类别。1978年10月第三次全国人防工作会议召开，确定了"全面规划，突出重点，平战结合，质量第一"的人民防空建设方针。1996年10月29日全国人大常委会通过了《中华人民共和国人民防空法》，自1997年1月1日起施行。《中华人民共和国人民防空法》规定我国人防建设的方针是"长期准备，重点建设，平战结合"。这也标志着人民防空事业走向法制化，我国的人民防空事业进入了一个新的时期。2000年11月第四次全国人防工作会议召开，确定了我国人民防空2015年前建设的战略目标。2003年11月颁发了新的《人防工程战术技术要求》。2005年10月第五次全国人防工作会议召开，把人防建设纳入国防动员建设。2010年10月第六次全国人防工作会议召开，强调推进人民防空建设与城市建设相结合，与经济建设融合发展。2016年7月第七次全国人防工作会议召开，强调把人防工程作为地下空间开发利用的重要载体，更好地发挥地下资源潜力，形成平战结合、相互连接、四通八达的城市地下空间；开发利用好防空地下室用作停车场等公共服务设施功能。

在20世纪60年代末、70年代初，"深挖洞"群众运动建设的人防工程，由于缺少统一规划，施工技术落后，经费不足，一般单体建筑面积较小，质量较差，防护能力不足，特别是缺乏完善的内部设备设施，现统称为早期工程。该类工程多数不能满足新的人防防护要求，目前多数作为小型物资库在利用。

随着改革开放和经济的发展，在20世纪80年代末、90年代初，重点建设了一批结合城市建设，兼顾平时战时功能的人防工程，多数位于城市的交通枢纽或商业中心，如哈尔滨秋林路地下商业街、沈阳北新客站地下城、上海人民广场地下停车场、郑州火车站广场地下商场、武汉汉口火车站配套工程、西安钟鼓楼地下工程、汕头火车站站前广场工程、上海火车站南广场工程等。在当时地面建筑标准普遍不太高、建筑单体面积普遍较小的背景下，这些防空地下室以巨大的体量、平战功能的科学结合、较高的装修档次、舒适的人工环境等产生了良好的社会影响。

进入21世纪后，我国的房地产业进入黄金发展期，人防工程建设量最大的是各类防空地下室，部分原因是我国防空地下室建设也具有政府强制属性。如2016年修订颁布的《江苏省防空地下室建设实施细则》，进一步加大了应建防空地下室面积的比例，规定江苏省城市规划区内新建民用建筑，包括除工业生产厂房及其生产性配套设施以外的所有非生产性建筑，应当按照总建筑面积（地上、地下建筑面积之和）的5%～9%修建6级以上防空地下室。当遇到以下条件之一时，建设单位可向人防主管部门申请易地建设：

（1）所在地块被禁止、限制开发利用地下空间；

（2）因暗河、流砂、基岩埋深较浅等地质、地形或者建筑结构条件限制不适宜修建防空地下室；

（3）因建设场地周边建筑物或者地下管道设施等密集，防空地下室不能施工或者难以采取措施保证施工安全；

（4）按照规定标准应建防空地下室的建筑面积小于1000m²（中小学、幼儿园、养老院以及为残疾人修建的生活服务设施等项目建设除外）；

（5）按照城市防空地下室建设规划，城市某区域防空地下室人均面积达到最低人均结建面积指标，且在既有防空地下室服务半径内。

易地建设费用的标准一般根据应建人防面积按 2400～2800 元/m² 征收。

随着我国城市居民家用轿车保有量的迅速增加，以及政府人防易地建设费的经济杠杆作用引导，建设单位普遍能积极承建各类防空地下室，平时主要作为汽车库、停车场使用。在"十一五"期间，我国 5 年新建防空地下室总面积超过了前 55 年的总和。

1.2 人防工程建设标准体系

1.2.1 工程建设标准体系概述

工程建设标准体系的定义是"某一工程建设领域的所有工程建设标准，存在着客观的内在联系，它们相互依存、相互衔接、相互补充、相互制约，构成一个科学的有机整体"。与工程建设某一专业有关的标准可以构成该专业的工程建设标准体系，与某一工程建设行业有关的标准可以构成该行业的工程建设标准体系。

我国构建工程建设标准体系，传统思路都是利用标准间相互依存、相互制约、相互补充的这种内在联系来组建一个科学的有机整体。标准体系本身就是一个复杂的系统。宏观体系中包含着许多小体系，每个子体系中又可分为更专业、更具体的子系统。因此工程建设标准体系的构建是一个复杂的系统工程。工程建设标准可以用以下 6 个维度来进行描述。

1. 阶段维度

根据基本的建设程序，按照每项工程建设标准的服务阶段，将工程建设标准所代表的阶段作为约束体系的阶段维度，划分为决策阶段和实施阶段。决策阶段即工程建设的可行性研究和计划任务书编制阶段。实施阶段包括工程项目的勘察、规划、设计、建筑产品生产、施工、验收、使用、管理、维护、加固到拆除，主要是如何实施工程项目建设，保证工程项目建设的安全和质量，做到技术先进、经济合理、安全使用。

2. 级别维度

级别维度是指工程建设标准的使用范围，按照标准的涵盖面来约束标准体系的维度，根据我国发布的《中华人民共和国标准化法》和行政法规，标准体系的级别维度划分为：国家级、行业级、地方级和企业级 4 个层次。除了企业标准由企业自行制定以外，其他 3 种级别的标准都由政府组织，最终在特定的行政区域内实施。

3. 等级维度

标准体系中的标准之间存在着内在的联系，共性的标准分布在体系的上层，个性标准分布在体系的下层，上层的标准制约着下层的标准，下层的标准是对上层标准的详细补充。标准体系的等级维度就是描述这样一种关系。将等级维度划分为基础级、通用级以及专用级。

4. 属性维度

属性维度是为约束标准体系的法律属性设定的。根据我国标准体系的发展现状，在属性维度上将标准划分为强制性标准和推荐性标准。强制性标准必须执行，而推荐性标准自愿采用。

5. 性质维度

性质维度表示的是体系中各个标准在内容上体现出来的不同性质。根据每项工程建设标准的内容，将体系中的标准划分为技术标准、经济标准和管理标准。技术标准是指需要统一协调技术要求而制定的标准；经济标准的作用是规定和衡量工程的经济性能及造价；管理标准是为了规范管理机构行使其管理职能所制定的标准。

6. 对象维度

对象维度是指用来约束体系中不同专业类别标准的维度。我国工程建设领域分为：城乡规划、城镇建设、房屋建筑、工业建筑、水利工程、电力工程、电信工程、水运工程、公路工程、铁道工程、石油和化工建设工程、矿山工程、防空地下室、广播电影电视工程、民航机场工程 15 个对象。

我国工程建设标准体系维度的划分见表 1-1。

工程建设标准体系维度的划分　　　表 1-1

维度名称	维度内容	维度名称	维度内容
阶段维度	决策阶段	属性维度	强制性
	实施阶段		推荐性
级别维度	国家级	对象维度	城乡规划
	行业级		城镇建设
	地方级		房屋建筑
	企业级		工业建筑等
等级维度	基础级	性质维度	经济
	通用级		技术
	专业级		管理

我国工程建设标准的组织编制，是围绕着建设活动的不同环节和不同领域开展的。由于工程建设领域的复杂性、多变性，指导各环节、各领域的工程建设标准聚集形成了一个庞大的工程建设标准体系，在这一体系中，标准间相互影响、相互补充，同时也存在着相互矛盾和相互重复。"防空地下室"虽然在工程建设领域划分上属单独的一类，但除人防防护的特殊要求外，其各专业执行的相关标准，还隶属于"房屋建筑"领域。

"房屋建筑"是指在规划设计地点，由顶盖、梁柱、墙壁、基础以及能够形成内部空间，为用户或投资人提供进行生活、生产、工作或其他活动的实体。"房屋建筑工程"是指各类房屋建筑及其附属设施和与其配套的线路、管道、设备安装工程及室内外装修工程。房屋建筑工程一般简称"建筑工程"，是指新建、改建或扩建房屋建筑物和附属构筑物所进行的勘察、规划、设计、施工、安装和维护等各项技术工作及其完成的工程实体。

1.2.2　人防工程建设相关标准

1. 存在的问题

人防工程建设标准体系与国家的工程建设标准体系相比，主要还存在以下几个方面的问题：

（1）科学合理的人防工程建设标准体系尚未建全。

各工程建设领域的标准体系，是一个复杂的系统，需要根据 6 个维度进行科学构建。

但对象维度的发展需求不同，目前主要集中在人防指挥工程、单建掘开式防空地下室、防空地下室。在性质维度上，主要集中在技术维度——设计；在目前大量防空地下室已建成的情况下，管理维度的标准还比较缺乏。

（2）针对标准开展的科学研究比较薄弱。

人防工程标准中，特殊防护要求的提出，应以科学研究为基础。人防工程的标准体系，在级别维度上是典型的国家级或地方级，在标准的制定方面，缺乏行业级、企业级标准的推动力。人防标准的科学性，不同于房屋建筑类标准，无法通过日常的使用来及时发现标准存在的问题。所以国家及各级地方政府，应加大相关科学研究的投入，才能保证标准制定的科学性。目前在针对标准涉及的政策、技术、管理等各方面开展的科学研究中，结构防护方面的研究比较深入，但设备、信息等专业还有较大的滞后。

（3）标准更新不及时。

由于上述原因，人防标准的更新周期普遍较长，标准执行中反映出的问题得不到及时修正；新材料、新技术难以在标准中得到及时应用。

2. 常用通用标准

防空地下室虽然是独立的工程建设领域，但在专业内涵上，还隶属于建筑工程。因此在标准的制定及运用中，防空地下室类标准，只提出防空地下室的特殊要求，其他通用性、一般性的要求，还需要按照各个专业性的标准执行。防空地下室给水排水专业设计，需经常应用到的建筑工程领域基础性规范主要有：

《建筑给水排水设计规范》GB 50015—2003（2009 年版）；

《汽车库、修车库、停车场设计防火规范》GB 50067—2014；

《消防给水及消火栓系统技术规范》GB 50974—2014；

《自动喷水灭火系统设计规范》GB 50084—2017；

《建筑灭火器配置设计规范》GB 50140—2005；

《气体灭火系统设计规范》GB 50370—2005；

《水喷雾灭火系统技术规范》GB 50219—2014；

《二氧化碳灭火系统设计规范》GB 50193—1993（2010 年版）；

《建筑设计防火规范》GB 50016—2014（2018 年版）；

《室外给水设计规范》GB 50013—2006；

《室外排水设计规范》GB 50014—2006（2016 年版）；

《生活饮用水卫生标准》GB 5749—2006；

《污水综合排放标准》GB 8978—1996；

《建筑给水排水制图标准》GB／T 50106—2010；

《建筑给水排水及采暖工程施工质量验收规范》GB 50242—2002；

《自动喷水灭火系统施工及验收规范》GB 50261—2017 等。

3. 人防专用标准体系

除了应用和借鉴建筑工程领域的有关标准外，人防领域制定了一套人防专用标准体系。《中华人民共和国人民防空法》是人民防空开始纳入法治化轨道的标志，也是指导人防工程各类标准的法律基础。国家有关主管部门，根据国家面临的主要战争危险和我国人民防空的基本指导思想，制定出了《人民防空工程战术技术要求》，从工程设计层面明确了各类防空地下室各专业的主要设计参数，是人防各类规范、标准编制的基本依据。如从标准的等级维度划分，《人民防空工程战术技术要求》属于最高层级的基础级标准，但由于其密级高，设计人员难以接触到，不宜将其归为人防标准。

防空地下室的有关标准，按照等级维度进行划分，可分为3类：

（1）基础级标准

《人民防空工程基本术语》RFJ 1—1991；

《人民防空工程防护功能平战转换设计标准》RFJ 1—1998。

（2）通用级标准

《人民防空工程设计规范》GB 50225—2005；

《人民防空地下室设计规范》GB 50038—2005；

《人民防空工程设计防火规范》GB 50098—2009；

《人民防空工程施工及验收规范》GB 50134—2004；

《人民防空工程质量验收与评价标准》RFJ 01—2015。

（3）专用级标准

《城市居住区人民防空工程规划规范》GB 50808—2013；

《人民防空指挥工程设计标准》RFJ 1—1999；

《人民防空工程照明设计标准》RFJ 1—1996；

《人民防空工程供电标准》RFJ 3—1991；

《人民防空工程隔震设计规范》RFJ 2—1996；

《人民防空工程电磁脉冲防护设计规范》RFJ 01—2001；

《人民防空医疗救护工程设计标准》RFJ 005—2011；

《人民防空物资库工程设计标准》RFJ 2—2004；

《轨道交通工程人民防空设计规范》RFJ 02—2009；

《人民防空工程防化设计规范》RFJ 013—2010；

《人民防空工程维护管理技术规程》RFJ 05—2015；

《人民防空地下室施工图设计文件审查要点》RFJ 06—2008 等。

4. 国家建筑标准设计图集

国家建筑标准设计图集是国家工程建设标准化的重要组成部分，是工程建设标准化的一项重要基础性工作，是建筑工程领域重要的通用技术文件；在符合国家相关规范、规程、标准的基础上结合近年来新材料、新技术、新工艺的发展，为建筑工程设计、施工、监理提供了更多的技术资料；对保证工程质量、提高效率、节约资源、降低成本、促进行业技术进步发挥了不可替代的作用。

中国建筑标准设计研究院，作为国内唯一受住房和城乡建设部委托的国家建筑标准设计的归口管理单位，组织协调全国的工程设计力量，编制、出版、发行国家建筑标准设计图集。一些省市技术力量较强的建筑设计院及行业协会，受地方政府的委托，也组织编写一些适用于在本地执行的建筑工程设计标准图集。

防空地下室设计的常用标准图集及资料主要有：

《人民防空地下室设计规范》图示——建筑专业 05SFJ10；

《人民防空地下室设计规范》图示——电气专业 05SFD10；

《人民防空地下室设计规范》图示——给水排水专业 05SFS10;

《人民防空地下室设计规范》图示——通风专业 05SFK10;

《防空地下室施工图设计深度要求及图样》08FJ06;

《防空地下室通风设计示例》07FK01;

《防空地下室电气设计示例》07FD01;

《防空地下室给水排水设计示例》09FS01;

《防空地下室给水排水设施安装》07FS02;

《防空地下室移动柴油电站》07FJ05;

《全国民用建筑工程设计技术措施——防空地下室》2009 等。

与《人民防空地下室设计规范》图示有关的 4 本图集,是在《人民防空地下室设计规范》GB 50038—2005 颁发后,配套规范发行的。主要目的是利用图示的方法,对规范的条文做更为直观的解释,同时给出一些典型的设计示例。

以上各种标准及图集是由国家人民防空办公室联合住房和城乡建设部颁发的,属国家级等级维度。人防的有关设计标准如同抗震设计标准,是在满足预定的防护战术技术要求的前提下,兼顾了经济可行性的最低标准。根据《中华人民共和国人民防空法》第十一条规定:"城市是人民防空的重点。国家对城市实行分类防护。城市的防护类别、防护标准,由国务院、中央军事委员会规定。"人民防空重点城市分为国家一类、二类、三类防空重点城市,以及大军区和省定防空重点城市。部分省市依据其经济技术发展条件、城市的防护类别和防护标准等因素,在满足国家级标准的基础上,提出更高要求的标准。目前,国内不少省市颁发了地方的防空地下室设计类标准,比较常用的有:

《××省(市)防空地下室防护功能平战转换管理规定》;

《××省(市)城市地下空间兼顾人民防空工程设计标准》;

《××省(市)城市地下综合管廊兼顾人民防空工程设计导则》等。

5. 规范应用要点

在规范的使用上,要特别注意以下几点:

(1)引用规范、标准图集的最新版本。规范、标准图集颁布后,编写组需要收集、跟踪规范实施过程中出现的问题,总结经验教训,充分吸收最新的研究成果,定期对规范、标准图集中不够完善的地方作修订。设计人员在引用规范和标准图集时,应引用和参考最新的版本。

(2)特别注意列入国家《工程建设标准强制性条文》中的内容。强制性条文是为了保障建设工程的安全而规定的必须严格执行的条文,是施工图审查及工程质量验收的重点。如果审查设计图纸中违反性条文过多,严重的会影响设计单位的设计资质。

(3)注意对要求严格程度不同的表述。一般按以下词语进行表述:表示很严格,非这样做不可的用词,正面词采用"必须",反面词采用"严禁";表示严格,在正常情况下均应这样做的用词,正面词采用"应",反面词采用"不应"或"不得";表示允许稍有选择,在条件许可时首先应这样做的用词,正面词采用"宜",反面词采用"不宜";表示有选择,在一定条件下可以这样做的,采用"可"。条文中指明应按其他有关标准、规范执行时,写法一般为"应按……执行"或"应符合……的规定";可按其他有关标准、规范执行时,写法为"可按……的规定执行"。

（4）处理好节约造价与执行规范的矛盾。在满足建筑基本功能的情况下，尽可能节约工程设计的造价是工程师的一种基本职业道德。在防空地下室设计中，有些技术要求是为了防护、密闭等目的而提出的，不能纯粹从经济性方面考虑而不执行有关规定。另一方面，不能为了便于通过人防图纸审查，超标准要求设计，而增加工程造价。

（5）正确区分标准的级别维度。国家级标准是必须执行的基本标准，在实际工程的设计中，要特别注意工程所在地省市人防主管部门颁发的地方标准，其要求比国家标准高，以确保设计图纸能通过施工图审查。

第 2 章　武 器 效 应

《人民防空地下室设计规范》GB 50038—2005 第 1.0.4 条"甲类防空地下室设计必须满足其预定的战时对核武器、常规武器和生化武器的各项防护要求。乙类防空地下室设计必须满足其预定的战时对常规武器和生化武器的各项防护要求。"

《人民防空地下室设计规范》首次提出了甲类防空地下室和乙类防空地下室的概念。该规范条文解释是：未来爆发核大战的可能性已经变小，但是核威胁依然存在。在我国的一些城市和城市中的一些地区，人防工程建设仍须考虑防御核武器。但是考虑到我国地域辽阔，城市（地区）之间的战略地位差异悬殊，威胁环境十分不同，进行了区分。具体防空地下室按甲类修建还是按乙类修建，由当地人防主管部门根据国家的有关规定，结合该地区的具体情况确定。

从规范要求分析，防空地下室的防护，甲类是传统的、需要防核生化及常规武器的防护；乙类是新提出的，防常规及生化武器的防护。为了更好地理解规范中的相关技术要求，需要对核生化武器及常规武器有一些基本的了解。

2.1　核武器毁伤效应及防护

2.1.1　核武器毁伤效应

核武器具有超常的威力，驱使很多国家投入大量的人力物力研发各种各样的核武器。美国、俄罗斯等国家已研发、部署了炸弹、导弹、巡航导弹、火炮、深水炸弹、地雷、水雷、鱼雷等一系列的核武器装备，各自拥有的核弹头总数都达数万件。美国核力量中的俄亥俄级核潜艇，每艘携带 24 枚"三叉戟"Ⅱ（D-5）型潜射弹道导弹，每枚导弹有 8 个分导式核弹头，每个核弹头的爆炸威力为 47.5 万 t TNT 当量。这样一艘俄亥俄级核潜艇携带的核弹头总威力为 9120 万 t TNT 当量，约为第二次世界大战美国在德国和日本投下炸弹总威力的 50 倍。

核武器杀伤破坏效应是指核武器爆炸对人员和物体造成的杀伤破坏作用及效果，又称毁伤效应。

核武器爆炸对人员和物体造成杀伤破坏的主要因素有：冲击波、光辐射、早期核辐射、放射性沾染和电磁脉冲。它们在核爆炸总能量中所占的份额取决于核武器的类型和爆点的环境条件。通常原子弹在空中爆炸时，冲击波约占总能量的 50%，光辐射约占 35%，早期核辐射约占 5%，放射性沾染约占 10%。氢弹在空中爆炸时，冲击波与光辐射的总份额有所增加，而放射性沾染的份额则减少，增减额随聚变—裂变比的不同而异。增强某种效应的核武器，该种杀伤破坏因素的份额就大大增高。无论哪种核武器爆炸，电磁脉冲的能量份额都很小，但对电子和电气设备等目标的破坏作用却很大。

1. 光辐射

核爆炸形成的高温、高压火球，其损伤作用可以认为是在爆炸瞬时就开始了。爆炸产生的火球要比太阳亮成千上万倍，其强弱用光冲量表示，即火球在发光时间内投射到与光辐射传播方向垂直的单位面积上的能量，光冲量的单位为 Cal/cm^2。

光冲量的大小与爆炸当量、爆炸高度、距爆心（或爆心投影点）的距离、大气能见度和云层都有密切的关系。光冲量与爆炸当量几乎成正比关系，即爆炸当量增加几倍，光冲量也接近于增加几倍。光冲量随着爆炸高度的增减而增减，因为越靠近地面，空气中所含的各种气体分子、水蒸气和尘埃越多，空气的密度越大，对光辐射的削弱也越严重。光冲量与距爆心距离的平方成反比，距离越远光冲量越小。例如，距爆心 1km 处的光冲量值为 $36Cal/cm^2$，2km 处即为 $9Cal/cm^2$，3km 处只有 $4Cal/cm^2$。阴天和雾天大气能见度低，光冲量就小，晴天大气能见度高，光冲量就大，光冲量随大气能见度的增减而增减。云层对光冲量的大小也有影响，当核武器在云层上方或云层之中爆炸时，云层的反射作用使辐射受到削弱，地面目标的光冲量将减小。如在云层下方爆炸，因为火球向上发出的光辐射碰到地面后，一部分又反射到云层去，然后受云层反射又回到地面，所以地面目标的光冲量明显增大。如阴天在云层与地面之间发生核爆炸时，地面目标的光冲量约增加 50%。不仅如此，这种反射还可能使荫蔽在堑壕、高地背面的人员受到光辐射的杀伤。此外，地面覆盖物对光辐射的反射大小也影响光冲量的大小。例如：森林、草坪和农作物区，反射作用小；沙漠地带反射作用较大；冰雪覆盖的地面，反射作用最大，可使光冲量增大 40%～90%。

核爆炸的光辐射与太阳光一样，在大气中以 30 万 km/s 的速度直线传播。它对人员、物体的直接杀伤破坏作用主要发生在朝向爆心的一面。一颗当量为 2 万 t TNT 的原子弹在晴朗的天空中爆炸，在距爆心投影点 7km 的地方，光冲量约为 $0.5Cal/cm^2$，人员在此处停留就会受到比夏天中午的太阳还强烈 13 倍的照射。人员受到 $3Cal/cm^2$ 光冲量的照射，暴露的皮肤就会出现红斑，并有轻度肿胀、疼痛的感觉；受到 $4～5Cal/cm^2$ 光冲量的照射，就会出现水泡，并感到剧烈的疼痛。在距爆心投影点 2800m 的地方，光冲量为 $5Cal/cm^2$，暴露人员会受到轻度烧伤；在距爆心投影点 1700m 的地方，光冲量为 $15Cal/cm^2$，暴露人员会受到中度烧伤，伤员可能会丧失活动能力，个别伤员会发生休克，一般不会死亡；在距爆心投影点 1200m 的地方，光冲量为 $30Cal/cm^2$，暴露人员会受到重度烧伤，炽热的空气还可能灼伤呼吸道；在距爆心投影点 900m 的地方，光冲量大于 $50Cal/cm^2$，暴露人员会受到极重度烧伤，伤情严重，通常处于垂危之中。

核爆炸时，人员的眼睛如果直视火球，光冲量达 $0.1Cal/cm^2$ 时，会有烧伤视网膜的危险，使眼睛发生短时失明、流泪、剧痛及视力障碍等症状。在能够看到火球的范围内，核爆炸的闪光还可能使眼睛发生闪光盲，即引起暂时性的视力下降，眼前发黑、眼花和视物模糊等症状。这些症状，在日光下一般需要经过 15～30s，个别的可能需要数分钟才能消失。

除对人员的杀伤外，光辐射还能造成武器装备、物资、房屋等易燃、可燃物质的燃烧，是引起战时城市火灾的重要因素。

光辐射在遇到不透明物体阻挡时，阻挡物能反射并吸收光辐射的能量，人员、物资在战时掩蔽于防空地下室内，能有效地避免光辐射的伤害。

2. 冲击波

核爆炸形成的高温高压气团以极高的速度向外膨胀，猛烈压缩和推动周围介质所产生的高压脉冲波称为冲击波。其特性和传播规律与普通炸药爆炸产生的冲击波相似，但其超压和动压值比普通炸药爆炸时大，作用时间也长得多，当压力恢复到正常值以后，还有较明显的负压作用期。衡量冲击波杀伤破坏能力的主要参数是超压、动压（Pa）和正压作用时间（s）。冲击波通过某点时，会使通过点的压力发生变化，分正压区（压缩区）和负压区（稀疏区）。正压区（压缩区）使压力高于正常的大气压，负压区（稀疏区）使压力低于正常的大气压，图 2-1 所示为核爆炸冲击波超压波形。

正压作用时间一般为几百毫秒到几秒。负压作用时间一般为几秒到几十秒，这与爆炸的威力及与爆炸点的距离有关。负压很小，对于一般防护结构不必考虑，只是在设计防护门或防护密闭门的闭锁、铰页等设施时应予重视。

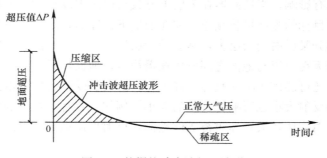

图 2-1　核爆炸冲击波超压波形

当量为万吨 TNT 以上的核弹在空中和地面爆炸时，冲击波是在较大范围内起杀伤破坏作用的主要因素。它作用于地面形成的地内压缩波和地震波，对爆心投影点附近地面和地下目标有很大的破坏力。触地或浅地下爆炸形成弹坑的过程，也会对地下目标造成严重破坏。核弹在水下爆炸产生的冲击波，可摧毁水中的舰艇和设施。冲击波对目标的杀伤破坏效应有直接和间接两类。直接效应主要是超压的挤压和动压的冲击所致：人员受挤压、摔掷会发生内脏损伤和外伤；物体被挤压、推动或抛掷会变形和毁坏。间接效应是被受冲击波破坏的物体打击而间接造成的。

人体可以承受较大的空气压力和水压力，但要缓慢地增加，使人体能逐渐适应高压环境。如人体可以缓慢潜水至十多米深的水中。但如果快速升、降，人体都难以承受压力的突然增减。核爆炸冲击波的增压、减压作用于人体的时间极其短促，危害很大。冲击波对人员的损伤称为冲击伤。人体受到突然的超压作用，会引起生理组织的机械性损伤，如耳膜、肺、肠道和心血管等。引起轻中度冲击伤的超压值约为 25kPa。这一伤情下，人会感到暂时性的耳鸣和听力下降，头昏、头痛、有紧张感。通常不需要特殊的治疗会恢复。引起中度冲击伤的超压值为 44kPa。受到这种伤害，人会有较明显的耳痛、耳鸣、听力减退、轻度肺出血、胸痛、胸闷、短时间不省人事等。发生重度冲击伤的超压值约为 78kPa。受到这种伤害，人会出现休克、昏迷、气胸或呼吸困难等。超压值大于 98kPa，大部分人员会死亡，只有少部分伤员能医治好。

冲击波对建筑的破坏分为轻微、中等和严重 3 个等级。轻微破坏，主要是门窗、瓦屋面等薄弱部位有损坏，主要承重结构个别部位出现裂缝，基本不影响使用；中等破坏，主要是部分承重结构出现较为严重的裂缝或变形，不经过修复不能有效使用；严重破坏，主要是建筑物倒塌或虽然没有倒塌，但主要承重结构大部分出现严重裂缝或变形，不能使用且失去修复的价值。

当冲击波在前进方向遇到障碍物，如山坡或墙面时，高速运动的迎面波会产生反射现象，这时作用在障碍物反射面上的压力称为反射压力，一般情况下反射压力大于入射压力。空气中冲击波传播至土壤层时，会在土中产生压缩波，但土壤层对冲击波有削弱和衰减作用，图 2-2 所示为核爆炸冲击波传播。

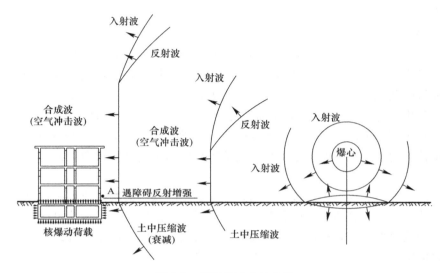

图 2-2　核爆炸冲击波传播

3. 早期核辐射

亦称贯穿辐射，是指核爆炸最初十几秒内所放出的具有很强贯穿能力的中子和 γ 射线，主要由弹体内的核反应产生，或从裂变产物中释放，或由中子与空气作用放出。早期核辐射可直接或间接使物质电离，造成辐射损伤。中子还可使某些物质产生感生放射性。早期核辐射对人员和物体的损伤程度取决于吸收剂量，单位是戈瑞。早期核辐射的强度由于空气吸收，随距离的增加衰减很快，早期核辐射随离爆心距离的增加会迅速减小，且比光辐射和冲击波毁伤的范围要小得多。即使千万吨级的大气层核爆炸，早期核辐射杀伤破坏半径也不超过 4km，其主要杀伤破坏对象是人员和电子器件。人员在短时间内受到 1 戈瑞以上剂量照射时，会发生急性放射病。由于中子和 γ 射线的强贯穿能力，需要构筑物有足够的遮蔽厚度，才能避免或减少电离辐射损伤。

中子弹通过特殊设计，减弱了冲击波、光辐射的杀伤作用，也减轻了放射性沾染的危害，但增强了中子的杀伤作用，它对敌方坦克和装甲车辆内的乘员具有很强的杀伤作用。

核爆炸产生的辐射，基本上是沿直线传播的，但当它与空气中的各类物质碰撞时，会改变方向，产生散射辐射，如在障碍的背面也会受到辐射。

电子系统中的一些电子元、器件，在早期核辐射的作用下，可能使材料的电参数发生变化。从而改变原来的正常工作状态或受到干扰，严重时可能烧毁电子器件。

4. 电磁脉冲

电磁脉冲是一种很强的随时间变化的电磁场。其持续时间在几毫秒到几百毫秒之间，虽然只占总爆炸能量的极少部分，但场强大，传播范围可达数千米。核电磁脉冲具有很宽的频谱，范围可从非常低的频率到几百兆赫兹。核电磁脉冲携带的能量可以通过电缆、天线或其他金属导体耦合到与这些传播件相连接的电气和电子设备上，使之产生很强的电流和很高的电压。可使电力、电子系统、电子设备受到损伤或破坏。人防的指挥通信工程，为保障通信、电力等设备的正常运行，需对进出金属管线做隔断处理或做加强反射、接地等屏蔽处理。

5. 放射性沾染

核爆炸产生的放射性物质所造成的沾染。其来源有 3 个方面。一是核爆炸产生的裂变产物。二是感生放射性，主要是早期核辐射中的中子，特别是能量较低的中子，极易被空气中的氮和氧以及土壤中的铝、锰、铁等物质吸收，这些物质吸收中子后会变成放射性物质，称为"感生放射性"。三是没有参加裂变的核武器装料（铀或钚），其半衰期很长，从数秒到数万年不等。地面放射性沾染程度的大小用照射率表示，通常指在地面以上 1m 左右高度处单位时间内受到的照射量。物体的沾染程度通常用该物体单位面积（或质量、体积等）上的放射性强度来表示。

在爆炸产生的高温火球中，被气化的物质在温度降低后会凝结成各种规格的放射性微粒。放射性沾染区，按其沾染程度和范围，分为爆区沾染区和云迹区沾染区。烟云中直径小于几微米的放射性颗粒，可以在空中漂浮很长时间，并随着高空风环绕全球运动，逐渐地降到近地面空间，形成远区和全球地放射性沾染。

爆区是指爆心投影点附近几千米范围内的沾染区。地爆时爆区沾染严重，空爆时爆区沾染相对较轻。云迹区的延伸方向和距离，取决于由地面到烟云底部的合成风的方向和风速，风速越大，云迹区就越长。云迹区的宽度取决于风向的稳定性。地爆时，云迹区沾染严重，而且范围很广。几万吨 TNT 当量的爆炸，可以沾染几千平方千米的范围。空爆时由于云层中的粒子很小，短时间内难以沉降，一般不形成云迹区。烟云中的放射性可造成全球性的污染。地爆爆区和云迹区的剂量率衰减近似服从"六倍规律"，即爆后时间每增加 6 倍，剂量率降低到原来的 1/10。

核武器的当量、爆炸方式和气象条件，对放射性沾染的程度和分布有重要影响。条件相同时，地面爆炸造成的沾染比空中爆炸造成的沾染严重得多；同一次爆炸，下风方向的沾染比上风方向的沾染严重得多。沾染区面积大的可达几千平方千米，人员在核爆炸后数小时甚至数天内一般不能在该区域行动。

放射性沾染的主要杀伤对象是人和其他动物。其强度比早期核辐射低得多，但作用的时间却长得多。它对人员的直接伤害有射线外照射、沾染皮肤造成灼伤和摄入放射性物质造成内照射。

摄入途径包括呼吸道吸入和消化道食入。从呼吸道吸入的放射性物质的吸收程度与其气态物质的性质和状态有关。难溶性气溶胶吸收较慢，可溶性较快；气溶胶粒径越大，在肺部的沉积越少。气溶胶被肺泡膜吸收后，可直接进入血液流向全身。消化道食入是放射性物质进入人体的重要途径。放射性物质既能被人体直接摄入，也能通过生物体经食物链途径进入人体。经由皮肤侵入的放射性物质，能随血液直接输送到全身。由伤口进入的放射性物质吸收率较高。

放射性物质在人体内的分布与其理化性质、进入人体的途径以及机体的生理状态有关。放射性物质进入人体后，都会优先伤害某个或某几个器官或组织，如氡宜导致肺癌等。

放射性物质进入人体后，要经历物理、物理化学、化学和生物学 4 个辐射作用的不同阶段。当人体吸收辐射能之后，先在分子水平发生变化，引起分子的电离和激发，尤其是大分子的损伤。有的发生在瞬间，有的需经物理的、化学的以及生物的放大过程才能显示所致组织器官的可见损伤，因此时间较久，甚至延迟若干年后才表现出来。

放射性沾染对人员的危害特点是范围广、途径多样、影响时间长。可忽略瞬时的杀伤作用，但对环境及人员健康的影响大。放射性沾染可通过污染饮用水、食物等途径进入人体，造成内辐射损伤。还可通过外辐射途径对人员造成外辐射损伤。

在核战争爆发时，被袭击地区的地表水会被放射性沾染污染。目前城市自来水厂多数以地表水为水源，在设备用房及处理构筑物的结构设计上没有考虑对冲击波的防护；常规水处理工艺混凝、沉淀、过滤、消毒对放射性沾染有一定的去除效果，但不能保证水质符合生活饮用水卫生标准。因此对没有可靠内水源的防空地下室需要在防空地下室内部贮存足够的生活饮用水。

6. 综合毁伤

核爆炸产生的 5 种杀伤破坏因素，对人员和物资所起的损伤和破坏作用不同。但在实战中，人员和物资受到的损伤和破坏往往是多种毁伤因素综合作用的结果，并且几种因素相互叠加会加重毁伤作用。日本广岛、长崎遭核袭击后，一些受到冲击波和光辐射损伤的人员，没有立即死亡，但后来又受到核辐射的作用而死亡。后期死亡的人员多数是由于核辐射的作用。

2.1.2　人防工程对核武器毁伤效应的防护

核武器具有巨大的毁伤能力，人防工程对保护战时人员和物资安全有重要作用。主要可从以下几个方面进行防护：

1. 核袭击前的预警工作

在核袭击前能及时预警，使人员尽快就近进入人防工程内，同时人防工程内的设备系统迅速做好防护的准备，能有效保护人员免受核袭击的冲击波、光辐射、早期核辐射的直接伤害。

人防等有关部门要建立完善的核监测组织及畅通的通信、报警网络。重要的人防工程要建设独立的核报警系统。

人防有关部门要搞好人防工程的建设规划和人防工程建设的落实。通过防空袭演练，组织好人员的疏散路线，培训人员掌握工程防护器材的使用，教育居民核袭击时个人防护的基本知识。这都有利于减少战时人员的伤亡。

2. 人防工程的防护作用

核爆炸对人员的直接杀伤主要是：冲击波、光辐射、早期核辐射。对于光辐射，迅速进入防空地下室内，或躲到建筑物等任何有一定结构强度的构筑物后，均可以减少光辐射。表 2-1 为广岛遭核袭击后 60d 幸存人员烧伤率统计表。

广岛遭核袭击后 60d 幸存人员烧伤率统计（%） 表 2-1

距爆心投影点距离（km）	掩蔽情况		
	室外未掩蔽	室外掩蔽	室内
0～0.5	—	66.6	12.5
0.5～1.0	100.0	50.0	15.7
1.0～1.5	100.0	34.7	16.6
1.5～2.0	98.1	6.3	17.5
2.0～2.5	99.0	46.0	8.8
2.5～3.0	79.0	20.2	8.0
3.0～3.5	38.8	3.4	2.6
3.5～4.0	10.0	0	0

对冲击波的防护，主要靠增加结构的强度。广岛、长崎的核爆炸表明，采用钢筋混凝土的墙和格构梁结构，具有很强的抗冲击波的能力。虽然这类建筑内部的可燃物体可能被光辐射等引燃起火烧坏，但其外部墙壁破坏轻微。新建的防空地下室都是采用混凝土结构，其结构强度按照设定的防护等级换算的等效静荷载计算。

早期核辐射传播速度快，看到核爆闪光后再作防护的效果不明显，应以预防为主。早期核辐射有散射效果，在障碍物的背面也可遭到散射辐射，主要靠物体整体遮挡。早期核辐射有一定的穿透能力，但在穿透的过程中，强度会衰减。不同的物体对早期核辐射削弱的能力不同。"十分之一厚度"指早期核辐射通过物体时将辐射强度减弱到原来的 1/10 时的物体厚度值。如对 γ 射线，土壤的"十分之一厚度"约为 50cm，混凝土为 33cm，铁为 10cm。有不少防空地下室围护结构的上部，在平时露出地面，为提高防早期核辐射效果，需要对露出地面的部分做堆土处理。

对于早期核辐射，防空地下室主要靠屏蔽防护。屏蔽体的防护效果可用消弱系数 F 表示，即屏蔽体外 γ 辐射强度与屏蔽体内部 γ 辐射强度的比值。覆土 1.2～1.5m 的防空地下室，F 值可大于 1000。大型公交车 F 值约为 2。不同建筑物对 γ 射线的消弱系数见表 2-2。

不同建筑物对 γ 射线的消弱系数 表 2-2

名　　称		消弱系数 F
地下室	大型建筑或多层楼房	10～100
	民房或砖木住宅	10～100
半地下室	多层楼房	34～54
	砖木住宅	29～44
楼房	一层	10～20
	二层	20～30
	多层楼的中间层	30～100
	顶层	5～10
砖平房		3～10
木屋或轻型建筑		1.5～3

在外部有放射性沾染，外部人员需进入防空地下室内时，需要利用设置在出入口的洗

消装置，对人员进行全身或局部的洗消。为了提高效果，可以在洗消用水中加各种提高洗消效果的洗涤剂。

为防止放射性沾染通过防空地下室的进风系统进入工程内部，可以采取短时间内不进新风的隔绝通风方式，或在新风管路上设置多道过滤装置，将空气中的放射性沾染尘埃等过滤掉。

2.2　化学与生物武器

2.2.1　化学武器

1. 概述

化学武器是指利用化学物质的毒性以杀伤有生力量的各种武器和器材的总称。狭义的化学武器是指各种化学弹药和毒剂布洒器。化学弹药是指战斗部内主要装填毒剂（或二元化学武器前体）的弹药。主要有化学炮弹、化学航弹、化学手榴弹、化学枪榴弹、化学地雷、化学火箭弹和导弹的化学弹头等。由两种以上可以生成毒剂的无毒或低毒的化学物质构成的武器称为二元化学武器，化学物质分装在弹体中由隔膜隔开的容器内，在投射过程中隔膜破裂，上述物质依靠旋转或搅拌混合而迅速生成毒剂。

化学战剂在第一次世界大战中得到首次应用。1915 年，德军为了攻占协约国一方的坚固阵地，采用了"化学战之父"哈伯教授的建议，选用了德国现成的化学工业产品氯气作为毒气，于 4 月 22 日在 6km 长的阵地上，突然从 5730 个钢瓶中施放了 180t 氯气，这一次袭击使德军轻松地攻占了阵地。4 月 24 日德军又在另一战场发动了毒气袭击。这两次袭击共造成协约国方 1.5 万人伤亡，其中死亡 5 千余人，幸存者中有 60％的人完全失去战斗力，有的成了终生残疾。

由于化学武器在第一次世界大战的战场上杀伤能力巨大，战后各国都大力开展化学武器的研制和防护研究。日军在侵华战争中，对我国军民使用了大量的化学武器，在中国正面战场作战中使用化学战剂 2000 次以上，使用化学武器的地点遍及我国的 18 个省、自治区，造成了中国军队中毒人数约 4.7 万人。而在敌后战场，抗日军民中毒人数约有 3.3 万人。在日军战败仓皇撤退时，遗留下大量的毒气弹，至今仍不时造成我国军民的伤亡。

1937 年，日本当局批准成立了世界上最大的生物战研究机构——731 部队，最多时工作人员达 3000 多人。日军研究过各种类型的病原菌。日军还丧尽天良地用活人进行试验，至少有 3000 名中国平民及战俘被生物武器杀害。日军在中国实施生物战长达 12 年，至少造成了中国 27 万民众死亡。

冷战期间，苏联和美国都在研制和贮存化学武器。美国在越南战争中大量使用化学武器，手段极其残忍。而一份解密的 CIA 文件则宣称苏联在入侵并占领阿富汗期间使用了化学武器。

埃及是第二次世界大战之后第一个在战争中使用化学武器的国家。埃及于 1963 年卷入了也门的内战。埃及军队向躲藏在山洞中的敌军投放了硫芥炸弹。

20 世纪 80 年代，伊拉克独裁者萨达姆在两伊战争期间对伊朗以及伊拉克北部地区的库尔德人使用了硫芥和神经毒剂塔崩。

叙利亚可能早在 1973 年便获得了首批化学武器，并于 2012 年公开承认拥有化学武器。

国际社会也充分认识到化学武器、生物武器的危害，1972 年、1993 年，联合国分别签署了《禁止生物武器公约》和《禁止化学武器公约》。与核武器相比，生化武器的研制相对简单，一些恐怖分子也能制造化学毒剂和生物武器的制剂，对社会进行袭击。如 1995 年 3 月，日本奥姆真理教组织在东京地铁内施放沙林毒剂，造成了 12 人死亡，5000 余人被送往医院进行急救治疗。

2. 分类

（1）按毒害作用分类

化学毒剂按毒害作用可分为 6 类：

1）神经性毒剂，这是现今毒性最强的毒剂，人员中毒后会迅速出现神经系统症状。主要代表有沙林、塔崩、梭曼和维埃克斯等，这类毒剂都含有磷，又称"含磷毒剂"。沙林的吸入半数致死剂量（LC_t50）为 $70 \sim 100mg \cdot min/m^3$，皮肤吸收半数致死剂量（LD50）为 24mg/kg。维埃克斯的吸入半数致死剂量（LC_t50）为 $40mg \cdot min/m^3$，皮肤吸收半数致死剂量（LD50）为 0.09mg/kg。

2）糜烂性毒剂，又称起疱剂，是一类接触后能引起皮肤、眼、呼吸道等局部损伤，吸收后出现不同程度的全身反应的毒剂。主要代表有芥子气和路易氏剂等。

3）全身中毒性毒剂，经呼吸道吸入后，能与细胞色素氧化酶结合，破坏细胞呼吸功能，导致组织缺氧的一类毒剂。高浓度吸入可致呼吸中枢麻痹，死亡极快。主要代表有氢氰酸、氯化氢等。

4）窒息性毒剂，又称肺刺激剂，主要损伤呼吸系统，引起急性中毒肺水肿，导致缺氧和窒息。主要代表有光气、双光气等。

5）失能性毒剂，可以引起思维、情感和运动机能障碍，使人员暂时丧失战斗能力的毒剂。这类毒剂的种类繁多，美军主要装备的有毕兹。

6）刺激剂，接触后对眼和上呼吸道有强烈的刺激作用，能引起眼痛、流泪、喷嚏和胸痛的一类毒剂。主要代表有苯氯乙酮、亚当氏气、西埃斯和西阿尔。

（2）按分散方式分类

化学武器按毒剂分散方式可分为 3 种基本类型：

1）**爆炸分散型**

借炸药爆炸使毒剂成气雾状或液滴状分散。主要有化学炮弹、航弹、火箭弹、地雷等。

2）**热分散型**

借烟火剂、火药的化学反应产生的热源或高速热气流使毒剂蒸发、升华，形成毒烟（气溶胶）、毒雾。主要有装填固体毒剂的手榴弹、炮弹及装填液体毒剂的毒雾航弹等。

3）**布洒型**

利用高压气流将容器内的固体粉末毒剂、低挥发度液态毒剂喷出，使空气、地面和武器装备染毒。主要有毒烟罐、气溶胶发生器、布毒车、航空布洒器和喷洒型弹药等。

（3）按装备对象分类

化学武器按装备对象可分为 3 类：

1）步兵化学武器；

2）炮兵、导弹部队化学武器；

3）航空兵化学武器。

分别适用于小规模、近距离攻击或设置化学障碍，快速实施突袭，集中的化学袭击和化学纵深攻击，以及灵活机动地实施远距离、大纵深、大规模的化学袭击。

3. 特点

与常规武器比较，化学武器的主要特点有：

（1）毒性作用强

化学武器主要靠化学毒物的毒性发挥战斗作用。化学战剂多属剧毒或超毒性毒物。其杀伤力远远大于常规武器。化学战剂的杀伤效果为高爆炸药的 2～3 倍。

（2）中毒途径多

常规武器主要靠弹丸或弹片直接杀伤人员。化学武器则可能通过毒剂的吸入、接触、误食等多种途径，直接或间接地引起人员中毒。

（3）持续时间长

常规武器只是在爆炸瞬间或弹片（丸）飞行时引起伤害。化学武器的杀伤作用不会在毒剂施放后立即停止。其持续时间取决于化学武器的特性、袭击方式和规模以及气象、地形等条件。

（4）杀伤范围广

化学袭击后的毒剂蒸气或气溶胶（初生云）随风传播和扩散，使得毒剂的效力远远超过释放点。故其杀伤范围较常规武器大许多倍。染毒空气能渗入要塞、堑壕、坑道、建筑物，甚至装甲车辆、飞机和舰舱内，从而发挥其杀伤作用。换言之，对于常规武器具有一定防护能力的地域和目标，使用化学武器显然更为有效。化学武器的这种扩散"搜索"能力，不需要高度精确的施放手段。因此对确切方位不能肯定的小目标的袭击，使用化学武器比使用常规武器成功的可能性更大。

现代化学毒剂的使用，需要利用一定的技术将其分散成气溶胶颗粒，与空气充分的混合，使空气、水源、地面染毒，经呼吸道、皮肤、眼、口等途径引起人员中毒。$2～10\mu m$ 是最佳的分散范围。

2.2.2 生物武器

1. 概述

生物武器也属大规模杀伤性武器，是指生物战剂及其施放器材的总称。生物战剂一般是指使人畜致病的微生物（细菌、病毒等）或其他生物制剂或毒素。

生物战剂按危害程度分为失能性生物战剂和致死性生物战剂。一般把致死率在 10% 以下的生物战剂列为失能性生物战剂，如委内瑞拉马脑脊髓炎病毒、立克次体、葡萄球菌肠毒素等。这类战剂能使大批人员失去活动能力，能迫使对方消耗大量的人力、物力。病死率超过 10% 的生物战剂列为致死性生物战剂，如肉毒素、黄热病毒、鼠疫杆菌等。

按是否有传染性分为传染性生物战剂和非传染性生物战剂。传染性生物战剂，可通过病人的呼吸道、消化道等排出体外，引起健康人感染发病，如天花病毒、流感病毒、鼠疫杆菌、霍乱弧菌等微生物属于传染性生物战剂，主要用于攻击敌人的战略后方。非传染性生物战剂，不能从病人体内排出传染，如布鲁氏杆菌、肉毒素杆菌等，适用于攻击与己方距离较近的部队、登陆或空降作战前的对方阵地。

按潜伏期可分为长潜伏期与短潜伏期两类，如 Q 立克次体进入人体后，要经过 2～3 周方能发病，属长潜伏期生物战剂。葡萄球肉毒素经呼吸道吸入中毒后，2～4h 即可发生症状，属短潜伏期生物战剂。

生物武器的攻击目标通常是城市、工业中心、交通枢纽、重要军事设施以及集结地区等战略目标，极少用于战术目标。生物武器使用时极难被发现，其危害范围也极难确定，这是因为生物战剂多具有传染性，可在长时间内蔓延传播。生物战剂的使用方式包括气溶胶使用、生物媒介传播以及直接撒布等方式。气溶胶使用已成为现代生物战剂军事使用的主要方式。生物战剂被分散成气溶胶悬浮于空气中，有利于生物战剂的扩散，也有利于使人员通过呼吸直接吸入生物战剂。生物媒介传播主要是利用昆虫与动物如蚊、蚤、蝇、鼠等携带炭疽杆菌、鼠疫杆菌等进行传播。

2. 侵华日军生物战罪行

对侵华日军的罪行，一般人只知道著名的南京大屠杀、"三光政策"等，而对抗战中浙江衢州细菌战仍知之甚少。

衢州，位于浙江、江西、福建、安徽四省交界处，号称"四省通衢"，在当时战略位置十分重要，不仅浙赣线横穿其境内，水陆、公路发达，而且城东建有当时中国东南各省中最大的军用机场。在抗战初期，衢州机场是没有沦陷且离日本本土最近的中国机场之一。为了报复日军偷袭珍珠港，1940 年盟军在衢州扩建空军基地（当时的衢州机场），以便轰炸日本本土。1942 年 4 月 18 日，美军由杜立特中校率领 16 架轰炸机，从太平洋上的大黄蜂号航空母舰起飞，成功奇袭东京，机群计划就选择在衢州落地。

侵华日军在浙江使用的细菌武器共分 6 种，除了鼠疫外，还有霍乱、伤寒、白喉、赤痢和炭疽。侵华日军先后多次在衢州大规模使用了细菌武器。

第一次使用是在 1940 年 10 月 4 日上午 9 时左右，一架日军"731"部队飞机由杭州笕桥机场飞临衢州上空，在 200～300m 低空向居民区撒下大量麦粒、粟粒、破布、纸包传单等物，敌机往复两次后飞离衢州。11 月 12 日，当时衢州柴家巷 3 号一位年仅 8 岁的小居民和罗汉井巷两位居民相继发病，其症状为发热、淋巴结肿大、呕吐、出血等，四五天后死亡。11 月 16 日发病者剧增，衢州政府即向上级政府报告。11 月 22 日衢州警察局向政府报告，衢州上营街、水亭街等居民区有 8 人死于鼠疫，要求派民政厅防疫站拨药品防治。当时的中央卫生署和浙江省政府为防止鼠疫蔓延，命令封锁疫区。12 月 1 日，衢州卫生院院长和专家从死者身体采集的淋巴液中检验出鼠疫病菌。空投的跳蚤，经浙江省卫生实验室鉴定为鼠疫蚤。12 月 25 日衢州疫情迅速蔓延全城 58 条街道，13 个乡镇，2000 多人死亡，病死率 97.5%。1941 年，衢州地区鼠疫疫情继续扩散，根据有关方面统计，1941 年衢州城区鼠疫发病者有 281 人，死亡 271 人。其中死绝的有 17 户，一家死 3 口的有 20 户，城乡先后死亡 2000 多人。

第二次使用是在 1942 年 8 月。在日本本土 1942 年 4 月 18 日被炸后，日军从被俘美军飞行员的口中得知 B-25 轰炸机的计划降落地点是衢州机场。日本加快了进攻衢州的步伐，并于 6 月攻占了衢州。在 8 月份日军撤离衢州时，进行了细菌武器攻击。日军细菌战首犯石井四郎亲自到衢州指挥细菌战，一方面派飞机在中国军队阵地撒下鼠疫蚤，一方面派细菌战部队和地面部队在城乡居民区的水井、水塘、食品中投放霍乱、伤寒、炭疽杆菌等，甚至强迫战俘喝带细菌的水和食物，然后放他们走，以使疫情传播越来越大。不久，衢州以及所辖的龙游、江山、常山、开化 4 个县都爆发了疫情。

第三次使用是在 1944 年 7 月，日军在 6 月入侵后再次撤退时使用。1944 年的鼠疫疫情以衢州城区（当时称衢县）和龙游两地最为严重，衢州城区（衢县）死亡近 2000 人，龙游死亡超过 4000 人。1945 年，衢州的常山县也爆发了严重的传染病疫情，死亡将近 12000 人。

抗战中，浙江全省有 8 个市，约 30 个县受到细菌武器的攻击。据不完全统计，细菌武器在浙江造成死亡人数约 6 万人，受伤达数十万人。其中衢州灾情最严重，死亡 5 万多人，受伤约 30 余万人。有不少受伤者终身残疾。

引起炭疽的炭疽杆菌在不适宜的环境下可形成芽孢，在自然环境中可生存几十年；炭疽病人的分泌物和排泄物依然有传染性。1963 年，衢州城区（当时称衢县）又发现了 4 例炭疽病人，可见细菌战的影响时间很长。幸存者中，以四肢溃烂最为常见，有的不得不截肢。

2008 年 7 月 7 日，侵华日军细菌战衢州展览馆，在衢州市罗汉井 5 号，首批细菌战遇难者黄廖氏的故居正式开馆。2014 年该展览馆被国务院列入第一批国家级抗战纪念设施、遗址名录。

2.2.3　人防工程对化学与生物武器的防护

化学和生物武器都是通过污染的途径，对人员造成伤害。在人防工程的防护上，对化学和生物武器基本可按照一种类型进行防护。

防空地下室对化学和生物武器的防护，主要从 6 个方面实施：

（1）探测报警

重要的工程应设独立的化学和生物武器袭击报警系统，一般的工程也应保持与城市报警系统的通信畅通，以保证能对袭击做出及时的应对。

（2）维持清洁区内的密闭性

人员掩蔽区域及有防毒要求的物质存储区域，在化学和生物武器袭击前是处于清洁状态的，需要防止含有化学和生物的气溶胶空气通过与工程外部连通的管道或管道穿围护结构、密闭隔墙的缝隙进入工程内部，污染工程清洁区内的空气。

（3）维持清洁区内的超压

通过工程内的通风设施，保障工程有一定的超压，即工程内部的压力略高于外部的压力，使外部空气不易渗入清洁区。

（4）安装空气过滤器与毒气吸收装置

空气过滤器有一定的过滤精度，使超过一定粒径的有毒物质被截留；毒气吸收装置能进一步吸附和截留呈分子态的有毒物质。

（5）安装洗消设备

在外部染毒时，对需要进入工程内的人员进行洗消，大多数化学剂能够穿透衣物并迅速被皮肤吸收，洗消能防止有毒物质被人体进一步吸收，防止有毒物质随人员的进入而被带入清洁区。

（6）对污染物进行封存

在外界染毒时，从外部进入工程内的人员，其穿着的衣物、防护服、携带物品等均受到污染，需要对这些物品进行密闭封存，防止污染物在工程内扩散。

在战时生物和化学战剂还会污染水源，对化学战剂污染的水源，采用通常的煮沸方式多数还难以达到理想的消毒效果。防空地下室内部需要贮存一定量的生活饮用水，以保障战时的基本生活需要。

2.3 常规武器

核武器、化学武器、生物武器等有大规模杀伤破坏性的武器以外的武器，通常称为常规武器。常规武器包括地面常规武器、航空常规武器和海上常规武器。地面常规武器包括地面突击武器、地面压制武器、地面防御武器、防空武器和轻武器。航空常规武器包括各种作战飞机、保障飞机和机载武器系统。海上常规武器包括舰艇和海军飞机以及舰载、机载武器系统和水中兵器。在大规模杀伤破坏武器出现以前，常规武器是武装斗争的主要工具。

防空地下室防御常规武器的主要对象为敌方用飞机、舰艇、潜艇等投射的精确制导或非精确制导的航空炸弹（简称航弹）。

一般把航弹的重量作为最基本的分类标准。航弹一般分为小型炸弹（50kg 以下）、中型炸弹（一般为 100～500kg）和大型炸弹（1000kg 以上）。美国航弹通常分为 100 磅、250 磅、500 磅、1000 磅等不同级别。1 磅等于 0.454kg，媒体报道中看到 908kg 炸弹等带零头的数字，是英制重量单位换算为公制重量单位所造成的。采用公制重量单位的国家，其航弹多数分为 50kg、125kg、250kg、500kg 等规格。特殊航弹则一般不归入特定规格级别，例如美国有 6800kg 的 BLU-82 "滚球" 超大型炸弹以及 10t 级 "炸弹之母"。我国也有重达 2.84t 的 3000-2 型航弹，刚好能装在轰-6 的弹舱里。

按有无制导装置分为制导炸弹与非制导炸弹。按装药类型分为装普通炸药和烟火药的常规炸弹以及装特殊炸药的非常规炸弹。

航弹按直接摧毁或杀伤目标的作用分为爆破炸弹、杀伤炸弹、燃烧炸弹、穿甲炸弹等。装药量占全弹重量的百分比称为装填系数。

爆破炸弹：主要利用爆炸时产生的冲击波、压力波和破片来毁伤目标。装填系数为40％～70％。弹重 50～20000kg。在土壤表层爆炸时，除在炸点周围形成压缩圈、破坏圈和震动圈外，炸点上方的土壤还受到高压气体推动被抛散，形成漏斗状弹坑。其破坏作用的大小，通常以破坏半径和弹坑容积来衡量。在空气中爆炸时，形成猛烈的冲击波，使一定距离内的障碍物受压力而破坏，其破坏半径是使目标达到预定毁伤程度的冲击波作用距离。

燃料空气炸弹也是一种爆破炸弹。壳体炸开后，燃料与空气混合成胶状云雾，经二次引爆，产生冲击波毁伤目标。冲击波的强度相当于梯恩梯炸药的 2.7～5 倍。

杀伤炸弹主要用爆炸时产生的破片杀伤有生目标和毁伤武器装备。弹重在 0.5～100kg 之间，装填系数在 15％以下。当破片动能达到 78.5J 时，对人能起到杀伤作用。为了使炸弹产生较多的有效破片，除要选择弹体材料外，还可采用在弹体或药罩上刻槽来控制杀伤破片的大小、形状和数量，还有的在壳体内填塞大量钢珠等，以增大杀伤效果。圆柱形炸弹爆炸后，破片从头部向外飞散的占 10%～15%，从弹尾方向飞散的占 10%～15%，其余均从弹身侧向飞散。因此，为了充分利用破片的杀伤作用，杀伤炸弹一般采用近炸引信或长触杆引信，使炸弹距地面一定高度爆炸。

燃烧炸弹主要利用燃烧剂燃烧时烧伤目标。弹重一般为 0.5～500kg。铝热剂燃烧炸弹的燃烧温度可达 3000℃，主要用于烧毁建筑物和工事。凝固汽油燃烧炸弹的燃烧温度可达 850℃左右，燃烧时间 1～15min，且具有较强的黏附性。对易燃目标造成的破坏效能比爆破炸弹高十几倍。

穿甲炸弹靠炸弹的动能和内部装药，摧毁坚固混凝土工事和军舰等装甲目标。弹重多在几百千克至 1000kg 之间，装填系数为 5%～15%。弹体较厚，一般采用高强度钢整体锻造，弹头更厚一些，引信一般装在弹尾。侵彻炸弹，也属穿甲炸弹，多用于轰炸机场跑道及地下目标等。装填系数大于 15% 而小于 30% 的炸弹，称为半穿甲炸弹。如美国的 AN-M59A1 半穿甲炸弹，其装填系数为 30%。

装药是航空炸弹弹体内装填的炸药或特殊物质，是航弹发挥作用的核心部分。普通航弹装普通炸药或烟火药。主装药选用对撞击、摩擦不敏感的炸药，以保证安全。这些炸药用锤子敲也不一定会爆炸，正因为如此，引信必须借助"敏感"而威力小的雷管，加上传爆管，去引爆"迟钝"而威力大的主装药。

最为广泛采用的航弹装药是成熟、便宜的 TNT。也可使用混合多种化学成分而成的混合装药，如 TNT/铝混合炸药，威力比等重的 TNT 高 50% 左右。特殊航弹，例如美军 BLU-82 大型航弹，使用的主装药为硝酸铵和硝酸铝混合物。在工厂里，常用浇铸的方法把熔化的炸药装入弹体内部，也有采用机械压缩方式进行装填的。

评测航弹的爆炸威力，一般可用距离爆心若干米处（如 10m、100m，按炸弹大小适当取值）的冲击波超压值来衡量，这一数值越高显然威力越大。航空炸弹的总重一般较大，其中 30%～40% 是装药，因此航弹的威力是相当惊人的。一般的装甲输送车，只能抵御 10m 外爆炸的 155mm 榴弹破片，这些榴弹一般重 30～45kg。假如 250kg 普通杀伤航弹在距装甲车目标 10m 处爆炸，输送车内部的人员将被杀死或重创。采用专门设计的航弹能够更为有效地杀伤其预期目标，例如我国老式的 100-2 航杀爆弹的破片能在 10m 处贯穿 30mm 的均质装甲钢板，而大多数坦克的侧面、顶部装甲的防护水平都低于这一数值。因此在当前来说，影响航弹效能的最主要因素是投弹精度，而不是航弹本身的威力大小。

航空炸弹有一定技术含量，但稍有一点工业基础的国家都能够大批量生产。因此航弹是一种多快好省的航空武器，有作战飞机的国家必定会装备航弹。

除指挥工程外，防空地下室均不考虑常规武器的直接命中。防空地下室的防护能力一般按常规武器在工程外 10m 处爆炸考虑，能防御预设的冲击波超压。从常规武器的杀伤作用类型可以看出，防空地下室对炸弹碎片等有较好的集体防护作用。

第 3 章 相关专业知识概论

要成为一名熟练的防空地下室给水排水专业工程师，还需要了解人防建筑、结构、通风、供电等相关专业的基本知识，才能读懂人防图纸、更好地进行专业配合和专业设计。本章以防空地下室设计规范为基本依据，针对非防护类专业毕业的读者，介绍防空地下室建筑、结构、通风、供电等相关专业的基本知识点，相当于本科阶段开设的外专业概论课。

3.1 建筑与结构

1. 抗力等级

防空地下室的抗力等级主要反映防空地下室能够抵御敌人核袭击以及常规武器破坏能力的强弱，其性质与地面建筑的抗震烈度相似，是一种工程设防能力的体现。我国防空地下室的抗力等级主要按防核爆炸冲击波地面超压以及常规武器破坏作用的大小划分。因此，防空地下室的抗力等级采用双重指标。如某防空地下室抗常规武器级别为 6 级，简称常 6 级；抗核武器级别为 6 级，简称核 6 级。

目前防空地下室防常规武器抗力等级一般为 5 级和 6 级；防核武器抗力等级为 4 级、4B 级、5 级、6 级和 6B 级。

2. 主体与口部

（1）主体

主体是防空地下室中能满足战时防护及其主要功能要求的部分。对于有防毒要求的防空地下室，其主体指最里面一道密闭门以内的部分。

（2）口部

口部是防空地下室的主体与地表面，或与其他地下建筑的连接部分。对于有防毒要求的防空地下室，其口部指最里面一道密闭门以外的部分，如扩散室、密闭通道、防毒通道、洗消间（或简易洗消间）、除尘室、滤毒室和竖井、防护密闭门以外的通道。

人员掩蔽工程的主体有防毒要求，图 3-1 所示为人员掩蔽工程典型建筑平面图。

与专业队队员掩蔽部配套的专业队装备（车辆）掩蔽部，没有防毒要求，图 3-2 所示为主体无防毒要求防空地下室典型平面布置。

3. 防护密闭门与密闭门

（1）防护密闭门

防护密闭门是指既能阻挡冲击波又能阻挡毒剂通过的门，是战时出入口的一种防护设备，属于人防门的一种。其主要启闭方式分为：平开立转式、翻转式、推拉式、升降式。防空地下室中主要采用平开立转式防护密闭门。对于防空地下室，防护密闭门是出入口的第一道防护设备。图 3-3 所示为活门槛防护密闭门示意图，防护密闭门通常由门扇、门

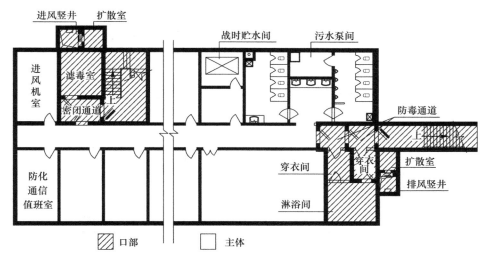

图 3-1　人员掩蔽工程典型建筑平面图

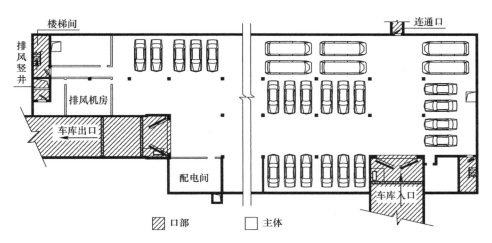

图 3-2　主体无防毒要求防空地下室典型平面布置

框、铰页、密闭胶条组成。防护密闭门及密闭门需设置门槛，除固定式门槛外，为满足平战结合的需要，还可设置活门槛，临战时安装，这样有利于平时车辆和人员的通行。

（2）密闭门

密闭门是能够阻挡有毒物质通过的门，是防空地下室防止放射性污染、生化毒剂进入工程清洁区内部的重要密闭措施。密闭门不能承受冲击波的压力，只能安装在防护密闭门的后面。如密闭门开启，不能防止空气中的污染物在门内外之间扩散。

防护密闭门与密闭门是防空地下室中的特殊设备，在防空地下室的建筑图纸中，采用了专门的制图图例，图 3-4 所示为防护密闭门与密闭门图例。具体制图方法是，门扇开启角度为 30°，防护密闭门为一条粗线（表示防护）和平行的一条细线（表示密闭）。密闭门为两条平行的细线。双线与门框墙靠近的一端，表示铰页安装的一边。防护密闭门应向外开启，密闭门宜向外开启。

固定门槛、活门槛对地面排水有阻隔作用，当地面需要排水时，固定门槛或活门槛所围成的空间内，需要设地漏或集水坑。

27

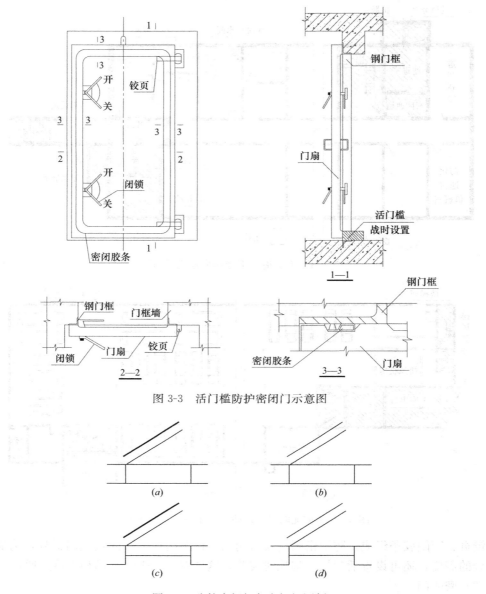

图 3-3　活门槛防护密闭门示意图

图 3-4　防护密闭门与密闭门图例

（a）固定门槛防护密闭门；（b）固定门槛密闭门；（c）活门槛防护密闭门；（d）活门槛密闭门

4. 防护单元与抗爆单元

（1）防护单元

防护单元是防空地下室中防护设施和内部设备均能自成体系的使用空间。抗爆单元是在防空地下室（或防护单元）中，用抗爆隔墙分隔的使用空间。

划分防护单元是一项提高防空地下室的整体生存概率、减少大范围杀伤的有效技术措施。普通防空地下室（指挥工程以外的其他工程类型）在防护设计上不考虑常规武器的直接命中，但不能排除被常规武器直接命中的可能性。一旦被直接命中，如果没有适当的防护单元划分，可能导致整个防空地下室中的人员和物资都受到毁伤。对于上部建筑层数为

9 层或不足 9 层（包括没有上部建筑）的防空地下室，防护单元和抗爆单元的划分要求见表 3-1。当防空地下室上部建筑的层数为 10 层或多于 10 层时，由于楼板的遮蔽，可以不考虑炸弹破坏，所以高层建筑下的防空地下室可以不划分防护单元和抗爆单元。

防护单元、抗爆单元的建筑面积（m²） 表 3-1

工程类型		防护单元	抗爆单元
医疗救护工程		≤1000	≤500
防空专业队工程	队员掩蔽部		
	装备掩蔽部	≤4000	≤2000
人员掩蔽工程		≤2000	≤500
配套工程		≤4000	≤2000

（2）抗爆单元

设置抗爆单元的目的是在防护单元一旦遭到常规武器直接命中时，通过抗爆单元之间隔墙的阻挡作用，减少炸弹气浪和碎片对人员的伤害。为不影响工程平时的使用，抗爆单元之间的隔墙一般临战前修建，最常见的是堆垒不小于 1.8m 高的砂袋，图 3-5 所示为砂袋堆垒抗爆隔墙。临战堆垒的砂袋与地下室顶板间尚有较大的空间，在布置平时使用的管道时，可不考虑抗爆隔墙的阻碍。

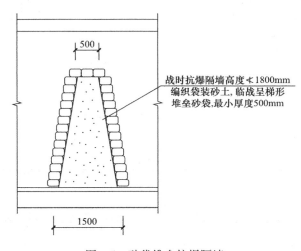

图 3-5　砂袋堆垒抗爆隔墙

在现行规范给防护单元的定义中，强调了"防护设施"和"内部设备"均能"自成体系"。可以概略地将"防护设施"理解为建筑、结构专业方面的保障；"内部设备"理解为通风、给水排水、供电等设备专业方面的保障。从防空地下室的设防思想上可以看出，一旦某个防护单元受到结构上的破坏，其内部设备也会受到破坏而丧失使用功能。因此，为全方位地保障各防护单元的使用功能，其内部设备必须各自独立，自成体系。

5. 清洁区与染毒区

（1）清洁区

清洁区是防空地下室中能抵御预定的爆炸动荷载作用，且满足防毒要求的区域，如图 3-1 中所示的主体区域。

（2）染毒区

染毒区是防空地下室中能抵御预定的爆炸动荷载作用，但允许染毒的区域，如图 3-2 中所示的主体区域。

6. 防毒通道与密闭通道

（1）防毒通道

防毒通道是指由防护密闭门与密闭门之间或两道密闭门之间所构成的，具有通风换气条件，依靠超压排风阻挡毒剂侵入室内的密闭空间。防毒通道设置在战时的主要出入口，一般结合排风口设置，在室外染毒情况下，通道允许人员出入。图 3-6 所示为防毒通道工作原理图，图 3-7 所示为设简易洗消间主要出入口典型建筑剖面图。

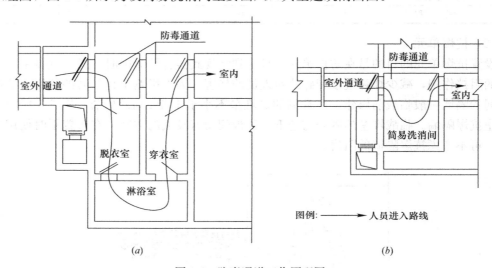

图 3-6　防毒通道工作原理图

（a）战时设淋浴洗消主要出入口；（b）战时设简易洗消主要出入口

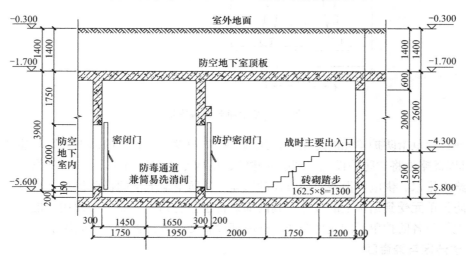

图 3-7　设简易洗消间主要出入口典型建筑剖面图

在外界染毒且室外人员需要进入防空地下室时的基本流程如下：

1）通风系统转换至滤毒通风模式，工程外部的染毒空气经除尘滤毒系统处理后达到了相应的空气质量标准，给工程内部人员提供新鲜空气；工程内的空气虽然比较污浊，但未被染毒，通过超压排气活门进入防毒通道，再由排风管排至防空地下室外部；最小防毒通道内的排风达到了工程预定的换气次数要求，如二等人员掩蔽工程，最小防毒通道的换气次数要求$\geqslant 40h^{-1}$。

2）室外人员开启第一道防护密闭门，人员进入防毒通道；然后关闭防护密闭门；在工程内排风的换气作用下，防毒通道中随防护密闭门的开启而渗入的有毒空气以及随受污染人员带入的有毒物质，被迅速排出，防毒通道内的有毒物质污染浓度降低至非致伤性浓度。

3）进入工程内的人员进行淋浴洗消或简易洗消。

4）人员经检测合格后，开启最后一道密闭门，进入工程内部。

外部人员进入的线路与排风方向正好相反。从防毒通道的使用功能可以看出，防毒通道在战时是可能被染毒的，战后需要进行洗消处理。

（2）密闭通道

密闭通道是指由防护密闭门与密闭门之间或两道密闭门之间所构成的，并仅依靠密闭门的隔绝作用阻挡毒剂侵入室内的密闭空间。在室外染毒情况下，密闭通道的防护密闭门和密闭门始终是关闭的，不允许有人员的出入。密闭通道一般和防空地下室的进风口、连通口及备用出入口结合设计，设置在战时的次要出入口。理论上密闭通道在战时是不会被染毒的。图 3-8 所示为典型密闭通道平面图，图 3-9 所示为典型密闭通道建筑剖面图。

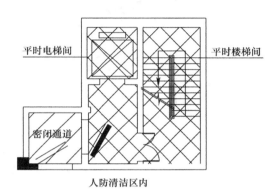

图 3-8　典型密闭通道平面图

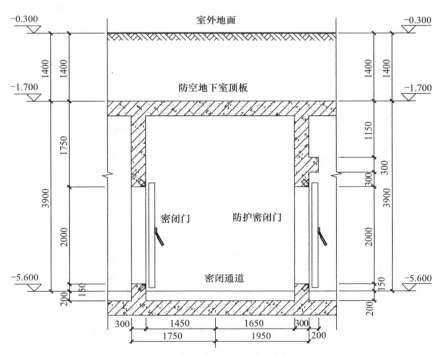

图 3-9　典型密闭通道建筑剖面图

7. 人防围护结构、外墙及临空墙

（1）人防围护结构

人防围护结构是指防空地下室中承受空气冲击波或土中压缩波直接作用的顶板、墙体和底板的总称。

（2）外墙

外墙是指防空地下室中一侧与室外岩土接触，直接承受土中压缩波作用的墙体。图 3-10 所示为防空地下室外墙示例。

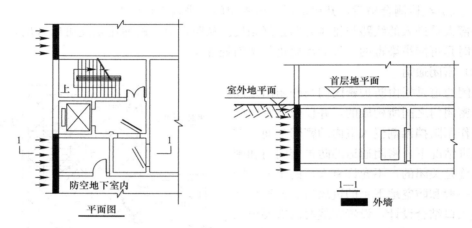

图 3-10　防空地下室外墙示例

（3）临空墙

临空墙是指一侧直接受冲击波作用，另一侧为防空地下室内部的墙体。图 3-11 所示为典型临空墙示例。

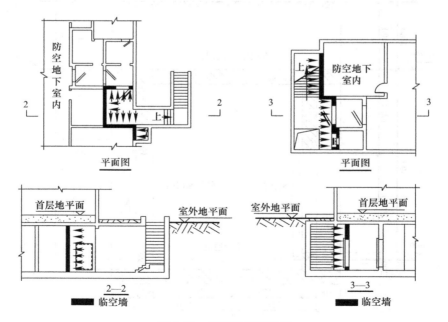

图 3-11　典型临空墙示例

由于外墙、顶板、临空墙的受力条件不同，各类给水排水管道出入人防围护结构的优先级依次为外墙、顶板、临空墙，并应在穿管道处做好防护密闭处理。

8. 主要出入口、次要出入口、备用出入口、设备安装口

图 3-12 所示为防空地下室出入口示例。根据战时使用功能，防空地下室出入口一般分为主要出入口、次要出入口及备用出入口。

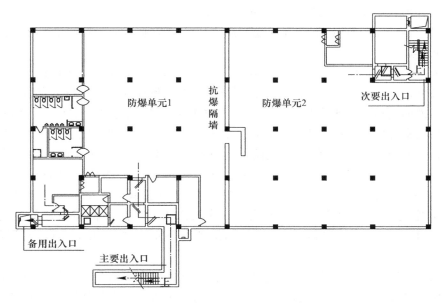

图 3-12　防空地下室出入口示例

（1）主要出入口

主要出入口是指战时空袭前、空袭后，人员或车辆进出较有保障，且使用比较方便的出入口。主要出入口战前战后都使用，应保证其不宜被破坏、不宜被堵塞。对人员掩蔽工程，应设置防毒通道和洗消设施，以便在空袭后室外染毒时保障人员安全进出。每个防护单元至少要有一个主要出入口，与之连通的楼梯（坡道）均应满足战时的抗力要求。为防止出入口堵塞，主要出入口一般直通室外。

（2）次要出入口

次要出入口是指战时主要供空袭前使用，当空袭使地面建筑遭破坏后可以不使用的出入口。次要出入口可不考虑防堵塞设施，地面建筑的出入口（如楼梯间、电梯间）可作为次要出入口。一个防护单元可根据需要设置一个或多个次要出入口。次要出入口需设置密闭通道。为方便地面建筑内人员快速向防空地下室疏散，当地面建筑体量较大，楼梯、电梯设置较多时，有的防护单元会设置与之连通的多个次要出入口。

（3）备用出入口

备用出入口是指战时一般情况下不使用，当其他出入口遭破坏或堵塞时应急使用的出入口。备用出入口应保证在空袭条件下不宜被破坏和堵塞，一般与通风竖井结合设置。

（4）设备安装口

防空地下室的设备安装口与地面建筑的设备安装口相似，当大型风机、柴油发电机组等大型设备无法由正常出入口进出时，需设置专用的孔口，设备安装完毕，此口即可进行封堵。防空地下室中设置的移动电站，其柴油机临战前安装，一般需设置直接与室外出入口连通的设备安装口，该出入口设专用的防护密闭门进行启闭和防护。

此外，按防空地下室出入口的设置位置，又可分为室外出入口、室内出入口和连通口。一般室外出入口作为主要出入口，室内出入口作为次要出入口。连通口为防空地下室（包括防空地下室）之间在地下相互连通的出入口。防空地下室中防护单元之间的连通口又称为单元连通口。

按出入口的平面形状，又可分为直通式出入口、单向式出入口和穿廊式出入口。按出入口的纵坡度，又可分为水平式出入口、倾斜式出入口和垂直式出入口。直通式出入口其防护密闭门外的通道在水平方向上无转折，形式简单、出入方便、造价低，但对防护不利，还容易被室外爆炸抛掷物堆积堵塞，影响人员出入。现行规范规定，乙类防空地下室和核5级、核6级以及核6B级的甲类防空地下室，其室外出入口不宜采用直通式出入口；核4级、核4B级的甲类防空地下室，其室外出入口不得采用直通式出入口。单向式出入口（亦称拐弯式出入口）其防护密闭门外的通道在水平方向上有90°左右的转折，是防空地下室常用的出入口形式。穿廊式出入口其防护密闭门外的通道在水平方向上有2个90°左右的转折，可从左右两侧通至地面，主要用于高抗力等级的防空地下室。

在出入口设置数量上，防空地下室每个防护单元不应少于两个出入口，而且其中至少有一个阶梯式（或坡道式）的室外出入口。而且两个出入口中不包括防护单元之间的连通口或竖井式出入口。即一个防护单元至少有一个室外出入口和一个室内出入口，或两个室外出入口。

对于防护单元较多的防空地下室，当每个防护单元均设独立的室外出入口比较困难时，常见的处理办法是将相邻的两个防护单元在防护密闭门外共用一个室外出入口。

9. 掩蔽面积与人防有效面积

（1）掩蔽面积

掩蔽面积是指供掩蔽人员、物资、车辆使用的有效面积。其值为与防护密闭门（和防爆波活门）相连接的临空墙、外墙外边缘形成的建筑面积扣除结构面积和下列各部分面积后的面积：

1）口部房间、防毒通道、密闭通道面积；

2）通风、给水排水、供电、防化、通信等专业设备房间面积；

3）厕所、盥洗室面积。

防空专业队工程面积标准 $3m^2/人$，人员掩蔽工程面积标准 $1m^2/人$，均是按掩蔽面积提出的战技要求。

（2）人防有效面积

人防有效面积是指供人员、设备使用的面积。其值为防空地下室建筑面积与结构面积之差。

10. 常用防空地下室建筑设计图例

表3-2列出了防空地下室建筑施工图常用图例。

防空地下室建筑施工图常用图例　　　　　表 3-2

名称		图例	备注
钢筋混凝土墙			平时施工到位，绘于平面图中（比例 1：100 及以上）
			平时施工到位，绘于详图中（比例 1：50）
砌体墙	砌体墙		平时施工到位，绘于平面图中（比例 1：100 及以上）
			平时施工到位，绘于详图中（比例 1：50）
	战前砌筑		平时不施工，绘于战时平面图中
防护密闭门	平时常开活门槛单扇		平时常开，战前关闭
	平时常闭固定门槛单扇		平时常闭，风井内的平时常开
密闭门	平时常开活门槛单扇		平时常开，战前关闭
	平时常闭固定门槛单扇		平时常闭
2 扇防护密闭门同装一门框墙（一框两门形式 2）			常用于防护单元分隔墙，作为战时防护单元间连通口，平时常闭
钢结构活门槛双扇（防护密闭门）			常用于车行道，平时常开，战时为出入口及防护单元间封堵
防火门与人防门同墙安装			防火门安于人防门框墙上，防护密闭门平时常开，防火门平时常开，战前拆除
防护密闭门于密闭门同装一门框墙（一框两门形式 1）			常用于风井内，平时常开，战时关闭
洗消污水集水坑			绘于人防口部，各需要战后冲洗的部位
装配式不锈钢水箱			绘于战时平面图中，临战设置
干厕蹲位			绘于战时平面图中，干厕蹲位为临战设置，干厕墙体为临战砌筑
砂袋			抗爆隔墙、挡墙、封堵砂袋堆垒

3.2　通风

1. 防化等级

防空地下室防化等级是国家相关规范对防空地下室防护化学武器的防护标准和防护要求，也反映了对生物武器和放射性沾染等武器效应（或杀伤破坏因素）的防护。防化等级是依据防空地下室的使用功能，特别是对人员的防护要求来确定的，防化等级与其抗力等级没有直接关系。一般医疗救护工程、防空专业队队员掩蔽工程、一等人员掩蔽工程以及配套工程中的食品站、生产车间、区域供水站的防化等级为乙级；二等人员掩蔽工程、区域电站控制室的防化等级为丙级；交通干（支）道及连接通道、其他配套工程的防化等级为丁级。

2. 防爆波活门、扩散室及消波设施

（1）防爆波活门

防爆波活门可分为悬板式防爆波活门、胶管式防爆波活门和防爆超压排气活门。悬板式防爆波活门结构简单、工作可靠、通风量较大，是目前防空地下室采用较多的防护设施。图 3-13 所示为悬板式防爆波活门示意图。悬板式防爆波活门主要由底框、底板、悬板、悬板铰页、缓冲胶垫、限位器等零件组成。门式防爆波活门还有门扇、门扇铰页、密闭条等。

防爆波活门有人防专用图例，图 3-14 所示为悬板式防爆波活门绘图图例，粗线表示实心的悬板，起防护作用。与粗线平行的虚线表示开孔的底板，起通风作用。在建筑专业的图纸中，"H"表示活门；"K"表示门扇可打开的门式活门。字母后面的数字表示活门后接风管的当量直径，以"mm"为单位，末尾为防空地下室的抗力级别。例如 HK400（6），表示后接风管直径 400mm，适用于抗力等级 6 级的门式活门。由于防爆波活门生产选用的标准图集的差异，防爆波活门还有另外一种表示方式，如"BMH2000-5"，其中"B"表示选用中国建筑标准设计研究院的设计图纸生产的防爆波活门；"M"表示门式；"H"表示活门；"2000"代表该活门在战时的最大通风量为 2000m³/h；"5"表示适用于抗力等级 5 级的防空地下室。悬板式防爆波活门的悬板，平时在自重作用下保持一定的张开角度，通过底板的圆（方）孔进行通风；当冲击波压力作用时，悬板迅速关闭，防止冲击波进入；而只有少部分（或极少部分）冲击波从活门漏入扩散室（箱）；冲击波作用过后，悬板又恢复原来的状态。限位器是为防止悬板在冲击波负压作用下遭到破坏而设置的。悬板式防爆波活门对核爆炸冲击波的消波率为 70%～80%。

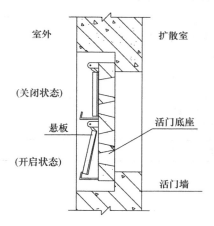

图 3-13　悬板式防爆波活门示意图

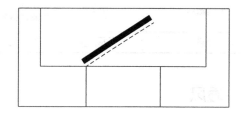

图 3-14　悬板式防爆波活门绘图图例

（2）扩散室

扩散室是利用理想气体压力与体积的乘积等于常数，即 $P \cdot V = C$ 的原理进行消波降压的。从悬板式防爆波活门漏入扩散室的冲击波，在扩散室的空间内，体积迅速增加，使压力降低。扩散室能发挥消波作用的前提是，悬板式防爆波活门在冲击波到来时能迅速关闭，如不能可靠关闭，使冲击波持续进入扩散室，则扩散室起不到降压的作用。为了更好地消波，对扩散室的结构形状、连接通风管管口的位置也有一定的要求。

扩散室一般为钢筋混凝土结构，其形状、尺寸等，根据通风量、防护等级等因素，由结构专业进行设计。扩散室需要考虑战后人员能进入，对墙面、地面进行冲洗洗消。当采用固定式防爆波活门时，扩散室应设置检修孔，其净宽不宜小于 500mm，净高不宜小于 800mm，在检修孔上应设置防护密闭门；当采用门式悬板活门时，可不必再单独设置检修孔。门式悬板活门可像防护密闭门一样打开，供人员出入。

为了简化口部设计，节约空间，降低造价，乙类防空地下室和核 6 级、核 6B 级防空地下室的钢筋混凝土结构的扩散室可用厚度不小于 3mm 的钢板焊接制作的扩散箱替代。扩散箱内要设置洗消排水的泄水孔。

通过防爆波活门及扩散室（箱）的共同作用，可以保证与扩散室（箱）连接的进风（排风）管道内的压力不大于 0.03MPa，以防止与之连接的通风设备被冲击波损坏。

（3）消波设施

消波设施是指设在进风口、排风口、柴油机排烟口处用来削弱冲击波压力的防护设施。消波设施一般包括冲击波到来时即能自动关闭的防爆波活门和利用空间扩散作用削弱冲击波的扩散室或扩散箱等。

3. 超压排气活门

超压排气活门是保证防空地下室超压的重要通风设备。当工程主体或口部的防毒通道需要实现超压排风时，通过工程进风机或排风机的压力，使超压排气活门重锤一侧的空气压力大于另一侧的压力，当达到了超压排气活门的启动压差值时，超压排气活门自动打开，实现超压排风。其类型主要有 YF 型、PS 型和 FCH 型。YF 型超压排气活门主要由活门外套、活盘（又称阀盖）、杠杆、偏心轮、绊闩和重锤等部分组成。

FCH 型超压排气活门又称为防爆型超压排气活门，与 YF 型的构造及工作原理基本相同。区别是防爆型超压排气活门的活盘能够直接承受冲击波压力的作用，具有防护密闭功能，能达到 5 级人防的抗爆要求。可以直接安装在 5 级以下防护等级的防空地下室外墙上，替代战时排风系统上的"防爆波活门＋扩散室"的消波系统，同时又兼具自动排气活门的超压排风功能。其工作原理是：在冲击波作用下活盘自动关闭，消减 90% 以上的冲击波能量，达到消波的作用；没有冲击波作用时，且工程内部达到 30～50Pa 超压时，活门的活盘在超压作用下自动开启，以排除工程内的废气。当战时需要进行隔绝防护时，用人工将活盘锁紧，以满足防护密闭的功能。

在口部洗消间，超压排气活门安装在有密闭门的密闭墙体上。

4. 油网过滤器、过滤吸收器

当室外空气被核生化污染物污染，同时防空地下室内又需要补充新鲜空气时，防空地下室的口部通风系统需设置"油网过滤器＋过滤吸收器"的空气净化系统，以确保工程内部人员的生命安全。

（1）油网过滤器

油网过滤器是一种空气除尘器材，防空地下室常用 LWP 型油网过滤器，其由多层铁丝网和铁制外壳组成。铁丝网被轧制成波纹状，保持一定的网层间距及网眼规格。铁丝网上涂抹 20 号或 10 号机油，能提高油网过滤器对空气中颗粒物的截留效果。

当油网过滤器通风阻力达到设定值时，可将滤网拆下，用碱性热水清洗，再涂油重新安装。战时由滤毒式通风转为清洁式通风前，需将油网过滤器彻底清洗。油网过滤器可以安装在管道内，也可以安装在除尘室的墙体上。

（2）过滤吸收器

过滤吸收器是防空地下室进风系统中滤除毒剂、生物战剂的设备，用于过滤外界受污染的空气中的毒烟、毒雾、放射性尘埃、细菌气溶胶等，是有防毒要求的防空地下室必须安装的通风设备。过滤吸收器由过滤器和吸收器两部分组成。过滤器部分主要由多层纤维性滤纸组成，用于过滤、阻留空气中的颗粒物。吸收器部分主要填充活性炭，利用活性炭的多孔吸附性能，进行广谱性吸附。

5. 除尘室、滤毒室与除尘滤毒室

（1）除尘室

专用于安装墙式油网过滤器的空间称为除尘室。为了满足空气扩散、布置风管及检修清洗的需要，一般又分为除尘前室和除尘后室。

（2）滤毒室

滤毒室是专门安装过滤吸收器的房间。由于过滤吸收器在检修、拆装时，可能会污染室内空气，因此滤毒室划为战时染毒区。

（3）除尘滤毒室

当油网过滤器为管道式时，进风系统可不设专门的除尘室。此时，油网过滤器与过滤吸收器安装在同一个房间，也可称该房间为除尘滤毒室。图 3-15 所示为除尘滤毒室示例。

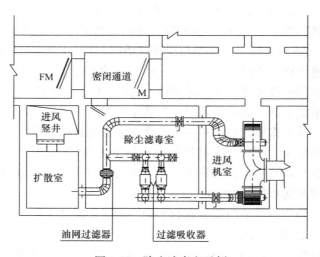

图 3-15　除尘滤毒室示例

6. 平时通风

平时通风是指保障防空地下室平时功能的通风。与地面建筑相比，防空地下室具有封闭性和围护结构的蓄热性特点，具有"冬暖夏凉"的优点。夏季防空地下室内自然温度偏低，外界的热湿空气进入后，容易在墙壁、管道等固体表面结露；同时工程围护结构的渗水和散湿，使防空地下室内部有更大的湿度。因此，防空地下室也具有"阴、冷、潮"等缺点。防空地下室难以通过自然通风来满足使用要求，需要进行机械通风；对空气温湿度有高标准要求的工程，还需要增加温湿度处理。

平时通风的主要目的有以下 3 点：

（1）保证防空地下室的通风换气。排除防空地下室内的污浊空气，向防空地下室送入新鲜空气，保证防空地下室的空气品质符合其相应使用功能的卫生标准。

（2）保证防空地下室的温湿度要求。

（3）进行消防排烟。

7. 战时通风

战时通风是指保障防空地下室战时功能的通风。战时有 3 种通风方式：清洁式、滤毒式、隔绝式。

（1）清洁式通风

清洁式通风是指室外空气未受毒剂等物质污染时的通风模式。防空地下室内饮用水、粮食、油料等物资的保障，可以一次性存贮，较长时间内不需要从外部再次补充。有大量人员掩蔽在防空地下室时，对新鲜空气的需求量大，只要外部没有遭到爆炸冲击或核生化物质的污染，工程都始终保持在清洁式通风的模式。

（2）滤毒式通风

滤毒式通风是指室外空气受毒剂等物质污染，需经特殊处理时的通风模式。当防空地下室外的空气遭受核生化武器或常规武器袭击，空气受到污染（包括城市火灾等次生灾害造成的污染）时，进入防空地下室的空气必须进行除尘滤毒处理，并将防空地下室内部的废气靠超压排风系统排至室外。

采用滤毒式通风的时机是：

1）有人员急需进出防空地下室，防毒通道需要进行排风换气时；

2）毒剂沿缝隙进入室内，毒剂达到伤害浓度，将要威胁人员的安全时；

3）当工程隔绝防护一段时间后，空气中的 CO_2 浓度上升至规定的允许浓度、O_2 浓度降低至规定的低浓度时。

（3）隔绝式通风

隔绝式通风是指室内外停止空气交换，由防空地下室内的战时送风机进行内部循环通风的通风模式。此时，防空地下室内部空间与外界连通孔口上的门和管道上的阀门全部关闭或封堵，利用防空地下室本身的防护能力和气密性，防止核爆炸冲击波、放射性尘埃或毒剂、生物战剂或次生灾害产生的其他有害物质等对防空地下室和掩蔽人员造成毁伤的一种集体防护方式。

处于隔绝防护时，人员不得出入防空地下室。当防空地下室处在下述情况时，应转入隔绝防护：

1）敌人对工程所在地区实施核生化武器袭击报警拉响时；

2）室外发生大面积火灾时；

3）在外界空气污染的情况下，滤毒设备失效（滤毒设备饱和、室外毒剂浓度过高、室外毒剂种类未查明或毒剂为滤毒设备不能去除的新型毒剂）时；

4）通风口被堵塞，或通风设备已遭到破坏时。

隔绝防护不能维持过长的时间。《人民防空地下室设计规范》GB 50038—2005 第5.2.4 条明确了战时隔绝防护时间为：医疗救护工程、专业队队员掩蔽部、一等人员掩蔽所、食品站、生产车间、区域供水站≥6h；二等人员掩蔽所、电站控制室≥3h；物资库等其他配套工程≥2h。隔绝防护时间参数，与给水排水专业计算战时污废水池容积有关。

3.3　供电

1. 内部电源与内部电站

内部电源是指设置在防空地下室内部，且具有防护功能的电源。通常为柴油发电机组或蓄电池组。

内部电站是指设置在防空地下室内部的柴油电站。按其设置的机组情况，可分为固定电站和移动电站。

（1）固定电站

发电机组固定设置，且具有独立的通风、排烟、贮油等系统的柴油电站。与移动电站相对应，又具有柴油发电机组需要平时安装就位的特定含义。

（2）移动电站

具有运输条件，发电机组可方便设置就位，且具有专门的通风、排烟、贮油等系统的柴油电站。与固定电站相对应，又具有柴油发电机组平时不安装，在临战前再通过预设的通道及防护密闭门运入防空地下室的特定含义。

2. 区域电源与区域电站

区域电源是指能供给在供电半径范围内多个防空地下室用电的内部电源。

区域电站是指独立设置或设置在某个防空地下室内，能供给多个防空地下室电源而设置的柴油电站，并具有与所供防空地下室抗力等级一致的防护功能。

《人民防空地下室设计规范》GB 50038—2005 电气专业强制性条文第 7.2.11 条规定：中心医院、急救医院；建筑面积之和大于 5000m² 的救护站、防空专业队工程、人员掩蔽工程、配套工程等防空地下室，应在工程内部设置柴油电站。

第4章　防空地下室供水水源

水是人类赖以生存的重要资源，又是需求量很大的消耗性物资。富兰克林·本杰明曾说"当井已干了的时候，才知道水的价值"。安全供水甚至比食物更为重要。人体正常的生理活动，如呼吸、出汗、排尿、通便等都会消耗身体的水分。随着活动强度的加大和环境气温的升高，深度呼吸和出汗也会促使人体失去水分。

人生存需水量与身体活动强度、大气温度有密切关系。例如，在43℃气温下进行高强度工作，一天需要19L水。如果水的摄入量低于所需要量，会迅速降低人的工作能力和工作效率。

人的正常体温是36.9℃。身体会用出汗的方式排出多余的热量以使身体凉爽。无论是由于工作、锻炼，还是由于气温，人体温度越高，出的汗越多，身体水分就流失得越多。出汗是人体水分流失的主要原因。如果一个人在白天气温很高时进行高强度工作或锻炼而没有出汗，那么就很容易中暑。图4-1所示为3种不同活动强度下人每天的需水量。

防空地下室为了保障掩蔽人员的生存，在战时需要为掩蔽人员提供生活饮用水、洗消用水。为保障防空地下室内部设备系统的正常运行，还需为柴油发电机、空调机组等设备提供冷却用水。

图4-2所示为防空地下室水源分类。防空地下室供水水源按水源与防空地下室的位置关系，分为外水源和内水源。外水源是指设在防空地下室外部的各类水源，如城市供水水源、防空地下室自备的外部水源等。

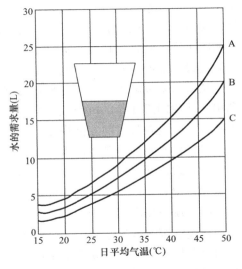

图4-1　3种不同活动强度下人每天的需水量
A—阳光下高强度活动（带装备匍匐、攀岩等）；
B—阳光下中等强度活动（清洁武器和装备）；
C—在阴凉下休息

外水源又分为有防护外水源和无防护外水源。有防护外水源是指水源的防护能力与保障的防空地下室防护等级相匹配的水源，一般指人防区域供水水站以及为指挥工程配套的有防护设施的外部地下水源等。由于城市自来水供水系统难以采取全面的防冲击波和防毒措施，当防空地下室战时供水水源为城市自来水时，属于无防护外水源。

内水源是指设在防空地下室内部的水源，受到人防围护结构的防护，能避免冲击波的破坏。如设置在清洁区，由于含水层的过滤、吸附等物理、化学因素的作用，一般能保证一定时期内供水的水质免受室外地面污染物的污染，保证供水水质的安全。如设置在染毒区，内水源可能受到室内空气中有毒成分的污染，该水源只能用于设备冷却用水。

防空地下室中设置的水库、水箱等贮水设施，当存水消耗完毕后，无法自我补充更新，不属于水源。

图 4-3 所示为防空地下室典型供水模式。

图 4-2　防空地下室水源分类　　　　图 4-3　防空地下室典型供水模式

目前绝大多数防空地下室的战时供水都依靠内部贮水箱或水池。防空地下室设计规范提出的战时贮水量标准是按保障掩蔽人员战时生存需求制定的，战时供水量标准较低，还缺乏实战性演练的检验。随着我国防空地下室建设由满足城市居民人均掩蔽面积需求，逐步向减少平战转换工作量、提高全方位防护与保障能力方向转变，会对防空地下室的供水水源建设和战时供水量标准提出更高的要求。

从城市防灾减灾的需求分析，防空地下室的自备水源可作为城市防灾减灾的应急水源利用。从我国近几年的抗震救灾实践中可以看出，震级较高时，市政供水系统往往受到严重破坏，需要较长时间才能恢复，期间不能正常供水。影响市政供水的主要因素有：

（1）供水水源受到较严重污染，原有处理工艺难以保证供水水质达标；

（2）取水及水处理构筑物受到结构性破坏，不能正常运行；

（3）取水、供水管线受到破坏；

（4）城市供电系统受到破坏，不能保证自来水厂正常供电。

在地震等灾害发生时，如能利用防空地下室的自备水源进行供水，在保障城市居民基本的生存用水量及水质安全上是可靠的，其保障效率要远高于向灾区运输瓶装水或净水车就地净化水。这样能更好地发挥人防工程的综合防灾减灾效益。

本章主要介绍防空地下室供水水源、水源勘察、地下水取水构筑物、水质标准及水质处理方面的基本知识。

4.1　水资源基本概念

从水资源研究和开发利用的角度，水资源的概念可归纳为：

（1）广义概念：指包括海洋、地下水、冰川、湖泊、土壤水、河川径流、大气降水等在内的各种水体。

（2）狭义概念：指上述广义水资源范围内逐年可以得到恢复、更新的那一部分淡水。

（3）工程概念：仅指狭义水资源范围内可以恢复更新的淡水量中，在一定的技术经济条件下，可以为人们所用的那一部分水以及少量被用于冷却的海水。

水资源具有区域性的特点，有些地区水资源丰富、水质优良，取用水方便；而有些地区水资源匮乏，属于资源型缺水；还有一些地区有较为丰富的水资源，但由于环境污染或水中的一些元素超标严重，需要对水进行特殊处理，才能作为生活饮用水使用，属于水质型缺水。

地球上 3/4 的面积为水所覆盖，这说明水是地球上总量最多、分布最广的资源之一，但海水占 96%～97%。人类开发利用的水资源主要是存在于自然界的淡水。全世界淡水的总存储量约占地球总储水量的 2.6%，其中地球南极或其他地区的永久性冰雪覆盖占淡水量的 2/3。还有一些淡水人类目前还难以直接利用。由于人们生活的区域有限，仅能开发利用自身活动范围附近的地表水与埋藏较浅的地下水。地球上海水及高矿化度水与淡水的分配比见表 4-1，地球上淡水的分配比见表 4-2。

地球上海水及高矿化度水与淡水的比例关系　　　　表 4-1

海水及高矿化度水	淡水	合计
97.3%	2.7%	100

地球上淡水的比例关系　　　　表 4-2

冰盖及冰川	地下水	土壤水	大气水	湖泊、沼泽水	江河水	合计
77.20%	21.95%	0.45%	0.35%	0.04%	0.01%	100%

人类开发利用自然界淡水资源的主要目的是希望得到长期稳定的淡水供给。因此，水资源是一种积极参与自然界水循环并且可从循环中得到补充的、可被长期利用的淡水水源。在目前的条件下，水资源一般是指存在于地球表层可供人类利用的水量，主要包括河流、湖泊和深度在 600m 以内的含水层中可以恢复和更新的淡水。目前，人类可开发利用的水资源主要以地表水和地下水的形式存在。地表水主要指江河、湖泊、水库等；地下水主要指埋藏在地表以下一定深度土壤和岩石中的潜水和承压地下水。

4.2　地下水及其运动

由于地下水取水构筑物便于防爆炸冲击波及炸弹碎片的直接毁伤；同时由于岩土层的遮蔽、过滤、吸附等作用，核生化污染物难以由地表快速下渗至地下含水层。所以地下水是防空地下室战时取水的首选水源。在规划建设防空地下室自备水源时，需要熟悉地下水取水的基本知识，根据工程所在地的水文地质条件，合理建设自备水源。

地下水系指埋藏和运动于地表以下松散土层或坚硬岩石空隙（孔隙、裂隙、溶隙等）中的水。大气降水（雨、雪、霜、雹等）和地表水（河渠、湖泊、池塘等）渗入地下形成地下水。岩土空隙是地下水贮存和运动的先决条件。

1. 地下水存在形式

地下水在地表下运动和贮藏的空间可分为两个带，即包气带和饱水带，图 4-4 所示为地下水赋存示例。在饱水带中，岩土中的所有空隙均被水所充满。在饱水带上界面与地表之间的岩土层中，大多数情况下都存在着一个包气带。包气带与饱水带的界限、厚度不是固定不变的，而是随着地下水的运动而改变。一般情况下，包气带的岩土空隙，除一部分被水占据外，还有一部分被空气占据，为水的不饱和带。其贮存的水主要有毛细水、结合水和气态水。

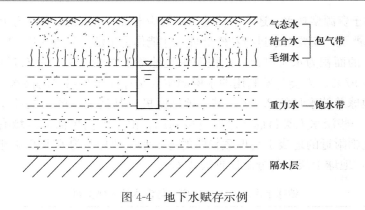

图 4-4　地下水赋存示例

毛细水、结合水和气态水在重力作用下不能运动。因此，采用取水构筑物无法取用这部分地下水，但它却能被植物吸收。由于大气降水和地表水下渗或是地下水蒸发、排泄，都必须通过包气带，所以包气带的厚度、饱水程度、渗透性能对大气降水和地表水的入渗、补给以及地下水的蒸发、排泄都有重要影响。

饱水带中的水主要是重力水，在重力作用下能自由运动。重力水具有自由水面，在重力作用下从高水位向低水位流动。取水构筑物取用的水或从泉中流出的水都是重力水。重力水是水文地质学和取水工程研究的主要对象。

2. 岩土的空隙

地下水形成及贮存的基本条件是：岩土层必须具有相互连通的空隙，地下水可以在这些空隙中自由运动。无论是松散的土层还是坚硬的岩石，都具有大小不一、或多或少、形状各异的空隙，它们是地下水贮存和运动的场所。通常把岩土空隙的大小、多少、形状、连通程度以及分布状况等性质统称为岩土的空隙性。根据岩土空隙的成因，将空隙分为孔隙、裂隙和溶隙 3 大类，图 4-5 所示为岩土的空隙。

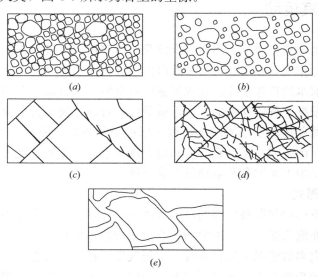

图 4-5　岩土的空隙

(a) 分选较好的砂质岩层中的孔隙；(b) 分选不良的砂质岩层中的孔隙；(c) 坚硬岩层中的构造裂隙；
(d) 坚硬岩层中的风化及构造裂隙；(e) 可溶性岩层中的溶隙

松散沉积物颗粒之间的空隙称作孔隙，如图 4-5 中的 (a)、(b) 所示。衡量孔隙多少的定量指标称为孔隙率，定义为岩石孔隙体积与岩石总体积之比（％）。

坚硬岩石受地壳运动及其他内外地质应力作用产生的空隙称为裂隙，如图 4-5 中的 (c)、(d) 所示。衡量裂隙多少的定量指标称为裂隙率，定义为岩石裂隙体积与岩石总体积之比（％）。

可溶性岩石（如石灰岩、白云岩、石膏等）中的裂隙经水流长期溶蚀扩展而形成的空隙，小的称作溶隙，如图 4-5 中的 (e) 所示，大的称为溶洞。岩溶的发育程度受到岩性、地质构造、地貌、地下水的性质及流动条件的控制。衡量可溶性岩石溶隙发育程度的指标称为岩溶率，定义为岩石溶隙体积与岩石总体积之比（％）。

溶隙与裂隙相比较，在形状、大小、分布、不均匀程度等方面变化更大。岩溶率的变化范围很大，从小于百分之一到百分之几十。地下水的运动不仅与岩土中孔隙率、裂隙率和岩溶率有关，而且还与空隙的大小、连通性和分布规律有关。空隙大、连通性好，岩土透水性就好。

岩土的透水性是指岩土让水通过的能力。它主要取决于岩土空隙的大小、连通程度。评价岩土透水性的指标是渗透系数 K，具有速度的单位，一般用 m/d 表示。渗透系数越大，岩土的透水性越强。渗透系数是井渠出水量计算和地下水资源评价最重要的水文地质参数之一。

3. 含水层

所谓含水层就是空隙充满水，且能给出并透过相当数量水的岩土层。实际上，几乎没有一种岩层是绝对不含水的，但并不是所有的岩层都能构成含水层，通常只是把那些富集有重力水的饱水带称为含水层。由于含水层多数呈层状分布，所以长期以来习惯称之为含水层。所谓隔水层是指具有一定的阻滞或隔阻重力水通过的岩层（如黏土层、亚黏土层），又称不透水层。构成含水层必须具备以下条件：

（1）要有地下水贮存和运动的空隙。

（2）要有聚集和贮存地下水的地质构造。所谓贮水地质构造，概括起来不外乎是，在良好的含水层下面必须有隔水的岩土层存在，在水平方向上有隔水边界。这样才能使运动于空隙中的重力水贮存起来，并充满空隙而形成含水层。当含水层在水平方向上延伸很广时，因地下水流动非常缓慢，即使没有侧向隔水边界，同样可以构成含水层。

（3）具有充足的地下水补给来源。

4. 地下水类型及其特征

自然界的地下水因其成因、贮存空间、埋藏条件、运动状态、水力特征、化学成分等的不同，而具有各自不同的特点。因此，采用的勘探手段、地下水取水构筑物的形式也各不相同。

（1）上层滞水

上层滞水是存在于包气带中局部隔水层或弱透水层上具有自由水面的重力水，图 4-6 所示为上层滞水和潜水。上层滞水距地表近，补给区和分布区一致。接受当地大气降水或地表水的补给，以蒸发的形式排泄。上层滞水一般含盐量低，但易受污染。上层滞水分布范围有限、厚度小、水量少、具有明显的季节性，只能作为小型或暂时性的供水水源。

（2）潜水

潜水是埋藏在地表以下第一个稳定的隔水层之上具有自由水面的重力水，一般埋深不大，是地下水的主要开采资源。

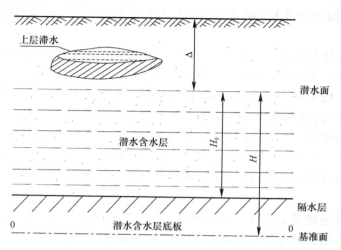

图 4-6　上层滞水和潜水

Δ—潜水埋藏深度；H_0—潜水含水层厚度；H—潜水位

潜水主要分布于第四系松散沉积层中，如冲积地层、洪积地层等。在出露地表的裂隙岩层和岩溶岩层的上部也可能存在潜水。潜水的自由水面称为潜水面。地表至潜水面的垂直距离称为潜水埋藏深度，简称埋深。潜水层以下的隔水层称为隔水底板。潜水面至隔水层的垂直距离称为潜水含水层厚度。从潜水面到基准面的垂直距离称为潜水位。潜水埋藏一般较浅，具有如下特征：

1）潜水与大气直接相通，具有自由水面，无承压性，为无压水。当潜水面倾斜时，潜水将由高水位向低水位流动，称潜水流。潜水面任意两点的水位差与该两点的水平距离之比，称为潜水的水力坡度。一般潜水的水力坡度很小，常为千分之几至万分之几。

2）潜水的分布区与补给区基本一致，直接接受大气降水和地表水的补给。同时，潜水通过包气带向大气层蒸发排泄，排泄区与分布区基本一致。以上现象称潜水的垂直补给与排泄。当潜水由高水位向低水位流动时，潜水接受上游的侧向补给，同时向下游侧向排泄，此即潜水的水平补给与排泄。一般情况下，潜水以垂直补给与排泄为主。

3）潜水的水量、水位随时间的变化受气候影响大，具有明显的季节性变化特征。

4）潜水较易受污染。潜水水质变化较大，在气候湿润、补给量丰富及地下水流通畅的地区，往往形成矿化度低的淡水；在干旱气候与地形低洼地带或补给量贫乏及地下水径流缓慢的地区，往往形成矿化度很高的咸水。在气候较干旱的平原地区，咸水区与淡水区在水平方向上相间分布，甚至呈现岛状分布。

潜水分布范围大，埋藏较浅，易被人工开采。当潜水补给来源充足，特别是河谷地带和山间盆地中的潜水，水量比较丰富，可成为工农业生产和生活用水的良好水源。

（3）承压水

承压水是充满两个稳定隔水层之间含水层中的重力水。承压水有上下两个稳定的隔水层，两个隔水层之间的含水层称为承压含水层。含水层与上下隔水层的分界面为承压含水层的顶板和底板。顶、底板之间的垂直距离为承压含水层的厚度，通常用符号 M 表示，图 4-7 所示为承压水。

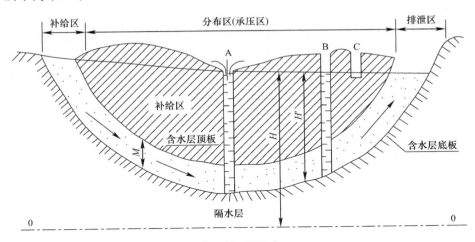

图 4-7　承压水

M—承压含水层厚度；H'—承压含水层水位；H—承压含水层水头

打井时，在含水层顶板被凿穿之前见不到承压水，只有打穿含水层顶板才能见到承压水。承压水具有如下特征：

1）无自由水面。由于补给区水位较高，使含水层顶板在整个分布区承受一定的静水压力，以致含水层被水充满。不管承压含水层水位如何变化，只要不低于含水层顶板，承压含水层厚度保持不变。

2）承压含水层的分布区与补给区不一致，一般只通过补给区接受补给。由于含水层顶板、底板的存在，承压水的补给与排泄基本呈水平运动，故以水平补给与排泄为主。

3）承压水的水位、水量、水温、水质等比较稳定，受气象水文因素的影响较小。

4）承压水不易受污染，但一经污染，很难恢复。因此，必须十分注意保护承压水不受污染。承压水的水质与其埋藏条件、补给来源及径流条件有关。由于承压水运动极其缓慢，相比潜水而言不易得到补充和恢复，所以其水质主要取决于含水层中岩土层的物理化学性质。一般情况下，承压水是矿化度较低的淡水。

承压水非常稳定，分布范围广，含水层厚度一般较大，又具有良好的多年调节性能，是稳定可靠的供水水源，是城市供水主要的水源地。

4.3　典型地貌地下水分布特征

地貌是指地球表面受内、外地质应力作用而产生的地形形态。不同地貌类型其自然条件、地层岩性、水文地质特征各不相同，形成的含水层类型、富水性、地下水的补给排泄条件、水质等也不相同。

1. 山前倾斜平原区的地下水

洪积扇是由暂时性流水堆积成的扇形地貌，又称为干三角洲。山区河流中，洪水携带着大量不同粒径、不同滚圆度的物质，流出山口后，由于地形坡度减缓，流速降低，并由集中水流转为分散水流，其所携带的物质大量沉积下来，形成由上游向下游倾斜的扇状或裙状的冲洪积扇，其宽度达数千米至数十千米，纵向延伸可达数十千米至一二百千米。洪积扇沿山麓常造成一片，即多个冲洪积扇互相连在一起组成冲洪积裙，从而形成了围绕山麓的山前倾斜平原。由于该平原地下水赋存条件好，很多城市就建设在山前倾斜平原上，如呼和浩特市建设在大青山的山前倾斜平原上。

冲洪积松散沉积物从山脚向平原其沉积物颗粒由粗至细分布，按水文地质特征可划分为 3 个带，图 4-8 所示为洪积扇中地下水分布。

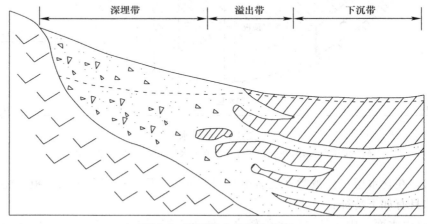

图 4-8 洪积扇中地下水分布

（1）深埋带

此带位于冲洪积扇顶部，地形坡度较大，含水层由较粗的卵石、砾石或砂砾石组成，透水性良好，含水层厚度大，地下水类型为潜水。该带可得到山区地下水的补给，亦可获得大气降水和地表水的渗入补给，地下水量丰富，可成为稳定可靠的地下水水源地。此带地下水径流条件好，更新快，蒸发作用微弱，水的矿化度低，一般低于 500mg/L，水质良好。此带地下水埋藏一般较深，一般为十几米至几十米。

（2）溢出带

又称浅埋带。沉积物粒度变小，以中、细、粉砂为主，垂直方向出现黏性土层夹层，由于受下游黏性土层的阻挡，地下水产生壅水现象，地下水位上升，加之地形坡度变缓，故地下水埋藏深度变浅以至溢出地表。此带常会产生不同程度的沼泽化和盐渍化。如在这里有计划地开发利用地下水，可以有效地控制地下水位。由于潜水的蒸发，地下水矿化度增高至 1000～2000mg/L。从纵剖面上看，在浅埋带的下部常常埋藏着水量较大、水质较好的承压水，也可能成为较好的地下水水源地。

（3）下沉带

在冲洪积扇的下游平原地区，沉积物颗粒细，以亚砂土、亚黏土为主，甚至出现黏土或淤泥。此带与上、中游的砂砾层形成犬牙交错的接合。地下水径流条件差。潜水蒸发极为强烈，潜水面埋藏有所加深，水分运动主要在垂直方向上，所以又称垂直交替带。含水层渗透性差，地下水矿化度增高，有的地区超过 3000mg/L，成为咸水区。

2. 冲积平原中的地下水

在大河下游，以沉积为主。由于河流的侧向侵蚀、沉积，河流的裁弯取直，以及河流泛滥和改道,往往形成广大的冲积平原。

在冲积平原的上部一般为潜水含水层,它的特征如前所述。在水平方向上岩性变化大,富水性也不相同。由于潜水的蒸发,某些地带地下水积盐严重,形成咸水区。在广大平原上,咸、淡水区相间分布,要找到浅层淡水须进行水文地质勘测。浅层淡水含水层主要以粉、细砂层为主,可接受大气降水和地表水的补给,水分交替强烈而频繁,地下水具有可恢复性。其厚度不大,一般在 20~50m,可作为中、小型水源,但稳定性较差。

冲积平原由于地质演变而埋藏在地下的古河道,其含水层颗粒较粗,径流条件好,常贮存有水量丰富、水质良好且易开采的浅层淡水。在条件适宜时,这种古河道带可作为修建地下水库的场所。

在潜水含水层以下深部的含水层,都是承压含水层。承压含水层性能稳定,厚度大,分布范围广,含水层颗粒较粗,通常以中、细砂层为主,贮水量大,成为冲积平原地区稳定可靠的地下水水源。

4.4　供水水文地质勘察

为寻找地下水源而开展的各项工作统称为供水水文地质勘察和水源勘察。勘察的目的和任务是:查明工作区的地下水类型及其特征、分布和埋藏条件、水质、富水地段、富水程度和开采条件,为供水水源地的选择、规划、设计和地下水取水工程的建设提供所需要的水文地质资料。供水水文地质勘察包括:水文地质测绘,地球物理勘探(物探)、钻探,抽水试验,地下水动态观测,水文地质参数计算和地下水资源评价等。

1. 水文地质测绘

水文地质测绘是通过调查和野外实际观测,查明和了解工作区的地质、地质构造、地貌及其与地下水的关系、水文气象、地下水分布和运动的基本规律等,是供水水文地质勘察各项工作的基础。

水文地质测绘是在地形、地质图的基础上进行的。水文地质测绘的主要内容有:

(1)地质调查,即通过调查和观测掌握勘察区的地层、岩性、产状和接触关系。查明褶皱、断裂和岩溶的位置、类型、产状、规模、力学性质、发育程度及充填物情况等,进而了解其富水部位。

(2)地貌调查,即掌握地形、地貌的类型、形态、特征及其与地下水的关系。

(3)第四纪沉积物的调查,即第四纪沉积物的分布规律、地层层序、岩性、古河道分布情况。查明含水层的分布与埋藏条件,以及与地下水的补给、径流、排泄的关系。

(4)水点调查,即了解工作区的降水量、季节变化情况,地表水体的分布范围、水位、水量、运动变化规律,以及地表水与地下水的水力联系。调查泉水的出露位置、标高、类型、流量及随季节变动的情况。查明现有井的位置、井深度、井径、井的结构、井内水位、井的出水量及取水层的位置、岩性与厚度。水质调查,即查明地下水的主要化学成分、矿化度和物理性质,确定地下水的化学类型以及污染状况。此外,还要进行地下水开采利用情况的调查。

在以上各项调查、观测的基础上,应写出调查报告,并且应将全部实测资料绘制和反映在水文地质图上。

2. 水文地质勘探

水文地质测绘仅限于地表的观测，而不能直接了解地层深部的水文地质条件，所以必须在测绘的基础上进行勘探工作。水文地质勘探手段主要有地球物理勘探（物探）和钻探。

（1）物探

物探是使用物探仪器测定地下岩土的物理参数，并以此推断地下岩土层的性质、构造、水文地质特性。物探方法有很多，如磁法、重力法、电法、地震及放射性勘探等方法。在地下水勘探中，采用最多的是电法勘探（简称电法）。电法又以直流电法中的电阻率法、自然电位法应用最广。电法勘探又分为地面电法和电法测井（地下电法）。电法勘探在水文地质勘探中可以查明以下水文地质问题：

1）含水层的分布及其深度、厚度和古河道的位置。

2）区域性的贮水构造（如构造盆地、穹隆构造等）及风化带、裂隙带、岩溶发育带、断层破碎带的分布、产状。

3）地下水的矿化度和咸、淡水区的分布范围。

4）钻孔的地层剖面和咸、淡水的分界面。

5）地下水水位、流向、渗流速度及其与地表水的水力联系。

水文物探仪器先进轻便，易于操作掌握，探测深度大，生产效率高，成本低，实践中应用广泛。但物探方法属间接测量方法，干扰因素较多，解释结果具有多解性和地区局限性，以致影响其探测精度。因此，物探解释工作必须紧密结合当地的地质、水文地质情况，物探成果还应有一定量的钻探资料来校核。

（2）钻探

钻探是用钻机向地下钻孔，从井孔内采取岩芯，进行观测和试验，从而了解地下深部的地质、水文地质情况的一种勘探工作。通过钻探可以更直接而准确地了解地层岩性，含水层的性质、埋藏深度、厚度、分布以及地下水水质等情况。利用钻孔可以做物探测井和孔内电视摄像，查明地下地质现象、破碎带、裂隙和断层，以及测定地下水矿化度和咸、淡水分界面。利用钻孔进行抽水试验、注水试验，能确定含水层的富水性和渗透系数、导水系数、给水度、释水系数及影响半径等水文地质参数。利用钻孔采集水样，经化验分析可确定地下水水质及化学类型。地下水动态的长期观测工作亦大都是通过钻孔进行的。钻探可以获得准确可靠的水文地质资料，是其他勘察手段不可能替代的，所以水文地质勘探必须按规范要求做一定量的钻探工作。但钻探工作成本高，施工时间长，所以必须是在满足水文地质勘探要求的条件下，做到使钻探工作量尽量少，并且应尽量做到探、采结合。

3. 抽水试验

抽水试验需利用水泵、空压机、量水桶等抽水设备及测量工具，从井内抽取一定的水量，同时观测井内的水位下降情况。通过抽水试验可以：

（1）测定钻井的实际出水量，为选择安装抽水设备提出依据，推算机井的最大出水量与单位出水量；

（2）确定含水层的水文地质参数，以便进行地下水资源评价和取水构筑物的设计；

（3）了解含水层之间的水力联系和地表水与地下水之间的水力联系；

（4）确定抽水影响范围及其扩展情况，确定合理的井距。

4. 水文地质勘察报告的编写

在以上各项勘察工作的基础上最后要编写出水文地质勘察报告，它是水文地质勘察工作全部成果的集中表现，是综合性的技术文件。报告内容应齐全，阐述力求简明扼要、条理分明、论据充分、重点突出、结论明确、图文并茂。除了定性分析外，必须有定量分析，并尽可能采用图表表示各项调查资料和分析成果。同时要绘制下列水文地质基本图件：实际资料图，第四纪地质、地貌图，等水位线图，地下水埋深图，含水层分布图，含水砂层等厚图，富水程度图，地下水矿化度图，地下水化学类型图，地下水开采条件图以及综合水文地质图等。

4.5　地下水取水构筑物

地下水取水构筑物是取水工程的重要组成部分之一。它的任务是从地下水水源中取出合格的地下水，并送至自来水厂或用户。地下水取水构筑物位置的选择主要取决于水文地质条件和用水要求，应选择在水质良好、不易受污染的富水地段；应尽可能靠近主要用户；应有良好的卫生防护条件；应考虑施工、运转、维护管理方便。

由于地下水的类型、埋藏条件、含水层的性质等各不相同，所以开采和集取地下水的方法以及地下水取水构筑物的形式也各不相同。地下水取水构筑物按取水形式主要分为两类：垂直取水构筑物——井；水平取水构筑物——渠。井既可用于开采浅层地下水，也可用于开采深层地下水，但主要用于开采较深层的地下水；渠主要依靠其较大的长度来集取浅层地下水。

为了满足防空地下室对水源的综合防护要求以及平时对水源有效管理的需求，防空地下室的自备水源的主要取水构筑物形式为管井。

1. 管井的形式

管井一般指用凿井机械开凿至含水层中，用井壁管保护井壁，垂直地面的直井。管井又称机井。管井按揭露含水层的类型划分为潜水井和承压井；按揭露含水层的程度划分为完整井和非完整井。管井直径一般为 50～1000mm，井深一般不超过300m。

2. 管井的构造

管井主要由井室、井壁管、过滤器、沉淀管等部分组成，图 4-9 所示为管井的一般构造。

（1）井室

井室是用于安装各种设备（如水泵、电机、阀门及控制柜等）、保护井口免受污染和进行运行管理维护的场所。常见井室按所安装的抽水设备不同，可建成深井泵房、深井潜水泵房、卧式泵房等，其形式可为地面式、地下式或半地下式。

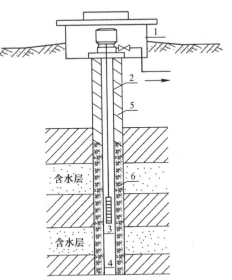

图 4-9　管井的一般构造

1—井室；2—井壁管；3—过滤器；
4—沉淀管；5—黏土封闭；6—规格填砾

为防止井室地面的积水进入井内，井口应高出地面 0.3~0.5m。为防止地下含水层被污染，井口周围需用黏土或水泥等不透水材料封闭，其封闭深度不得小于 3m。井室应有一定的采光、通风、采暖、防水和防潮设施。

（2）井壁管

井壁管不透水，它主要安装在不需进水的岩土层段（如咸水含水层段、出水少的黏性土层段等），用以加固井壁、隔离不良（如水质较差、水头较低）的含水层。井壁管可以是铸铁管、钢管、钢筋混凝土管或塑料管，应具有足够的强度，能经受地层和人工充填物的侧压力，不易弯曲，内壁平滑圆整，经久耐用。井壁管的内径通常大于或等于过滤器的内径。在井壁管与井壁间的环形空间中填入不透水的黏土形成的隔水层，称作黏土封闭层。如有些地区，由于地层的中、上部为咸水层，所以需要利用管井开采地下深层含水层中的淡水。此时，为防止咸水沿着井壁管和井壁之间的环形空间流向填砾层，并通过填砾层进入井中，必须采用黏土封闭以隔绝咸水层。

（3）过滤器

过滤器是指直接连接于井壁管上，安装在含水层中，带有孔眼或缝隙的管段，是管井用以阻挡含水层中的砂粒进入井中，集取地下水，并保持填砾层和含水层稳定的重要组成部分。过滤器表面的进水孔尺寸，应与含水层的土壤颗粒组成相适应，以保证其具有良好的透水性和阻砂性。过滤器的构造、材质、施工安装质量对管井的出水量大小、水质好坏（含砂量）和使用年限，起着决定性的作用。过滤器的基本要求是：有足够的强度和抗腐蚀性能，具有良好的透水性，能有效地阻挡含水层砂粒进入井中，并保持人工填砾层和含水层的稳定性。

为防止含水层砂粒进入井中，保持含水层的稳定，又能使地下水通畅地流入井中，需要在过滤器与井壁之间的环形空间内回填砂砾石。这种回填砂砾石形成的人工反滤层，称为填砾层。

（4）沉淀管

沉淀管位于井底，用于沉淀进入井内的细小泥沙颗粒和自地下水中析出的其他沉淀物。地下水进入管井后，含砂量虽然满足取水水质要求，但并非绝对不含砂，其中一些泥沙颗粒仍会沉淀下来，天长日久，积少成多，会在井中沉积下一定体积的泥沙，甚至堵塞过滤器，影响管井的出水量。为此，应在管井的底部设置沉淀管。

4.6 防空地下室自备水源设计

4.6.1 一般要求

防空地下室自备水源设计一般应遵循以下原则：

（1）平时应采用市政自来水供水。主要原因是市政自来水的水质、水量有可靠保证，安全性、经济性好，使用管理方便。

（2）对战时供水保障要求较高的工程，应优先考虑设计战时自备内水源。战时自备内水源一般设置在工程清洁区内。当水文地质条件不具备设内水源时，外水源优先选择地下水。地下水在战时不易受到核生化的污染，也有利于采取防冲击波的措施。当柴油电站用水量很大时，也可考虑在柴油发电机房内设自备内水源，用于战时柴油电站的冷却。由于柴油发电机房是染毒区，该水源不能作为清洁区的生活饮用水水源使用。

（3）当将外水源设计为有防护外水源时，既要考虑取水构筑物及泵房对冲击波的防护，还要考虑当外界染毒时是否会对水源造成污染。如战时必须使用可能受到核生化污染的水，则工程要增加处理核生化污染水的设施。

（4）为兼顾平时防空地下室的维护管理，防空地下室的内水源取水构筑物宜选择管井。

防空地下室自备水源的设计，首先要调查和分析计算防空地下室战时的需水量。根据用途如生活用水与饮用水、洗消用水、冷却用水、消防用水、生产用水等分类计算。

4.6.2 防空地下室自备内水源设计示例

南京市某防空地下室，平时作汽车库使用，战时功能为二等人员掩蔽所，共设有 8 个防护单元，平均每个防护单元掩蔽人数 1200 人。战时总掩蔽人数 9600 人。根据工程所在地的地质资料，其具备良好的地下水赋存条件。为了提高战时供水的可靠性，减少战时的贮水量容积，规划在防护单元 1 的清洁区内建设 1 个自备内水源。该水源在战时兼保障防护单元 2~8 的战时供水，成为这 7 个防护单元的有防护外水源。

1. 水量计算

（1）水源设计水量计算

根据人防地下室设计规范第 6.2.3 条，饮用水量 3~6L/（人·d），取 4.5L/（人·d），生活用水量 4L/（人·d）。8 个防护单元生活用水、饮用水每日总需水量为：

$$8 \times 1200 \times (4.5 + 4) = 81600L/d = 81.6m^3/d$$

经计算，墙面、地面洗消用水和人员洗消用水分别为 $5m^3$/单元和 $0.8m^3$/单元。

每个防护单元的洗消用水量为：

$$5 + 0.8 = 5.8m^3$$

8 个防护单元一天内同时洗消，总用水量为：

$$8 \times 5.8 = 46.4m^3/d$$

自备水源的出水量最低达到 $81.6m^3/d$ 即可满足该防空地下室的用水需求，相当于在防护单元中水箱中的存水被消耗的同时，内水源的水不断补充水箱。如供水水源设计按各防护单元洗消用水需在同一天内使用的最不利情况考虑，并同时需要满足人员生活用水、饮用水需求，自备水源最大设计水量为：

$$81.6 + 46.4 = 128m^3/d$$

（2）设内水源时水箱容积计算

根据人防地下室设计规范第 6.2.5 条，防护单元 1 有可靠内水源，不需要贮存生活用水，需要设置饮用水水箱，贮水时间 2~3d。取 2d，则设内水源的防护单元饮用水水箱容积为：

$$1200 \times 4.5 \times 2 = 10800L = 10.8m^3$$

防护单元 2~8 按有防护外水源计算，饮用水需贮存 15d，则饮用水水箱总容积为：

$$7 \times 1200 \times 4.5 \times 15 = 567000L = 567m^3$$

有防护外水源，生活用水贮存 3~7d，由于建在防护单元内的内水源比在室外单独建的有防护外水源更可靠，因此取低限 3d，生活用水水箱总容积为：

$$7×1200×4×3＝100800L＝100.8m^3$$

洗消用水，防护单元 1 无需贮存，防护单元 2～8 共需贮存 40.6m³。

（3）不设内水源时水箱容积计算

生活用水贮水时间 7～14d，取 10d，8 个防护单元生活用水水箱总容积为：

$$8×1200×4×10＝384000L＝384m^3$$

8 个防护单元饮用水水箱总容积为：

$$8×1200×4.5×15＝648000L＝648m^3$$

不同水源条件下各防护单元的贮水量计算结果见表 4-3。

不同水源条件下水量计算结果   表 4-3

水源条件	用途	防护单元	贮水时间（d）	用水量标准 [L/(人·d)]	水箱总容积（m³）	水箱合计总容积（m³）
有自备水源	生活用水	防护单元 1	0	4	0	728.2
		防护单元 2～8	3		100.8	
	饮用水	防护单元 1	2	4.5	10.8	
		防护单元 2～8	15	4.5	576	
	洗消用水	防护单元 1		—	0	
		防护单元 2～8			40.6	
无自备水源	生活用水	防护单元 1～8	10	4	384	1078.4
	饮用水	防护单元 1～8	15	4.5	648	
	洗消用水	防护单元 1～8			46.4	

防空地下室工程配套建设 1 个风冷式柴油电站，冷却水补水量 2m³，电站单独设冷却用水水箱，临战前补充进水，在水源水量计算中，不考虑该用水量。

2. 工程地质条件

工程所在地面高程平均约 8m，临近长江。长江丰水期水位标高 10m 左右。工程基坑深度约 11m。在本场地范围内地基土层钻孔，自上而下分为 4 层，其中①、④层分为 2 个亚层，②层分为 7 个亚层。各土层特征分述如下：

①-1 杂填土：灰黄、黄褐、杂色，松散～稍密，以建筑垃圾为主，表层多为混凝土地面或沥青路面，以下混较多碎石子、黏性土等。填龄大于 5 年。该层层厚 0.50～3.50m，层底标高 4.03～7.77m。

①-2 素填土：灰黄、灰褐色，稍湿，松散～稍密，黏性土为主，软可塑～软塑状，含少量植物根系。该层层厚 0.40～6.30m，层底标高 1.40～6.30m。

②-1 粉质黏土：灰黄色，可塑为主，局部软塑，土质软硬不均，见少量铁锰质浸染。该土层分布不均且局部缺失，厚度 0.50～2.90m，层底标高 1.46～5.77m。

②-2 淤泥质粉质黏土：灰褐、灰色，饱和，流塑，含少量腐殖物，具淤臭味。该土层场区内普遍分布，厚度 2.50～15.70m，层底标高 1.46～5.77m。

②-3 淤泥质粉质黏土夹粉土：灰褐、灰色，饱和，流塑，层状～互层状，含少量腐殖物，具淤臭味。该土层场区内部分钻孔缺失，厚度 0.50～10.20m，层底标高 -15.31～1.67m。

②-4 粉砂：灰色，饱和，稍密为主，局部中密，偶夹薄层粉质黏土。含少量云母碎

片。该土层场区内局部分布，厚度 0.50～10.60m，层底标高－13.66～－7.74m。

②-5 粉质黏土夹粉土：灰色，稍湿，软塑，层状，稍有光泽，干强度中等。该土层场区内局部分布，厚度 0.90～9.90m，层底标高－20.93～12.96m。

②-6 粉质黏土：灰色，稍湿，软塑，偶夹粉土，底部局部可塑，稍有光泽，干强度中等。该土层场区内普遍分布，厚度 5.50～16.20m，层底标高－28.36～23.96m。

②-7 粉细砂：灰色，饱和，中密～密实，含少量云母碎片，主要矿物成分为石英、长石，底部局部夹中粗砂。该土层场区内普遍分布，厚度 5.50～12.30m，层底标高－36.75～－33.78m。

③中粗砂夹卵砾石：灰色，饱和，中密～密实，卵砾石呈亚圆形，磨圆度较好，石英质，粒径一般在 1～10cm 不等，个别大于 15cm。卵石分布不均匀，含量一般大于 30%。该土层场区内普遍分布，厚度 0.60～5.50m，层底标高－39.28～－36.66m。

④-1 强风化泥质砂岩：棕红、紫红色，密实，原岩风化呈砂土状，手掰易碎，泥质结构，层状构造，遇水软化，取芯率较低。该土层场区内普遍分布，厚度 1.84～4.90m，层底标高－42.21～－40.03m。

④-2 中风化泥质砂岩：棕红、紫红色，砂质结构，泥质胶结，岩石敲击易断，遇水软化，取芯率一般大于 80%。属极软岩，岩体基本质量等级为 V 级。该层厚度未揭穿，最大揭露厚度 8.70m。

3. 水文地质条件

场地内地下水类型主要为孔隙潜水和微承压水。微承压水主要分布在②-4 粉砂层和②-7 粉细砂层中，其沉积物多呈二元或多元结构，沉积物颗粒上细下粗，主要补给来源为上部孔隙潜水下渗和长江水的侧向渗流。②-4 粉砂层中的微承压水标高 4～5m。承压水的水位标高高于地基底板约 7.0～8.0m。防空地下室底板坐落于②-4 粉砂层中，在基坑施工中将会有基底土层的突涌现象。下部②-7 粉细砂承压含水层埋深较大，且上部为较厚的②-5 和②-6 软黏土性隔水层，②-7 粉细砂层对基坑施工影响较小。各土层渗透系数室内测试及评价结果见表 4-4。

各土层渗透系数室内测试及评价结果　　　　　　　表 4-4

层号	土层名称	室内试验		渗透系数建议值 K (cm/s)	渗透性评价
		垂直渗透系数 K_V (cm/s)	水平渗透系数 K_h (cm/s)		
①-1	杂填土			5.00×10^{-5}	弱透水层
①-2	素填土	7.06×10^{-6}	8.42×10^{-6}	2.00×10^{-5}	弱透水层
②-1	粉质黏土	3.42×10^{-6}	4.03×10^{-6}	5.00×10^{-6}	微透水层
②-2	淤泥质粉质黏土	3.08×10^{-6}	3.82×10^{-6}	3.00×10^{-6}	微～不透水层
②-3	淤泥质粉质黏土夹粉土	1.79×10^{-5}	2.20×10^{-5}	5.00×10^{-6}	微透水层
②-4	粉砂	4.46×10^{-4}	5.74×10^{-4}	3.00×10^{-3}	透水层
②-5	粉质黏土夹粉土	1.74×10^{-5}	2.15×10^{-5}	5.00×10^{-6}	微透水层
②-6	粉质黏土	2.02×10^{-6}	2.55×10^{-6}	5.00×10^{-6}	微透水层
②-7	粉细砂	4.99×10^{-4}	6.46×10^{-4}	3.00×10^{-3}	透水层
③	中粗砂夹卵砾石			5.78×10^{-2}	透水层

在渗透系数室内试验中，普遍存在渗透系数室内试验结果比现场抽水试验或注水试验结果小1个数量级左右的现象。渗透系数室内试验结果只是一个参考，还需要根据工程地质手册数据及其他类似地质条件下的现场测试结果进行经验调整。工程地质手册中给出的地层渗透系数 K 值参见表4-5。本工程的管井流量计算，渗透系数按照表4-6中的建议值选取。

地层渗透系数 K 值   表 4-5

地层	地层颗粒		渗透系数 K（m/d）
	粒径（mm）	所占重量（%）	
粉砂	0.05～0.10	<70	1～5
细砂	0.01～0.25	>70	5～10
中砂	0.25～0.50	>50	10～25
粗砂	0.50～1.00	>50	25～50
极粗砂	1.00～2.00	>50	50～100
砾石夹砂			75～150
带粗砂的砾石			100～200
漂砾石			200～500

现场试验比室内试验更准确，更能反映土层的实际渗透性能。主要原因是：（1）室内试验多数情况下仅能反映所取土样的渗透性能，或者说仅能反映某一深度处土体的渗透性能，现场试验得到的数据能更客观地反映土体的综合渗透性能。（2）室内试验所用的土样具有随机性的特点，受土样本身质量影响较大，如土样中有腐烂的植物根系、生物活动遗留的虫孔、风干所形成的裂缝，则室内试验难以准确反映孔洞、裂缝的相互连通情况。

水力影响半径 R 值，最好通过现场抽水试验和水文地质条件相似地区水井的长期观测资料确定，无上述条件时，根据表4-6确定。

本工程地层渗透系数 K 取值   表 4-6

地层	地层颗粒		水力影响半径 R（m）
	粒径（mm）	所占重量（%）	
粉砂	0.05～0.10	<70	25～50
细砂	0.01～0.25	>70	50～100
中砂	0.25～0.50	>50	100～300
粗砂	0.50～1.00	>50	300～400
极粗砂	1.00～2.00	>50	400～500
小砾石	2.00～3.00		500～600
中砾石	3.00～5.00		600～1500
粗砾石	5.00～10.00		1500～3000

取水构筑物有大口井、管井、辐射井、渗渠等多种形式。南京市以长江水作为水源，平时严格控制地下水的开采利用。由于本工程所在地地下水比较丰富，且地下水水位高于地下室底板，采用大口井、辐射井、渗渠的取水方式时，平时会有大量的地下水流出，这类水源在平时难以合理利用，大面积的井水自由水面会使防空地下室的空气更加潮湿。因此，本工程选用管井的取水方式，平时可比较方便、可靠地对管井的出水进行封堵。

4. 管井出水量计算

管井出水量的计算是确定最大允许水位降落量时管井的出水量，或在给定管井出水量条件下确定井中相应的水位降落值。

影响管井出水量的因素有很多，如含水层厚度、含水层渗透系数、地下水流态、补给条件、管井的构造等。因此，根据水文地质初步勘察资料进行的理论计算，精确度有限，但对水源选择、制定供水方案是有价值的。

稳定流情况下承压含水层完整井的理论计算公式见公式（4-1），图 4-10 所示为承压完整井计算模型图。

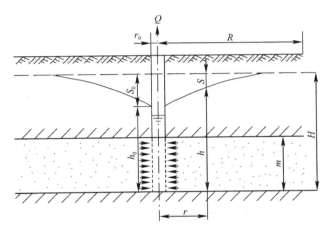

图 4-10　承压完整井计算模型图

$$Q = 2.73 \frac{K \cdot m \cdot S_0}{\lg \dfrac{R}{r_0}} \tag{4-1}$$

式中　Q——管井出水量，$\mathrm{m^3/d}$；

　　　S_0——出水量 Q 时，管井的水位降落值，m；

　　　K——渗透系数，m/d；

　　　R——水力影响半径，m；

　　　m——承压含水层厚度，m；

　　　r_0——过滤器半径，m。

本设计中，上述参数取值：$K=3\times10^{-3}\mathrm{cm/s}=2.592\mathrm{m/d}$，$R=50\mathrm{m}$，$r_0=0.25\mathrm{m}$。

含水层②-4 为 $m_1=6\mathrm{m}$，②-7 为 $m_2=10\mathrm{m}$。

管井在含水层的取水可分 3 种情况：

（1）管井穿透②-4，仅从②-4 层取水，$m=m_1=6\mathrm{m}$；

（2）管井穿透②-7，仅从②-7 层取水，$m=m_2=10\mathrm{m}$；

（3）管井穿透②-7，同时从②-4 层、②-7 层取水，由于这 2 个层的渗透系数相同，含水层厚度可累加计算，$m=m_1+m_2=6+10=16\mathrm{m}$。

当管井的水位降落值 S_0 分别取 2m、4m 时，与上述管井在含水层中的取水情况可组成 6 种出水量，代入公式（4-1）得：

$$Q = \frac{2.73 \times 2.592 \times m \times S_0}{\lg \frac{50}{0.25}} = 3.08 \times m \times S_0$$

计算结果见表 4-7。

管井（$r_0 = 0.25m$）出水量计算结果 表 4-7

序号	取水含水层	$m(m)$	$S_0(m)$	$K(m/d)$	$R(m)$	$Q(m^3/d)$
1	②-4	6	2	2.592	50	37.0
2	②-7	10	2	2.592	50	61.6
3	②-4＋②-7	16	2	2.592	50	98.6
4	②-4	6	4	2.592	50	73.9
5	②-7	10	4	2.592	50	123.2
6	②-4＋②-7	16	4	2.592	50	197.1

在上述方案的选择中，还可以通过改变管井过滤器半径 r_0 来改变出水量，进行方案比选。当管井过滤器半径 $r_0 = 0.175m$ 时，代入公式（4-1），得：

$$Q = \frac{2.73 \times 2.592 \times m \times S_0}{\lg \frac{50}{0.175}} = 2.88 \times m \times S_0$$

计算结果见表 4-8。

管井（$r_0 = 0.175m$）出水量计算结果 表 4-8

序号	取水含水层	$m(m)$	$S_0(m)$	$K(m/d)$	$R(m)$	$Q(m^3/d)$
1	②-4	6	2	2.592	50	34.6
2	②-7	10	2	2.592	50	57.6
3	②-4＋②-7	16	2	2.592	50	92.2
4	②-4	6	4	2.592	50	69.1
5	②-7	10	4	2.592	50	115.2
6	②-4＋②-7	16	4	2.592	50	184.3

从上述计算结果可以看出，管井设计方案选择穿透②-4＋②-7层取水，过滤器直径为350mm时，能满足战时设计最高需水量要求。在上述取水方案确定后，还需要结合工程地质勘察的钻孔、施工降水井等，同步进行地下水取样和水质化验，主要进行水质的化学和毒理学指标检测，确定是否可以作为生活饮用水水源使用。如工程所在地区地下水水质情况都比较接近，也可借鉴附近已建成水井的水质分析资料。但也有些地区地下水补给条件复杂，甚至相邻不远的水井，水质也有很大的差异，需慎重借鉴水质分析资料。

钻井施工在基坑开挖完成后进行。井口的处理、水泵的安装与底板施工同步进行。钻井完成后，进行抽水试验，确定井的实际出水量，并以该出水量作为防空地下室给水排水专业给水水量贮存等设计的最终依据。

经水质化验，如水质不能达到战时生活饮用水卫生标准，则需增加必要的水处理设施。有些地区由于地下矿床的影响，如铁矿、萤石矿等，会导致地下水中的铁、氟等元素严重超标，需慎重考虑是否建设自备内水源。多数地区的地下水，仅需增加简单过滤和消毒措施即可满足生活饮用水水质标准。

5. 效益分析

根据本例的水箱容积计算结果，有无自备内水源，水箱总容积相差 350.2m³。水箱综合造价按 1400 元/m³ 计算，节约造价 350.2×1400＝490280 元，约 49 万元；节约配套增压设备等造价按 5 万元计。共节约 54 万元。

本工程管井的综合造价约 1500 元/m，井深设计为 60m，造价约 9 万元。管井中的水泵可以采用移动式潜水泵，每年抽水 1～2 次，以防管井过滤层堵塞。

两种供水水源条件，供水系统需要配套的消毒设备、增压设备、管路系统等，基本相同，不考虑该部分的造价差。

在本工程的水文地质条件下，本工程可节约造价 45 万元。对于平时要求将战时水箱安装到位的城市，设自备内水源最大的经济效益在于减少了战时供水系统水箱占用面积。

在设自备水源的情况下，战时供水的可靠性比设水箱贮水有很大提高。在遇到地震等自然灾害时，防空地下室的自备水源由于不易受到污染，可作为救灾时的应急供水水源。如按地震灾害时保障人员生存需水量 6L/(人·d) 的标准供水，该水源井出水量 180m³/d，能满足周边 3 万人的生存用水，其战备、救灾效益显著。

4.7　水质标准及给水处理

4.7.1　水质标准

水质标准是国家、部门或地区规定的各种用水或排放水在物理、化学、生物学等性质方面所应达到的要求。水质标准是具有法律效力的强制性法令，是判断水质是否适用或排放的尺度，是水质规划的目标和水质管理的技术基础。对于不同用途的水质，有不同的要求，从而根据自然环境、技术条件、经济水平、损益分析，制定出不同的水质标准。

生活饮用水卫生标准是从保护人群身体健康和保证人类生活质量出发，对饮用水中与人群健康相关的各种因素（物理、化学和生物等），以法律形式作的量值规定，以及为实现量值所作的有关行为规范的规定，经国家有关部门批准，以一定形式发布的强制性标准。在国家标准化管理委员会协调下，由卫生部牵头，会同建设部（现住房和城乡建设部）、国土资源部、水利部、国家环境保护总局（现环境保护部），组织卫生、供水、环保、水利、水资源等各方面专家共同参与完成了《生活饮用水卫生标准》GB 5749—1985（简称原标准）的修订工作，并正式颁布了新版《生活饮用水卫生标准》GB 5749—2006（简称新标准）。

《生活饮用水卫生标准》GB 5749—2006 分 4 大类，共 106 项检测项目。4 大类项目分别为感官性状和一般化学指标、毒理学指标、细菌学指标、放射性指标。新标准具有以下 3 个特点：

（1）加强了对水质有机物、微生物和水质消毒等方面的要求。新标准中的饮用水水质指标由原标准的 35 项增至 106 项，增加了 71 项。其中，微生物指标由 2 项增至 6 项；饮用水消毒剂由 1 项增至 4 项；毒理指标中无机化合物由 10 项增至 21 项；毒理指标中有机化合物由 5 项增至 53 项；感官性状和一般理化指标由 15 项增至 20 项；放射性指标仍为 2 项。

（2）统一了城镇和农村饮用水卫生标准。

（3）实现了饮用水标准与国际接轨。新标准水质项目和指标值的选择，充分考虑了我国实际情况，并参考了世界卫生组织的《饮用水水质准则》，参考了欧盟、美国、俄罗斯和日本等国的饮用水标准。

新标准规定了生活饮用水水质卫生要求、生活饮用水水源水质卫生要求、集中式供水单位卫生要求、二次供水卫生要求、涉及生活饮用水卫生安全产品卫生要求、水质监测和水质检验方法。标准适用于城乡各类集中式供水的生活饮用水，也适用于分散式供水的生活饮用水。当防空地下室自备水源平时也需要使用时，必须执行新标准。

1. 天然水中所含成分

天然水中所含成分，包括溶解的以及混合在水中的各种无机物、有机物以及污染物。

（1）无机物

天然水中所含无机物主要是溶解的离子、气体与悬浮的泥沙。水中的泥沙使水呈现浑浊。水中泥沙的浓度称含沙量，以 kg/m^3 或 mg/L 为单位表示。

（2）有机物

天然水中常见的有机物为腐殖质。腐殖质是土壤的有机组分。植物和动物残骸在土壤中分解的过程中，通过土壤中微生物的降解或再合成作用，会处于一组无定形的黑色物质阶段，这组物质用集合术语称为腐殖质。

（3）污染物

随着人类的生命活动范围以及工业生产种类和规模的不断扩大，天然水中污染物的数目和相应的污染物浓度也在不断地增加，其中数量最多的是合成有机物。

2. 水质参数

水质参数一般指一种水中的具体成分（除温度外）。另外，还有一类称为替代参数的水质参数，替代参数也称集体参数。如总溶解固体 TDS，这一参数有两个特点：（1）测定操作中不需要知道水中有哪些溶解无机离子；（2）它能直接代表水中全部溶解无机离子。因此，TDS 这一参数能"替代"全部无机离子的测定。电导率起了间接代表水中溶解无机离子的作用，所以也是一种水质替代参数。其他常见的替代参数见表 4-9。

水质替代参数 表 4-9

替代参数	替代的水质对象	替代参数	替代的水质对象
浊度	悬浮物	硬度	钙离子与镁离子
色度	腐殖物	碱度	碳酸氢根、碳酸根与氢氧根
嗅	产生嗅味的物质	总大肠杆菌数	病原菌
味	产生味觉的物质	BOD	生物降解有机物
电阻率	溶解离子	COD	化学氧化的有机物和无机物
电导率	溶解离子	TDS	溶解固体

人类评价饮用水质量的最早参数仅限于感官性的指标，如由视觉、嗅觉和味觉所感受到的浊度、色度、肉眼可见物、嗅和味等几个参数。

浊度也称浑浊度，是指水的浑浊程度。浊度测量仪从原理上分为透射式和散射式两种，浊度单位用"度"或 NTU 表示。水的浊度能间接反映水中悬浮物浓度的高低，是用来反映水中悬浮物含量的水质替代参数，但与水中形成浊度的悬浮物类型及质量浓度之间无特定关系。浊度是人的感官对水质的最直接的评价。1985 年颁布的《生活饮用水卫生标准》里，饮用水浑浊度的指标是"3～5NTU"，新标准则将之提高到"1～3NTU"，最直观能感受到的是水色将更为透明、清亮；更重要的是低浊度能使细菌、病毒裸露于水中，消毒剂才能更有效地将之杀灭，让饮水更健康是新标准的核心所在。

水中某些无机离子和总溶解固体的浓度较高时，就会产生异味，影响水的可饮用性。水中溶解的无机气体会产生嗅，最常见的是硫化氢。还有一些人工合成的化合物或微生物代谢的产物，即使在水中的含量很小，也能产生嗅和味。

严重危害生命的霍乱、伤寒、痢疾等传染病是通过饮用水传播的。病原体所引起的水传染疾病占 80%～85%，按病例数计甚至高达 95%。水中的病原体有细菌、病毒、原生动物和蓝绿藻 4 类。

传染霍乱的霍乱弧菌、传染伤寒的伤寒沙门氏菌、传染副伤寒的副伤寒沙门氏菌、传染细菌性痢疾的志贺氏菌等是水处理所涉及的主要病原菌。

现在已确认传染性肝炎和脊椎灰质炎是由病毒引起的，而且能通过饮用水传播。传染阿米巴痢疾的溶组织内阿米巴是最早发现的病原原生动物。

由于水中病原微生物的种类多、检测困难，因此需要找到一种指示微生物作为替代参数，以便在例行的检验中应用。这个指示微生物就是总大肠杆菌数。选用该参数的原因是：（1）大肠杆菌是人类粪便中共有、含量最大的细菌，而病原微生物仅存在于传染病患者的粪便中；（2）原水中所有来源于健康者以及病原微生物携带者粪便中的微生物中，病原体由于种类既多又容易死亡，所占份额又极微，在经过水处理特别是消毒过程后，一般已不复存在。据调查，在人的每克粪便中含总大肠杆菌和大肠埃希氏菌约 1 亿个，当水源受到极其轻微的粪便污染时，即使绝大多数的微生物已检验不出来，但仍可检出大肠杆菌。

3. 水质放射性

水质放射性指标是比较特殊的指标。水的放射性主要来自岩石、土壤及空气中的放射性物质。水中的放射性核素有几百种，浓度一般都很低。人类某些实践活动可能使环境中的天然辐射水平增高，特别是随着核能的发展和同位素新技术的应用，可能产生放射性物质对环境污染的问题。饮用水放射性的危害主要是：增加肿瘤发生率、死亡以及发育中的变态。一种元素存在同位素时，这些同位素就称为组成该元素原子的核素。具有自发蜕变的核素称为放射性核素。自发蜕变也就是具有放射性。放射性自发蜕变时伴以 α 射线、β 射线和 γ 射线 3 种能量释放形式。α 射线由带正电的氦核粒子组成，速度为 15000～20000km/s，在空气中射程为 16cm。β 射线由电子或正电子组成，速度达 10×10^4 km/s（最大达 29.8×10^4 km/s），在空气中射程为 20m。γ 射线与 Z 射线相似，但波长更短，以光速传播，通过 120mm 厚的铝板也不会被吸收。α 射线由于氦核粒子的质量大，摄入后会对机体造成较大损害。β 射线虽然穿透深，但由于质量小因此损害也较小。γ 射线虽然穿透力极强，但在低水平时影响有限。

图 4-11 所示为常见电离辐射穿透能力示例。

3 种射线都是从原子核发出的。这种核过程可用核反应方程式（4-2）表示。例如镭（$^{226}_{88}$Ra）发射 1 个 α 粒子的方程为：

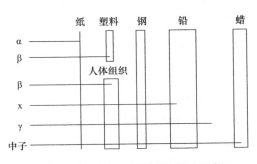

图 4-11　常见电离辐射穿透能力示例

$$^{226}_{88}\text{Ra} \rightarrow ^{222}_{86}\text{Rn} + ^{4}_{2}\text{He} \tag{4-2}$$

式中左上标和左下标分别表示原子的质量数和原子数；$^{222}_{86}\text{Rn}$ 为氡的放射性核素；$^{4}_{2}\text{He}$ 为氦核，即 α 粒子。当原子核发射 1 个 α 粒子时，其质量将减少 4 个单位，其原子数（即正电荷）将减少 2 个单位。当原子核发射 β 粒子时，其质量实际不变，只是原子数（即正电荷）增加 1 个单位。

放射性核素氡同样要发生下列核反应：

$$^{222}_{86}\text{Rn} \rightarrow ^{218}_{84}\text{Po} + ^{4}_{2}\text{He} \tag{4-3}$$

式中放射性核素钋（$^{218}_{84}\text{Po}$）同样也要自发蜕变。即元素的自发蜕变是一个不能人为阻止的、漫长的系列过程，直至最后出现稳定的元素后，才自动停止。铀 238 放射性最后的稳定元素是铅 206。

大量放射性核素的蜕变过程，可表示为下列一级反应方程式：

$$\frac{dn}{dt} = -kn \tag{4-4}$$

式中　n——放射性核素数目；

　　　k——速率常数，t^{-1}；

　dn/dt——反应速度，即每秒产生的核变化次数。

公式（4-4）积分式为：

$$n = n_0^{-kt} \tag{4-5}$$

式中　n_0——$t=0$ 时的 n 值。

$n=n_0/2$ 时的 t 值以 $t_{1/2}$ 表示，称为放射反应的半衰期。

$$t_{1/2} = \frac{0.693}{k} \tag{4-6}$$

$t_{1/2}$ 可以从几十亿年到几百万分之一秒。

在和平时期，饮用水源中的放射性核素主要来源于补给源的水长期与高放射性本底的地下含水层岩石接触，此种放射性超标往往具有区域性的特点。如受核试验、核事故的影响，则具有时间性的特点。在战争时期，水中的放射性主要来源于热核武器或贫铀武器使用后造成的水源污染。

4. 战时水质标准

防空地下室战时的供水模式，多数是临战前将市政自来水引入工程内部水池或水箱，因此，市政自来水水质达标是战时水质保障的基础。在平时，当从市政自来水管网到居民用水龙头，如需经过水箱调节，二次增压供水时，容易产生二次污染。《生活饮用水卫生标准》GB 5749—2006 实施后，对建筑给水排水设计中防止水质二次污染的要求越来越多，这也是生活水平提高的一个标志。

在战时，生活饮用水的供应以保障人的生存为主。即在一段时间内，持续使用特定水质标准的水，以不致引起严重不适或直接影响健康为底线。防空地下室设计规范规定的战时人员生活饮用水水质标准，见表 4-10，标准参照了我军《战时人员生活饮用水水质标准》中的 90d 限量值。军队饮用水标准中，有 3d、7d 和 90d 3 种不同保障时间对应的水质标准，保障时间越长，水质标准要求越高。防空地下室战时饮用水供水的保障时间为 15d。防空地下室战时供水水质标准的提出，目的是便于在临战时通过各种手段增加生活饮用水贮存量。

战时人员生活饮用水水质标准　　　　表 4-10

项目	单位	限量值
色	度	<15
浑浊度	度	<5
臭和味		不得有异臭、异味
总硬度（以 $CaCO_3$ 计）	mg/L	600
硫酸盐（以 SO_4^{2-} 计）	mg/L	500
氯化物（以 Cl^- 计）	mg/L	600
细菌总数	个/mL	100
总大肠菌数	个/100mL	1
游离余氯	mg/L	与水接触 30min 后不应低于 0.5mg/L（适用于加氯消毒）

表 4-11 为《生活饮用水卫生标准》GB 5749—2006 与表 4-10 相对应的有关水质参数的标准。

《生活饮用水卫生标准》GB 5749—2006 相关水质指标　　　　表 4-11

项目	单位	限量值
色	度	<15
浑浊度	度	<1
臭和味		无异臭、异味
总硬度（以 $CaCO_3$ 计）	mg/L	450
硫酸盐（以 SO_4^{2-} 计）	mg/L	250
氯化物（以 Cl^- 计）	mg/L	250
细菌总数	CFU/mL	100
总大肠菌数	MPN/100mL	不得检出
游离余氯	mg/L	与水接触时间不得少于 30min，出厂水中余量>0.3mg/L；管网末梢水中余量>0.05mg/L（适用于氯气及游离余氯制剂）

注：MPN 表示最可能数；CFU 表示菌落形成单位。

由于防空地下室内贮水为临战前贮存，生活饮用水贮存在清洁区内不会沾染核生化战剂，因此该标准中未设核生化战剂指标。战时水质的主要控制指标是细菌学指标，通过简易消毒手段，如投加漂白粉、设置紫外线消毒灯等措施可满足战时的水质标准。因此在防空地下室战时贮水系统的设计上，不能僵化执行建筑给水排水设计中对贮水池材质等特殊要求。

机械设备冷却用水在防空地下室平时使用中所占的用水份额较大，一般采用循环供水系统，其补水多直接采用城市自来水，其循环水的水质要求较低，可参照表 4-12 的要求执行。

冷却用水水质标准　　　　表 4-12

编号	项目	标准
1	悬浮物	不超过 25mg/L
2	暂时硬度	不超过 10 德国度

编号	项目	标准
3	游离性矿物质	不得含有
4	有机酸	不得含有
5	油类	不超过 5mg/L
6	耗氧量	不超过 25mg/L

4.7.2　给水常规处理

1. 给水处理的任务

给水处理的任务就是对原水进行加工处理，使水质符合生活或生产用水的各种要求。

给水处理的具体内容大致可分成以下几个方面：

（1）去除水中的悬浮固体

悬浮固体包括天然水中原有的以及在使用过程中混入的，或者在处理过程中产生的。泥沙、细菌、病毒、藻类以及原生动物孢囊、卵囊等，都是天然水中常见的悬浮固体。

（2）去除水中的溶解固体

溶解固体的去除由水的总溶解固体含量或者电导率的降低反映出来。对于一般天然水来说，饮用水的处理问题，无需专门处理溶解固体。只有当原水的含盐量高于饮用水的允许值时，才去除部分溶解固体以满足饮用水的要求。对于需要高纯水的工业用水，必须达到或接近去除全部溶解固体的程度。

（3）去除水中对用水有危害的某种或某几种溶解成分

如去除原水中的铁、锰、氟或砷等，水中的钙离子和镁离子的软化处理也属于这类问题。

（4）去除水中溶解的有机物

腐殖质是天然水中存在的主要有机物，是产生色度的主要原因。

（5）降低冷却水的温度

用作传热介质的水，在通过换热器等设备后，由于温度上升，必须经过冷却处理，恢复到原先的温度后才能循环使用。

（6）对水质加以调理

调理是为了改善水质，以防止在使用过程中产生危害。如循环冷却水系统中通过在水中加入缓蚀剂，控制结垢。

2. 给水处理的工艺流程

图 4-12 所示为从地表水制取自来水工艺流程图。

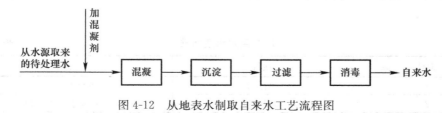

图 4-12　从地表水制取自来水工艺流程图

（1）混凝

简而言之，"混凝"就是水中的胶体粒子以及微小悬浮物的聚集过程。所谓"胶体稳定性"，系指胶体粒子在水中长期保持分散悬浮状态的特性。例如，粒径为 $1\mu m$ 的黏土悬浮粒子，沉降 10cm 约需 20h 之久，在停留时间有限的水处理构筑物内不可能沉降下来，它们的沉降性可忽略不计。这样的悬浮体系在水处理领域即被认为是"稳定体系"。

水处理中，通过向水中投加混凝剂，使水中的胶体粒子脱稳、聚集、沉降。常见的混凝剂有硫酸铝（$Al_2(SO_4)_3 \cdot 18H_2O$）、三氯化铁（$FeCl_3 \cdot 6H_2O$）等。混凝机理解释比较复杂，一般认为，混凝剂对水中胶体粒子的混凝作用有 3 种：电性中和、吸附架桥和卷扫作用。这 3 种作用有时会同时发生，有时仅其中 1~2 种机理起作用。

影响混凝效果的因素比较复杂，其中包括水温、水化学特性、水中杂质性质和浓度以及水力条件等。

（2）沉淀

原水经投药、混合与絮凝后，水中的悬浮杂质已形成粗大的絮凝体（矾花），要在沉淀池中分离出来以完成澄清的作用。水中的悬浮颗粒依靠重力作用，从水中分离出来的过程称为沉淀。悬浮颗粒比重大于 1 时，表现为下沉；小于 1 时，表现为上浮。

自来水厂常用的沉淀构筑物有平流沉淀池。平流沉淀池为矩形水池，类似于游泳池，池前部有进水区，池后部有出水区。经混凝后的原水流入沉淀池后，沿进水区整个截面均匀分配，进入沉淀区，然后缓慢地流向出水区。水中的颗粒沉于池底，沉积的颗粒连续或定期排出池外。

（3）过滤

过滤一般是指以石英砂等粒状滤料层截留水中的悬浮杂质，从而使水获得澄清的工艺过程。滤池通常置于沉淀池之后。进水浊度一般在 10NTU 以下。滤出水浊度必须达到饮用水标准。过滤的功效不仅在于进一步降低水的浊度，而且水中有机物、细菌乃至病毒等将随水的浊度降低而被部分去除，至于残留于滤后水中的细菌、病毒等，在失去浑浊物的保护或依附时，在滤后消毒过程中也将容易被杀灭，这就为滤后消毒创造了良好条件。

石英砂是使用最广泛的滤料。在双层和多层滤料中，常用的还有无烟煤、石榴石、钛铁矿、磁铁矿、金刚砂等。在轻质滤料中，有聚苯乙烯及陶粒等。

（4）消毒

为防止通过饮用水传播疾病，在生活饮用水处理中，消毒是必不可少的。消毒并非要把水中的微生物全部消灭，只是要消除水中致病微生物的致病作用。致病微生物包括病菌、病毒及原生动物胞囊等。

水中的微生物往往会黏附在悬浮颗粒上，因此给水处理中的混凝、沉淀和过滤在去除悬浮物、降低水的浊度的同时，也去除了大部分微生物（也包括病原微生物）。但消毒仍必不可少，它是生活饮用水安全、卫生的最后保障。

水的消毒方法有很多种，包括氯及氯化物消毒、臭氧消毒、紫外线消毒及某些重金属离子消毒等。氯消毒经济有效，使用方便，应用历史最久也最为广泛。

氯容易溶解于水（20℃和 98kPa 时，溶解度为 7160mg/L）。当氯溶解在清水中时，下列两个反应几乎瞬时发生：

$$Cl_2 + H_2O \Longrightarrow HOCl + HCl \tag{4-7}$$

次氯酸（HOCl）部分离解为氢离子和次氯酸根：

$$HOCl \rightleftharpoons H^+ + OCl^-$$ (4-8)

其平衡常数为：

$$K_i = \frac{[H^+][OCl^-]}{[HOCl]}$$ (4-9)

不同 pH 值时 HOCl 和 OCl$^-$ 的比例不同。pH 值高时，OCl$^-$ 较多，当 pH>9 时，OCl$^-$ 接近 100%；pH 值低时，HOCl 较多，当 pH<6 时，HOCl 接近 100%。当 pH=7.54 时，HOCl 和 OCl$^-$ 大致相等。

氯消毒作用的机理，一般认为主要通过次氯酸（HOCl）起作用。HOCl 为很小的中性分子，只有它才能扩散到带负电的细菌表面，并通过细菌的细胞壁穿透到细菌内部。当 HOCl 分子到达细菌内部时，能起氧化作用破坏细菌的酶系统而使细菌死亡。OCl$^-$ 虽亦具有杀菌能力，但是因其带有负电，难于接近带负电的细菌表面，杀菌能力比 HOCl 差得多。生产实践表明，pH 值越低则消毒作用越强，证明 HOCl 是消毒的主要因素。

水中加氯量可以分为两部分，即需氯量和余氯。需氯量指用于灭活水中微生物、氧化有机物和还原性物质等所消耗的部分。为了抑制水中残余病原微生物的再度繁殖，管网中尚需维持少量余氯。我国规定出厂水游离性余氯在接触 30min 后不应低于 0.3mg/L，在管网末梢不应低于 0.05mg/L。后者的余氯量虽仍具有消毒能力，但对再次污染的消毒尚嫌不够，而可作为预示再次受到污染的信号，此点对于管网较长而有死水端和设备陈旧的情况尤为重要。我国自来水厂目前主要使用液氯消毒，但对于小型水处理设施，液氯消毒的主要缺点是获取氯源比较困难，使用过程中有一定的危险性。

一般的地表水经混凝、沉淀和过滤后或清洁的地下水，加氯量可采用 1.0~1.5mg/L；一般的地表水经混凝、沉淀而未经过滤时可采用 1.5~2.5mg/L。

在过滤之后加氯，因消耗氯的物质已经大部分去除，所以加氯量很少。滤后消毒为饮用水处理的最后一步。

3. 防空地下室战时给水消毒

防空地下室战时给水消毒，也可采用漂白粉等含氯制品，其消毒原理与液氯消毒相近，但使用方便。漂白粉由氯气和石灰加工而成，分子式可简单表示为 $CaOCl_2$，有效氯约 30%。漂白粉加入水中反应如下：

$$2CaOCl_2 + 2H_2O \rightleftharpoons 2HOCl + Ca(OH)_2 + CaCl_2$$ (4-10)

漂白粉需配成溶液加注，溶解时先调成糊状物，然后再加水配成 10%~20%（以有效氯计）浓度的溶液。当投加在滤后水中时，溶液必须经过约 4~24h 澄清，以免杂质带进清水中，若加入浑水中，则配制后可立即使用。

紫外线消毒设备造价低，使用方便，广泛用于小型给水处理设备中。在防空地下室战时水箱（池）水质细菌学指标控制中，紫外线消毒是很好的消毒手段。

紫外线杀菌灯实际上属于一种低压汞灯，利用较低汞蒸气压被激化而发出紫外光，其发光谱线主要有两条：一条是 253.7nm 波长，另一条是 185nm 波长，这两条都是肉眼看不见的紫外线。其中具有消毒能力的紫外线波段为 200~280nm 波长紫外线，能够破坏微生物机体细胞中的 DNA（脱氧核糖核酸）或 RNA（核糖核酸）的分子结构，造成生长性细胞死亡和（或）再生性细胞死亡，达到杀菌消毒的效果。紫外线对核酸的作用可导致键和链的断裂、股间交联和形成光化产物等,从而改变了 DNA 的生物活性,使微生物自身不能复制,这种紫外线损伤也是致死性损伤。

在防空地下室供水系统及一般建筑给水排水供水系统中的应用,主要是利用特殊设计的高效率、高强度和长寿命的 UVC 波段紫外光照射流水,将水中各种细菌、病毒及其他病原体等直接杀死。

紫外线消毒在防空地下室供水系统中应用的主要优点是:

(1) 不在水中引进杂质,水的物化性质基本不变,不增加水中的嗅、味,过度处理一般不会产生水质问题;

(2) 设备简单,容易安装,小巧轻便,水头损失很小,占地少;

(3) 容易操作和管理,即插即用,杀菌范围广而迅速,处理时间短,在一定的辐射强度下一般病原微生物仅需十几秒即可杀灭,能杀灭一些氯消毒法无法灭活的病菌;

(4) 无需贮存化学物品,使用更安全。

在一般应用中,与氯消毒相比,紫外线消毒的主要缺点是:

(1) 水必须进行前处理,因为紫外线会被水中的许多物质吸收,如酚类、芳香化合物等有机物、某些生物、无机物和浊度等;

(2) 没有持续消毒能力,并且可能存在微生物的光复活问题,最好用在处理水能立即使用的场合、管路没有二次污染和原水生物稳定性较好的情况(一般要求有机物含量低于 $10\mu g/L$)。

但在防空地下室供水系统中,由于消毒的水是从市政自来水引入水池(箱)的,基本不存在影响紫外线消毒的物质;水消毒后会立即使用。所以紫外线消毒的 2 个最不利因素是可以避免的。

紫外线杀菌灯灯管是由石英玻璃制成的,汞灯根据点亮后的灯管内汞蒸气压的不同和紫外线输出强度的不同,分为 3 种:低压低强度汞灯、中压高强度汞灯和低压高强度汞灯。大多数紫外线装置利用传统的低压紫外灯技术,也有一些大型自来水厂采用低压高强度紫外灯系统和中压高强度紫外灯系统,由于产生高强度的紫外线可能使灯管数量减少 90% 以上,从而缩小了占地面积,节约了安装和维修费用,并且使紫外线消毒法对水质较差的出水也适用。

单位时间内与紫外线传播方向垂直的单位面积上接收到的紫外线能称为紫外线强度,被用来描述紫外线消毒设备的紫外线能。单位常用 mW/cm^2。单位面积上接收到的紫外线能量,常用单位为 mJ/cm^2 或 J/m^2。

杀菌效果是由微生物所接收的照射剂量决定的。照射剂量 (J/m^2) = 照射时间 (s) × UVC 强度 (W/m^2)。计算公式如下:

$$Dose = \int_0^t I \cdot dt \tag{4-11}$$

式中　$Dose$——照射剂量,mJ/cm^2;

　　　I——微生物在其运动轨迹上某一点接收到的紫外线强度,mW/cm^2;

　　　t——微生物在紫外线消毒器内的曝光时间或滞留时间,s。

照射剂量越大,消毒效率越高。由于设备尺寸要求,一般照射时间只有几秒,因此,灯管的 UVC 输出强度就成了衡量紫外线消毒设备性能最主要的参数。在实际工程应用中,影响微生物接收到足够紫外光照射剂量的主要因素是透光率（254nm 处），当 UVC 输出强度和照射时间一定时，透光率的变化将造成微生物实际接收到的照射剂量的变化，一般需要定期对灯管表面进行清洗，保持灯管表面的清洁度，以减少透光率的损失。

紫外线消毒作为生活饮用水主要消毒手段时，紫外线有效剂量不应低于 40mJ/cm²。在防空地下室供水系统中，额定流量较小，可根据厂家提供的产品样本进行设备直接选型，选型时要区分是用于自来水还是生活污水。主要的选型依据为设计流量，参见表 4-13。

紫外线消毒器选型　　　　　　　　　　　　　　　　　　　　表 4-13

型号	额定流量		功率（W）	外壳尺寸（mm）	进出水管径	设备承压（MPa）
	m³/h	L/s		直径×长		
ZXB-WB-40	1.5～2.0	0.4～0.6	40	75×900	DN25	0.6
ZXB-WB-80	5.0～6.0	1.4～1.7	80	75×900	DN32	0.6
ZXB-WB-120	9.0～10	2.5～2.8	120	75×1300	DN50	0.6

4. 活性炭吸附

活性炭吸附是有效去除水中臭味、天然和合成溶解有机物、微污染物质等的措施。大部分比较大的有机物分子、芳香族化合物、卤代烃等能牢固地吸附在活性炭表面上或孔隙中，并对腐殖质、合成有机物和低分子量有机物有明显的去除效果。

活性炭是用烟煤、褐煤、果壳或木屑等多种原料经碳化和活化过程制成的黑色多孔颗粒，其主要特征是比表面积大和带孔隙的构造。1g 活性炭的表面积可达 1000m²，其中绝大部分是颗粒内部的微小孔隙表面，因吸附作用是水中溶解杂质在活性炭颗粒表面上的浓缩过程，所以活性炭的比表面积大小是影响其吸附性能的重要因素，由于活性炭的巨大比表面积，因而显示了良好的吸附性能。

活性炭分粉末活性炭和颗粒活性炭两种，尽管两者的颗粒大小不同，但因吸附性能决定于活性炭的孔隙大小和孔隙的表面积，所以吸附性能本质上没有差别。

粉末活性炭的粒径为 10～50μm，用于去除水的臭味已有数十年的历史。一般和混凝剂一起连续地投加于原水中，经混合、吸附水中有机和无机杂质后，黏附在絮体上的活性炭颗粒大部分在沉淀池中成为污泥后排除，常应用于季节性水质恶化或水源受到突发污染时的应急处理。颗粒活性炭可以铺在快滤池的砂层上或在快滤池之后单独建造活性炭池，以去除水中的有机物，当活性炭的吸附能力饱和后，可以再生后重复使用。

5. 微滤、超滤及纳滤

纳滤（NF）、超滤（UF）和微滤（MF）属于压力驱动型膜工艺系列，在现代水处理及其他固液分离中有越来越广泛的应用。

一般说来，微滤膜是指一种孔径为 0.1～10μm、高度均匀、具有筛分过滤作用的多孔固体连续介质。基于微孔膜发展起来的微滤技术是一种精密过滤技术，所分离的组分直径为 0.03～10μm，主要去除微粒、亚微粒和细粒物质，多用于超滤、纳滤及反渗透的预处理。

微滤膜的特点：

（1）属于绝对过滤介质

微滤膜主要通过筛分截留作用实现分离目的，使所有比膜孔径大的粒子全面截留，与砂滤等深层介质过滤机理不完全相同。

（2）孔径均匀，过滤精度高

微滤膜的孔径比较均匀，其最大孔径与平均孔径之比一般为 3～4，孔径基本呈正态分布，过滤精度高，可靠性强。

（3）通量大

由于微滤膜的孔隙率高，因此在同等过滤精度下，流体的过滤速度比常规过滤介质高几十倍。

（4）厚度薄，吸附量小

微滤膜的厚度一般为 $10～200 \mu m$，过滤时对过滤对象的吸附量小。

（5）无介质脱落，不产生二次污染

微滤膜为连续的整体结构，没有一般深层过滤介质可能产生的过滤吸附物质脱落、渗漏等问题。

（6）易堵塞

微滤膜内部的比表面积小，颗粒容纳量小，易被物料中与膜孔大小相近的微粒堵塞。

微滤膜主要用于去除水中的微生物与异味杂质，从气相或液相流体中截留细菌、固体微粒、有机胶体等杂质，以达到净化、分离和浓缩的目的。

超滤膜的分离原理与微滤膜一样，超滤膜也视为多孔膜。超滤和微滤属于压力驱动型膜工艺系列，其分离范围填充了反渗透、纳滤与普通过滤之间的空隙。超滤是介于微滤和纳滤之间的一种膜过程，膜孔径范围为 0.05（接近纳滤）～$1 \mu m$（接近微滤）。超滤的典型应用是从溶液中分离大分子物质和胶体，所分离的溶质分子量下限为几千。

超滤膜对溶质的分离过程主要有：（1）在膜表面及微孔内吸附（一次吸附）；（2）在孔中停留而被去除（阻塞）；（3）在膜表面的机械截留（筛分）。

在压力作用下，原料液中的溶剂和小的溶质粒子从高压料液侧透过膜到低压侧，一般称滤液，而大分子及微粒组分被膜阻挡。料液逐渐被浓缩后以浓缩液排出。按照这种分离机理，超滤膜具有选择性。表面层的主要作用是形成具有一定大小和形状的孔，它的分离机理主要是靠物理筛分作用。聚合物膜的化学性质对膜的分离特性影响不大，因此通常可以用微孔模型表示超滤的传递过程。但是有时膜孔径既比溶剂分子大，又比溶质分子大，本不该有截留功能，而令人意外的是，它却有明显的分离效果。因此更全面的解释应该是膜的孔径大小和膜表面的化学特性分别起着不同的截留作用。

纳滤在分离技术上有两个方面的特点。

（1）结构特性

纳滤膜的截留分子量介于反渗透膜和超滤膜之间。从结构上来看，纳滤膜大多是复合膜。纳滤膜的表面分离层可能拥有 1nm 左右的微孔结构，故命名为"纳滤"，该膜称为纳滤膜。

纳滤也属于压力驱动型膜过程，操作压力通常为 0.5～1.0MPa，一般为 0.7MPa 左右，最低时为 0.3MPa。由于这种特性，有时将纳滤称为低压反渗透或疏松反渗透。根据操作压力和分离界限定性地将纳滤置于反渗透和超滤之间。

（2）纳滤膜的选择性

纳滤膜的一个特点是具有离子选择性，因为它的表面分离层由聚电解质所构成，对离子有静电相互作用。具有一价阴离子的盐可以大量地渗透过膜（但并非没有阻挡），然而膜对具有多价阴离子的盐（如硫酸盐和碳酸盐）的截留率则高得多。因此，盐的渗透性主要由阴离子的价态决定。对阴离子来说，截留率按以下顺序上升：NO_3^-，Cl^-，OH^-，SO_4^{2-}，CO_3^{2-}。对阳离子来说，截留率按以下顺序上升：H^+，Na^+，K^+，Ca^{2+}，Mg^{2+}，Cu^{2+}。

纳滤膜的传质机理与反渗透膜相似，属于溶解—扩散模型，但由于大部分纳滤膜为荷电型，其对无机盐的分离行为不仅受化学势控制，同时也受到电势梯度的影响，其传质机理还在研究，至今尚难定论。

由于无机盐能透过纳滤膜，使其渗透压比反渗透膜低。因此在通量一定时，纳滤过程所需的外加压力比反渗透低得多；在同等压力下，纳滤膜的通量比反渗透膜大得多。此外，纳滤在有些条件下，能使浓缩与脱盐同步进行，所以用纳滤代替反渗透时，浓缩过程可有效、快速地进行，并达到较大的浓缩倍数。

6. 反渗透

目前用于水的淡化除盐的反渗透膜主要有醋酸纤维素（CA）膜和芳香族聚酰胺膜两大类。CA 膜具有不对称结构。其表皮层结构致密，孔径 $0.8 \sim 1.0nm$，厚约 $0.25\mu m$，起脱盐的关键作用。表皮层下面为结构疏松、孔径 $100 \sim 400nm$ 的多孔支撑层。在其间还夹有一层孔径约 $20nm$ 的过渡层。膜总厚度约为 $100\mu m$，含水率占 60% 左右，图 4-13 所示为 CA 膜结构示意图。

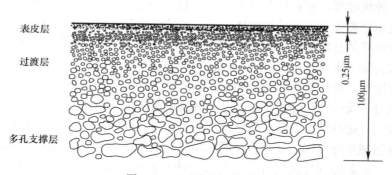

图 4-13　CA 膜结构示意图

反渗透膜的透过机理目前尚未见有一致公认的解释，其中以选择性吸着——毛细管流机理常被引用。该理论以吉布斯吸附式为依据，认为膜表面由于亲水性原因，能选择吸附水分子而排斥盐分，因而在固—液界面上形成厚度为两个水分子（1nm）的纯水层。在施加压力作用下，纯水层中的水分子便不断通过毛细管流过反渗透膜，图 4-14 所示为选择性吸着——毛细管流机理。

膜表皮层具有大小不同的极细孔隙，当其中的孔隙为纯水层厚度的 2 倍（2nm）时，称为膜的临界孔径，可达到理想的脱盐效果。当孔隙大于临界孔径时，透水性增大，但盐分容易从孔隙中透过，导致脱盐率下降。反之，当孔隙小于临界孔径时，脱盐率增大，而透水性则下降。

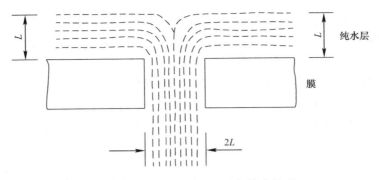

图 4-14　选择性吸着——毛细管流机理

与非对称膜相比，复合膜的支撑层和分离层分开制备，即使选择性膜层（表层）沉积于具有高孔隙率的基膜（支撑层）表面上。表层与底层是不同的材料，材质的选择余地大，可以针对不同的要求分别进行优化，使膜整体性能如通量、力学性能和稳定性等达到最优。它的膜通量在相同条件下，一般比相转化膜高约 $50\%\sim100\%$。复合膜的性能不仅取决于有选择性的膜面分离层，而且受支撑的多孔膜结构、孔径、孔分布和开孔率的影响。多孔膜结构的孔隙率越高越好，可使膜表层与支撑层接触部分最小，有利于物质传递。孔径越小越好，可使高分子层不起支撑作用的点间距离最小。此外，交联的和未反应的高分子渗透入支撑层的情况，也是决定复合膜总体传递特性的重要因素。现代反渗透膜的发展趋势是研制高脱盐率、低操作压力的复合膜，进一步降低能耗。

4.7.3　核生化污染水的处理

战时的地面水源易受到核生化战剂的污染，城市自来水厂没有处理这类污染的设备，更多地依赖于各供水点的局部水质处理。以下简要介绍一些国内外处理核生化污染水的常用方法。

1. 核爆炸污染物的去除

核爆炸产物在暴露水体中存在的状态有：

（1）离子分散状态（普通离子、带正电和负电的络合离子、单个离子和聚合离子）；

（2）分子状态（不带电的络合物和中性分子）；

（3）假胶体状态（同位素被吸附在颗粒粒径为 $0.1\sim1\mu m$ 的胶体污染物上）；

（4）胶体状态；

（5）粗分散状态。

放射性沾染物对人体的危害来自外部辐射、内部辐射和化学毒性。在核袭击初期，体外辐射将要大大超过因饮用放射性污染的水而引起的体内辐射。随着体外辐射的减弱并受到控制，饮用水的净化将是非常重要的。对没有遭到直接袭击的区域，但需要取用来自沾染区的水源时，饮用水将成为人体的主要辐射源。

放射性沾染物对健康的影响取决于个体所接触的放射性沾染物的物理性质和化学性质以及接触的程度和时间长短。大量的动物实验和人体暴露试验表明，肾脏是受放射性沾染化学毒性损害最大的器官。几天内肾脏中的浓度超过每克肾 $50\mu g$ 铀将可能导致肾脏衰竭，而在短期内急剧性地摄入导致肾脏中的浓度超过每克肾 $1\mu g$ 铀将导致轻微的肾功能紊乱。

放射性沾染对免疫系统的影响主要表现为摄入体内的放射性沾染物对淋巴结和红骨髓的 α 辐射，使生物体处于变态反应并易受到寄生感染。此外，放射性沾染对神经系统、生殖系统、遗传基因等都有一定的影响。

常规的混凝、沉淀、过滤处理工艺对去除水中的放射性沾染均有一定的效果，尤其是对去除水中非溶解性放射性沾染效果较好。采用矾类、石灰和水玻璃作混凝及助凝剂，投加量分别为 15mg/L、14mg/L、7mg/L 时，对水中核爆炸裂变产物的净化效果见表 4-14。

裂变产物净化效果 表 4-14

同位素	含量（%）	净化率（%）		
		混凝、沉淀	过滤	合计
混合物	100	46	44~50	75~73
$Ru^{106} \sim Rh^{106}$	15.9	75	0~30	75~82
$Ce^{144} \sim Pr^{144}$	12.1	55	46~51	76~88
Y^{91}	17.9	—	40~41	48~50
$Sr^{90} \sim Y^{90}$	35.4	61	17~23	66~70
$Zr^{95} \sim Nb^{95}$	14.5	68	68~78	90~93
I^{131}	4.2	39	6~53	43~72

战时也可利用就便器材进行混凝沉淀处理，如将黏土按 25~50g/L 的投加量加入被沾染的水中，搅拌后静置一段时间，取上部水使用。如能同时加入明矾搅拌澄清，可加速澄清过程，提高净化效果。

利用化学沉淀法原理，投加石灰苏打、磷酸盐、硫化物等使水中放射性物质在共晶、吸附、胶体化、截留和直接沉淀作用下形成沉渣。

石灰苏打软化法去除放射性的效率与药剂的投加量有关，且与放射性的成分有关，参见表 4-15。

石灰苏打软化法中药剂的最低投加量（mg/L） 表 4-15

净化率（%）	药剂	$Ba^{140} \sim La^{140}$	Sr^{90}	Cd^{115}	Sc^{46}	Y^{91}	$Ze^{98} \sim Nb^{95}$
50	石灰	35	70	35	50	35	35
	苏打	35	50	35	50	35	—
75	石灰	70	85	50	50	70	85
	苏打	35	85	50	50	70	—
90	石灰	100	120	70	85	100	200
	苏打	70	150	70	—	200	90

经过混凝、沉淀、过滤处理后，水中的放射性物质多呈离子状态。可以用阳、阴离子交换树脂做进一步处理，部分实验结果参见表 4-16。

离子交换法去除放射性同位素（%） 表 4-16

同位素	阳离子交换树脂	阴离子交换树脂	混合树脂
W^{185}	12.0~16.0	97.2~99.2	98.9
Y^{91}	86.3~93.1	94.2~98.5	97.6~98.7

续表

同位素	阳离子交换树脂	阴离子交换树脂	混合树脂
Sc^{89}	95.7~97.2	98.8~99.0	98.5~98.7
Sr^{89}	99.1~99.8	5.0~7.0	99.95~99.99
$Ba^{140} \sim La^{140}$	98.3~99.0	36.0~42.0	99.5~99.6
Ca^{115}	98.5	—	99.2
$Zr^{95} \sim Nb^{95}$	58.0~75.0	96.4~99.9	90.9~99.4

2. 化学战剂的去除

由于各种毒剂的毒性持续时间、溶解度、水解程度及水解后产物的毒性不同，所以对于水的污染程度和处理方法也各不相同。

（1）沙林

化学名称叫甲氟磷酸异丙酯。俄军用代号 P-35 表示，美军用代号 GB 表示。属暂时性神经型毒剂。能完全溶于水，水解后生成无毒物质，但常温（20℃）下水解速度较慢。它溶于水后不易被发现，危害性较大。

沙林分子容易被多孔性物质吸附，因此可用活性炭、干燥土颗粒、砖等吸附处理。另外，由于沙林在高温时水解很快，所以被沙林沾染的水也可以煮沸半小时以上，即可使其失去毒性。

（2）维埃克斯

化学名称叫 S-β 二异丙胺基乙基，硫代甲磷酸乙酯，美军用代号 VX 表示，属持久性神经型毒剂。密度大于水，溶解性较小，进入水体后大部分以油珠状沉入水底。水解后生成无毒的甲磷酸乙酯和二异丙胺基乙硫醇，但常温下水解很慢，能使水源长期染毒。

维埃克斯可被氧和活性氯氧化生成无毒物质，故可用氯气、次氯酸钙等常用水质消毒剂处理维埃克斯染毒水。另外，澄清和煮沸也有一定效果。

（3）芥子气

化学名称叫 2,2′-二氯二乙硫醚。俄军用代号 P-74 表示，美军用代号 H 或 HD 表示，属持久性糜烂型毒剂。

芥子气溶液难溶于水，液滴大部分浮于水面形成油膜。芥子气的水解生成物无毒，但在常温中性水中水解很慢。

由于芥子气易被多孔性材料吸附，故可用活性炭等过滤去除。另外，在碱性水中加热搅拌能增大其水解速度，可调整水的 pH 值、加热消除其毒性。还可以投加次氯酸钙等多种氯制剂处理芥子气沾染的水。

（4）路易氏气

化学名称叫 2-氯乙烯二氯砷。俄军用代号 P-43 表示，美军用代号 L 表示，属持久性糜烂型毒剂。

路易氏气密度大于水，微溶于水，水解容易，水解后生成仍有毒性的白色固体氯乙烯氧砷。

由于路易氏气容易被多孔性材料吸附，且水解生成白色固体，故可用活性炭过滤去除。另外，路易氏气很容易与硫基化合物作用生成无毒物质，可采用投加硫基化合物或投加氯制剂使其氧化生成五价砷后，再投加铁盐混凝剂沉淀处理。

（5）氢氰酸

化学分子式为 HCN，俄军用代号 P-2 表示，美军用代号 AC 表示，属暂时性全身中毒型毒剂。液滴密度小于水，蒸气密度小于空气，完全溶于水，水解较慢，水解后失去毒性。

由于氢氰酸在较高温度（45℃）时水解容易，故氢氰酸沾染的水可以用煮沸法处理。

3. 生物战剂的去除

城市自来水厂的混凝、沉淀、过滤、消毒处理工艺，对生物战剂有较好的处理效果。加大消毒剂投加量，是一种常用的措施。

煮沸消毒是一种简便可靠的手段，一般煮沸 10min，可杀灭常见病菌和病毒。对芽孢杆菌类污染水，需要延长煮沸时间。

对核生化战剂的去除，除上述方法外，最有效的方法是采用反渗透膜技术处理，能实现对核生化战剂的高效去除。由于化学战剂多数是有机分子，单一的反渗透工艺还不够可靠，一般还需在其后增加活性炭吸附处理才能保证水质的安全。

第 5 章 给水排水系统的防护及原理

5.1 防爆波阀门的结构及原理

防爆波阀门安装在战时需要始终保持与工程外部连通的管段上。图 5-1 所示为防爆波阀门结构示意图，水的流动方向是从左侧向右侧流动。其工作原理是：

（1）管道系统未受冲击波作用时，阀门处于常开状态，阀板 2 受主弹簧 4 支撑，与阀座 3 保持一定距离，水能通过阀板与阀体之间的环形空隙流入。

（2）当工程外部有冲击波通过管道传入时，由于管内压力激增，作用在阀板前端（左侧）的压力突然增大，阀板前后两侧形成压差。当压差超过主弹簧的张力时，弹簧被压缩，阀板关闭，冲击波被阀板阻挡，从而保护防爆波阀门后面的管段免受持续的冲击波作用。

（3）在阀板完全关闭之前，会有少量高压力的水进入阀板后阀体 5 内的空间。当阀体内的压力超过消波装置 6（泄压弹簧）的开启压力时，阀体内有少量水被引入排压室 7。

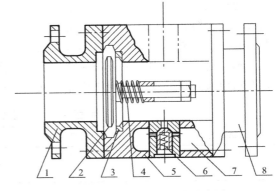

图 5-1 防爆波阀门结构示意图
1—前法兰；2—阀板；3—阀座；4—主弹簧；5—阀体；
6—消波装置；7—排压室；8—后法兰
注：公称压力 0.5～1.0MPa；使用介质为无腐蚀性水，悬浮物含量小于 25mg/L；水温 0～80℃。

由于水是不可压缩流体，只要阀体内水的体积减小，则压力会迅速下降；当阀体内水压降至泄压弹簧复位压力时，阀体内的水停止外泄，压力恢复正常，从而可减小冲击波超压对管道系统的破坏作用。

（4）当冲击波消失后，阀板前压力减小，在主弹簧张力的作用下，阀板回到正常的位置，水能继续正常流入。目前国内有很多厂家生产防爆波阀门，结构上略有差别，但基本原理相同。

工程设计、安装使用防爆波阀门的主要注意事项是：

（1）注意阀门安装的方向性。阀门上有指示水流流动方向的箭头，如安装反了，冲击波到来时，阀板就回不到阀座，起不到阻断水流的作用。

（2）防爆波阀门的安装要尽可能靠近工程的围护结构。目的是减少冲击波在工程内部管段内的传播距离。

（3）对于坑道式工程，防爆波阀门一般安装在第一道防护密闭门与第二道密闭门之间的防毒通道内。当设地沟时，防爆波阀门安装在地沟内。不设地沟时，设置阀门井或阀门室。地沟及阀门井需要设活动盖板，以便防爆波阀门的检修。

（4）防爆波阀门没有截断水流的作用，需要增设控制阀门以便对防爆波阀门进行维修。

（5）避免在污水管道上使用。污水管道中杂质较多，容易与防爆波阀门中的弹簧缠在一起，使弹簧不能正常动作。此外，污水的腐蚀性较强，容易使弹簧腐蚀。

（6）战时不需要使用的管道，如供平时使用的消防给水管等，宜用普通闸板阀替代防爆波阀门。这些管道可在临战前全部用阀门关闭，截断与外部的连通，可避免冲击波及毒气的进入。

（7）规格较大的防爆波阀门要设置支撑的支架。

（8）需要定期进行维护保养。

5.2 普通闸板阀抗冲击波性能试验

防爆波阀门的优点是能保障给水系统与外界一直连通，不需要临战前关闭。但其结构比较复杂、维护的难度大，多数防空地下室在临战前将水贮存在工程内的水池或水箱中，不需要一直与外界连通，可以用普通闸板阀替代防爆波阀门。以下是有关试验结果。

闸板阀埋入土中，闸板阀一端接管至地面，管口敞开。冲击波由管口进入管中，管内靠近闸板阀入口处安装了测压仪器，闸板阀抗冲击波性能试验资料见表 5-1 和表 5-2。

闸板阀抗冲击波性能试验强度及结果　　　　表 5-1

试验方法	阀门型号与直径（mm）	试验达到的峰值压力（MPa）	爆后情况
模爆器试验	Z44T-10　$DN=50$	7.44	完好
地爆试验	Z44T-10　$DN=100$	>10	完好

闸板阀抗冲击波性能试验成果　　　　表 5-2

试验设备名称	试验峰值压力（MPa）		设备最大理论计算值（最弱部位）（MPa）	推荐使用压力（MPa）
	效应试验	模爆器试验		
闸板阀 Z44T-10 $DN=40\sim100mm$	>10.0	7.44	6.92	3.6

注：1. 闸板阀完好，理论计算值为 $DN=100mm$ 盖垫片强度；

2. 表中提供的数据为新的设备实验实测值和根据工厂设计图的理论计算值；

3. 关于"推荐使用压力"，是考虑了工程安装使用过程中，材料缺陷、生产误差、施工质量、使用锈蚀等影响，并结合目前防空地下室抗力等级提出的。在实际应用中，还可以视具体情况，分析研究，区别对待。

公称压力为 1.0MPa 的阀门，其强度足以保证核 5 级、核 6 级防空地下室的安全。一般可采用闸板阀替代防爆波阀门。

在现行防空地下室设计规范中，定义了"防护阀门"的概念，是指在进、出防空地下室的管道上，起到防护和密闭作用的阀门。目前使用的防护阀门主要有闸阀和截止阀。当管道直径≥50mm 时，采用闸阀；当管道直径≤40mm 时，采用截止阀。

5.3 防爆地漏的结构及原理

5.3.1 传统防爆地漏

防爆地漏是指能防止冲击波和毒剂等进入防空地下室内部的地漏。图 5-2 所示为防爆地漏结构图，防爆地漏是一种钟罩式地漏。防爆地漏构件明细见表 5-3。

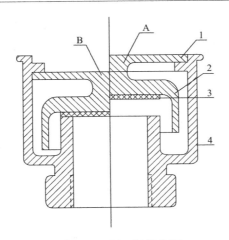

图 5-2　防爆地漏结构图

A—地漏处于开启状态（排水）；B—地漏处于防护密闭状态；1—上盖板；2—下盖板；3—密封垫；4—漏体

防爆地漏构件明细　　　　　　　　　　　　　　　表 5-3

件号	名称	材质
1	上盖板	不锈钢
2	下盖板	不锈钢
3	密封垫	耐腐橡胶
4	漏体	HT250

防爆地漏排水时，地漏处于开启状态（A 位），同普通钟罩式地漏一样，能正常排水。需要地漏处于防护密闭状态时，将地漏上盖板 1 下降，逆时针旋紧后封闭地漏的排水口（B 位），能防止冲击波、毒剂进入防空地下室内部。漏体的水封高度大于 50mm，能有效抑制臭气外溢。常用规格有 $DN50$、$DN80$、$DN100$、$DN150$ 等。

口部密闭门以外需要洗消冲洗的地段及房间，如防毒通道、进风竖井、扩散室均可设防爆地漏。这种地漏平时可作为普通地漏使用或将其关闭；战前将其漏芯密闭，能防止冲击波及有毒气体的进入；警报解除后，染毒地段需要进行清洗时，再将地漏打开，进行排水。

防爆地漏设计、施工中主要注意的问题是：

（1）要分析防爆地漏安装的位置是否受到冲击波的作用以及是否与工程内部连通。如设在围护结构以内的地漏且集水池也在围护结构以内，则该地漏宜采用普通地漏。

（2）合理利用防爆地漏的功能，节约造价。

（3）对于防爆地漏的逆向使用问题，目前的防爆地漏均未提供逆向正压作用的测试报告及数据。但从防爆地漏的结构形式分析，其逆向使用在强度上是可行的。上盖板被压紧在下盖板上，能保证逆向作用的气密性。但市场上确有部分防爆地漏气密性不合格。

（4）防爆地漏与排水管的连接，根据漏体的结构，可采用承插式与排水铸铁管连接；也可采用丝扣连接方式与镀锌钢管连接。

5.3.2　新型防爆地漏

目前我国发明了一种具有正反双向防爆功能的防爆地漏，它是一种直通式地漏，图 5-3

所示为双向防爆地漏结构及原理图。包括地漏本体 1，兼有防护挡板功能的地漏箅子 2，紧固地漏箅子的紧固件 3，橡胶密封圈 4，带内螺纹的排水口 5。

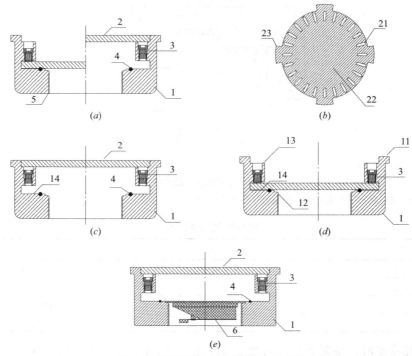

图 5-3　双向防爆地漏结构及原理图

(a) 双向防爆地漏结构图；(b) 地漏箅子；(c) 双向防爆地漏排水状态；

(d) 双向防爆地漏防爆状态；(e) 双向防爆地漏带机械密封件

1—地漏本体；11—上边缘；12—机械密封件紧固承台；13—地漏箅子排水时承台；14—地漏箅子紧固时承台；

2—地漏箅子；21—地漏箅子排水孔；22—地漏箅子封堵板；23—地漏箅子排水孔；3—紧固件；

4—橡胶密封圈；5—带内螺纹的排水口；6—机械密封件

地漏箅子如图 5-3 (b) 所示，箅子四周的开孔用于排水，中心为实心圆，在地漏箅子放置到地漏排水口位置时，配合橡胶密封圈，对排水口进行密闭封堵。

正常排水时，地漏箅子置于地漏本体的上表面，如图 5-3 (a) 右位，地面积水由地漏箅子边缘的箅孔及地漏箅子与地漏本体间的空隙进入地漏，从排水口排出，其排水原理同直通式地漏。

防爆时，地漏箅子旋转下移置于承台 14 上，并由紧固件 3 紧压地漏箅子，如图 5-3 (d) 所示。橡胶密封圈介于地漏箅子中间的实心部位与地漏本体之间，起密封作用。当冲击波从地漏箅子上方正向冲击时，冲击波正向压力作用在地漏箅子上，越压越紧密，实心的地漏箅子防止冲击波向排水口扩散，作用力被传递到地漏本体及安装地漏的地面或楼板上；在冲击波稀疏区负压时，紧固件 3 的紧固压力能防止地漏箅子向上松动。当冲击波从地漏的排水方向一侧逆向作用到地漏时，冲击波的正向压力作用在地漏箅子的实心板部分，地漏箅子上的力继续向上传递，被紧固件 3 向下的压力所抵消。在冲击波稀疏区负压时，地漏箅子会进一步压紧橡胶密封圈。

当双向防爆地漏所在安装位置平时需要维持密闭性，但地漏受水机会较小时，可利用双向防爆地漏本体排水口上端预留的承台，安置机械密封件（地漏芯）6。地漏芯自带防杂质的滤网，当聚集杂质较多时，可将滤网去除清理干净后再放回防爆地漏。

　　与现有钟罩式防爆地漏（见图 5-2）相比，双向防爆地漏的直通式结构，不需要在地漏内构成水封，可以减小地漏整体结构高度；由于不会因水封结构而减少通水面积，因此能提高地漏通水能力。在相同的排水量需求下，可以选用规格更小的排水地漏，既节约造价，又便于地漏及连接管在结构层中预埋敷设。此外，双向防爆地漏在防护状态时，其密闭结构比钟罩式防爆地漏更合理、更可靠；通过紧固件对地漏箅子进行紧固，类似于用法兰板对管端进行封堵，能确保不会松动，防护更安全，彻底解决了钟罩式防爆地漏在逆向防冲击波作用下可能存在的钟罩松动、气密性检测不合格的问题。

5.4　防爆清扫口

　　图 5-4 所示为防爆清扫口结构及安装图。防爆清扫口用于高抗力工程口部通道、扩散室、进排风竖井等处地面的排水，其结构是在普通清扫口的上面加上一块金属板，对清扫口起保护作用，在低抗力等级的防空地下室设计中使用较少。

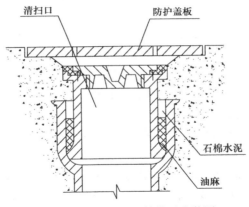

图 5-4　防爆清扫口结构及安装图

5.5　管道穿墙的防护密闭措施及原理

　　给水排水管道穿过防空地下室围护结构及其他有密闭要求的墙体、楼板时，在穿管处要采取防护密闭措施。防护阀门解决了管道内的防护与密闭问题，还需解决管道外壁与墙体、楼板之间的防护和密闭问题。该问题一般通过刚性防水套管或柔性防水套管来解决。图 5-5 所示为一种防水套管示例。

　　套管与墙体之间的密闭，通过在套管上焊接的密闭翼环（止水翼环），并将套管预埋在钢筋混凝土结构的墙体中来解决。

　　套管与管道外壁之间的密闭，由套管与管道外壁之间的填料来解决。当填料为油麻和石棉水泥时，为刚性防水套管施工方法；油麻填料起止水作用，依靠石棉水泥与套管内侧及穿管外壁间的粘结力，起到紧固和防护的作用。当填料为橡胶圈时，为柔性防水套管施工方法。

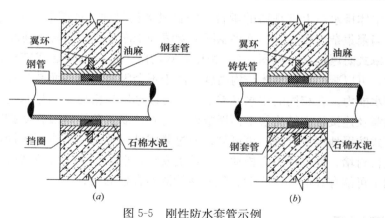

图 5-5　刚性防水套管示例

（a）穿墙管为钢管；（b）穿墙管为铸铁管

5.5.1　刚性防水套管

1. 试验设计

刚性防水套管是一种传统的解决管道外壁与墙体之间密闭问题的措施，其良好的密闭性已在长期的工程应用中得到证明。

当管道穿入防围护结构时，这种做法能否承受冲击波的动压作用，国内进行了"管道穿板做法模拟核爆炸试验"。按照管道穿防空地下室围护结构的实际尺寸及施工方法加工试验构件。试件的板厚度按 200mm 墙设计。利用"核爆炸冲击波压力模拟器"进行抗冲击波试验。爆炸试验完成后再对试件进行透水性测试。

试验仪器及分析软件是：

（1）传感器：YD-205 压力传感器，频率 200kHz，量程 0.0～6.0MPa。

（2）放大器：YE5853 电荷放大器，频率 200kHz。

（3）数据采集分析仪器：DASP 智能信号自动采集分析系统，频率 10～500kHz。

试件配筋 Φ16@150，近底部，单层，C30 混凝土，加工 2 个。每个试件上环形布置 3 种不同的工程做法（或不同管径的工程做法）。

试验的做法分别为：

（1）DN80 普通防水做法（02S404）；

（2）DN100 普通防水做法（02S404）；

（3）DN150 普通防水做法（02S404）；

（4）DN150 刚性密闭做法（04FS02）；

（5）DN100 防爆地漏安装（2002RS-GJ-03～04）。

"普通防水做法"按国家建筑标准设计图集《防水套管》02S404 中刚性防水套管（A型）安装图（二）施工；"刚性密闭做法"按国家建筑标准设计图集《防空地下室给排水设施安装》04FS02 中刚性密闭套管安装图施工，即对套管加钢挡板；"防爆地漏安装"按人民防空工程大样图集《给水排水工程》2002RS-GJ-03～04 中防爆防毒地漏安装图（二）施工。管的下端焊接 10mm 钢板封堵，模拟管道在防空地下室内一侧安装的防护阀门，阻止冲击波进入。

试验共分 2 个试件，加工 2 个试验台板。

试件 1 台板上均匀设置 $DN100$ 普通防水做法、$DN150$ 普通防水做法和 $DN100$ 防爆地漏安装 3 种施工方法。试件 2 台板上均匀设置 $DN80$ 普通防水做法、$DN100$ 普通防水做法和 $DN150$ 刚性密闭做法 3 种施工方法。

在核爆炸模拟器内预置一个承托台，将试件吊装到承托台上，在试件下方与承托台之间形成一个密闭空间，可模拟防空地下室围护结构内未受冲击波作用的一侧情况。混凝土试件表面安装了压力传感器，由数据采集系统采集实时压力，并用专用软件自动分析升压时间、正压作用时间、作用压力等试验参数。

试验的主要结论是对核 5 级、6 级防空地下室，$DN100$ 穿围护结构管道的密闭措施，可以按照国家建筑标准设计图集《防水套管》02S404 中的刚性防水套管（A 型）施工，如图 5-5 所示。对于等级更高的防空地下室，未开展针对性试验。所以高抗力等级的防空地下室及管径超过 $DN100$ 的管道穿顶板及临空墙时，需要在刚性防水套管的基础上加防护挡板，图 5-6 所示为加防护挡板防水套管示意图。

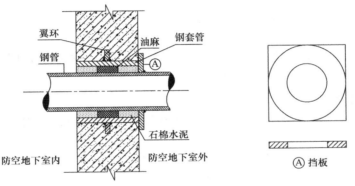

图 5-6　加防护挡板防水套管示意图

2. 刚性防水套管管道粘结力力学分析模型

钢管与石棉水泥填料间的粘结力由 3 部分构成：石棉水泥中水泥凝胶体与钢管表面的化学胶结力；钢管与填料的机械咬合力；钢管与填料界面间的摩擦力。图 5-7 所示为刚性防水套管管道与填料粘结力分析。

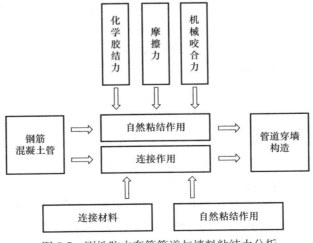

图 5-7　刚性防水套管管道与填料粘结力分析

图 5-8 所示为刚性防水套管管道力学分析模型。假定：同一截面上的钢管应力、混凝土应力、同一截面四周的粘结应力分布均匀；受力全过程中，不考虑混凝土和钢管变形的非线性和塑性性质。

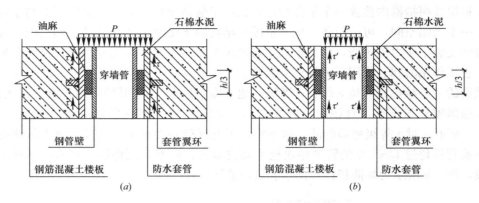

图 5-8　刚性防水套管管道力学分析模型

(*a*) 密封填料及管截面受力；(*b*) 管截面受力

P—冲击波压力；*τ*—填料与预埋钢套管界面的粘结力（考虑穿管和填料的整体滑动时）；

τ′—填料与穿墙管界面间的粘结力（考虑穿管的滑动时）；*h*—顶板厚度

3. 粘结力计算

力学分析基于《混凝土结构设计规范》GB 50010—2010（2015 年版）中给出的极限状态设计表达式为：

$$\gamma_0 \cdot S = R \tag{5-1}$$
$$S = \gamma_s \cdot S_k$$

式中　γ_0——结构构件的重要性系数，取 1.0；

　　　S——荷载效应设计值；

　　　γ_s——荷载分项系数；

　　　S_k——荷载效应的标准值；

　　　R——结构抗力设计值。

本计算的荷载 S 是由冲击波超压引起的动荷载，参考防空地下室设计规范，计算公式为：

$$S = \gamma_s \cdot P \cdot A \tag{5-2}$$

式中　S——冲击波作用在管道穿墙构造处的压力，N；

　　　γ_s——荷载分项系数，取 1.0；

　　　A——套管或穿墙管截面积，$A = \dfrac{\pi d^2}{4}$，m²；

　　　d——套管或穿墙管的外径，m。

$$P = K_f \cdot K_d \cdot \Delta P_m \tag{5-3}$$

式中　P——冲击波作用在管道穿墙构造处的等效静压，MPa；

　　　K_f——冲击波超压反射系数；

　　　K_d——动力系数，按不同的防护工程抗力等级取值（楼板取 1.05～1.2，临空墙取 1.33，本计算按最大受力考虑，取 1.33）；

　　　ΔP_m——地面冲击波峰值超压。

由公式（5-2）计算不同管径的穿墙管构造在不同抗力等级下受到的冲击波压力，结果见表 5-4。

穿墙管构造处的冲击波压力值（N）　　　　　表 5-4

管径	不同抗力等级的压力值			
	4	4B	5	6
DN50	3384.4(12217.5)	2256.2(8144.9)	1034.1(3733.1)	451.2(1629.0)
DN100	10965.3(24066.4)	7310.2(16044.2)	3350.5(7353.7)	1462.0(3208.9)
DN150	24066.4(45500.6)	16044.2(30333.7)	7353.7(13903.0)	3208.9(6066.8)

注：括号内数值为作用在套管截面内的冲击波压力值；括号外数值为作用在穿墙管截面内的冲击波压力值。

计算中的抗力设计值 R 是套管或穿墙管与填料（石棉水泥）间的粘结力。

粘结力的计算公式为：

$$R = \tau \cdot W \tag{5-4}$$

$$W = \frac{2\pi \cdot d \cdot h}{3}$$

式中　R——钢管与填料间的粘结力，N；

　　　τ——钢管与填料（石棉水泥）的平均粘结强度，取 1.7MPa，参见表 5-5；

　　　W——钢管与填料的粘结面积，m^2；

　　　d——套管内径或穿墙管外径，m；

　　　h——混凝土试件厚度，本试验 $h=0.2m$。

几种填料的剪切粘结强度值（MPa）　　　　　表 5-5

油麻石棉水泥	普通水泥砂浆	油麻青铅	胶圈水泥砂浆	胶圈石棉水泥	油麻纯水泥	膨胀水泥砂浆
1.7	0.4~1.4	1.2~1.5	1.7	2.5	2.8	2.0

粘结面积计算公式中扣除了试件中间所填油麻厚度部分。

表 5-5 是 20 世纪五六十年代以来，得到较广泛应用的几种填料的剪切粘结强度值。

根据公式（5-4）计算得到的不同管径套管或穿墙管与填料间的粘结力见表 5-6。

不同管径套管或穿墙管与填料间的粘结力（N）　　　　　表 5-6

管径	DN50	DN100	DN150
粘结力	42724.4 (76191.9)	76903.9 (106811.0)	113219.6 (147399.2)

注：括号内数值为套管内侧与填料间的粘结力；括号外数值为穿墙管外侧与填料间的粘结力。

对比表 5-4 和表 5-6 可以看出，计算出的套管或穿墙管与填料间的粘结力比冲击波荷载大得多。因此，这种套管施工结构在低抗力等级防空地下室上使用是安全的。

5.5.2　柔性防水套管

柔性防水套管适用于受振动或受力变形的管道，主要用于管道穿防空地下室沉降缝、有较大振动、热胀冷缩变形或者室外不均匀沉降较大处。图 5-9 所示为柔性防水套管结构示意图。

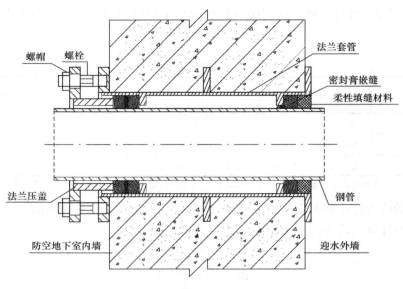

图 5-9　柔性防水套管结构示意图

5.5.3　其他防沉降措施

当管道穿越防空地下室外墙处可能存在较大的不均匀沉降时，需要在管道穿墙处的外侧设置一些防不均匀沉降的措施，图 5-10 所示为外侧加装柔性管段（有地下水时）、图 5-11 所示为外侧设柔性填料层（无地下水时）。图 5-10 中"柔性接头＋短管"也可用不锈钢波纹管替代。

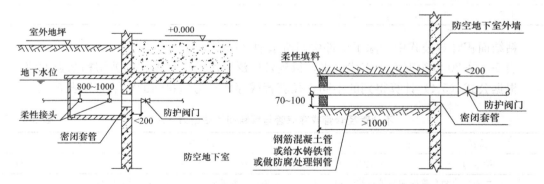

图 5-10　外侧加装柔性管段（有地下水时）　　图 5-11　外侧设柔性填料层（无地下水时）

5.5.4　楔子固定的防护挡板

防空地下室由于平战结合的需要，有大量的消防、给水、排水等管道需要穿越防空地下室的围护结构。图 5-12 所示为管道穿围护结构施工方法示例。为防止冲击波对穿墙套管密闭填料的破坏影响工程的密闭性，当管道穿临空墙或穿墙管≥DN150 时，现行国家建筑标准设计图集《防空地下室给排水设施安装》07FS02 推荐图 5-12 的施工方法，其中（a）用于钢管，（b）用于钢塑复合管或铸铁管。该施工方法需在人防管道所穿的墙体外侧设防护挡板和预埋侧边挡板，预埋穿墙套管与预埋侧边挡板焊接，防护挡板与预埋侧边挡板焊接。

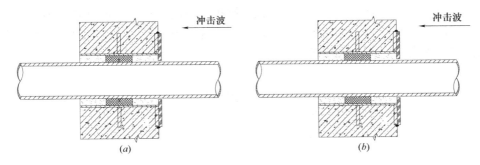

图 5-12　管道穿围护结构施工方法示例

(*a*) 穿墙管为钢管；(*b*) 穿墙管为铸铁管

图 5-13 所示为穿围护结构管道临战关闭或封堵示例，临战转换时，可在管道上安装法兰堵板或关闭管道上的防护阀门。

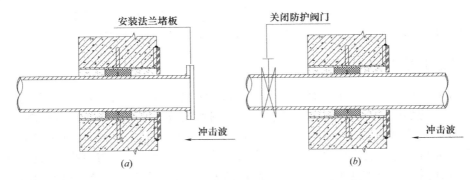

图 5-13　穿围护结构管道临战关闭或封堵示例

(*a*) 法兰板封堵；(*b*) 防护阀门封堵

上述方法存在的问题是：

(1) 在预埋穿墙套管的墙体外侧一端设置侧边挡板，不但增加预埋穿墙套管造价，更造成墙体浇筑时制模不便。

(2) 预埋穿墙套管与预埋侧边挡板焊接处的焊缝不平整，防护挡板与预埋侧边挡板贴靠在一起焊接时，由于侧边挡板内圈焊缝的存在，使得防护挡板与预埋侧边挡板在外圈焊接时只能局部点焊，会降低防护挡板的防护能力。

(3) 为防止焊接对穿墙管道耐腐蚀性（最常见的是穿墙消防给水镀锌钢管）的影响，防护挡板不能与穿墙管道焊接，使得防护挡板与穿墙管道之间无接触并留有缝隙。因此防护挡板只能保护穿墙管道与预埋穿墙套管之间的密封填料层。而在战时状态下，采用法兰板堵的法兰堵板或采用防护阀门封堵的防护阀门阀芯会受到冲击波作用时，只能依靠填料层与管道表面的粘结力来抵消冲击波对管道端面的作用，管道可能会产生滑动，防护可靠性差。而且穿墙管道的截面积大于管道与预埋穿墙套管间密闭填料层的截面积，也即管道受到的冲击波作用力要大于管道外侧填料层的作用力，现有施工方法没有保护到关键点。

图 5-14 所示为楔子固定式防护挡板示例，是国内新发明的一种便于工厂化生产的、用楔子固定的防护挡板的防护方式。当冲击波作用到管道的封堵板或工程内管道上关闭的防护阀门阀面时，作用力的传递为：封堵板（防护阀门阀面）→管道→紧固销子→防护挡板→人防墙体。能使管道、防护挡板及人防墙体成为一个受力整体，有效防止管道在套管内滑动位移，提高对管道的防护能力。

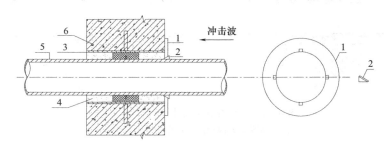

图 5-14　楔子固定式防护挡板示例

1—防护挡板；2—金属楔子；3—预埋套管；4—密封填料；5—穿墙人防管道；6—墙体

除提供防护能力外，该施工方式还具有能简化预埋穿墙套管、便于防护挡板工厂化加工、现场施工方便、容易控制施工质量、耐腐蚀性强、造价相对较低等优点。

5.5.5　应急封堵措施

在实际防空地下室施工中，有出现误留孔洞的情况，需要进行封堵。而现有的对人防墙体、楼板上的小尺寸孔洞（如穿水管孔）进行封堵的技术，多采用添加有抗渗剂的水泥砂浆、素混凝土等封堵措施。其存在的主要问题是：冲击波作用到封堵填充材料上的力，主要依靠填充材料与原孔内壁之间的摩擦力来抵消，但后填充材料与原孔内壁存在明显的分界面，存在封堵材料被冲击波整体冲出墙体的安全隐患。同时施工缺乏标准化，人为操作及施工材料等因素影响大，可靠性差。

我国新发明了一种采用制式金属构件封堵的技术，图 5-15 所示为封堵实施图，图 5-16 所示为封堵金属构件图。连接杆一端可与封堵钢板焊接，也可两端均采用螺纹、螺帽连接。

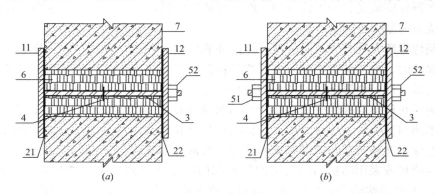

图 5-15　封堵实施图

（a）单侧螺栓；（b）双侧螺栓

11/12—封堵钢板；21/22—防火密闭垫片；3—金属连接杆；4—止水翼环；

51/52—紧固螺帽；6—封堵填料；7—人防墙体

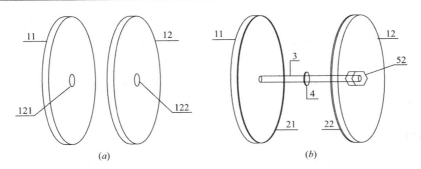

图 5-16　封堵金属构件图

(*a*) 两侧封堵钢板；(*b*) 封堵装置组装图

11/12—封堵钢板；121/122—封堵钢板开孔；21/22—防火密闭垫片；3—金属连接杆；4—止水翼环；52—紧固螺帽

按照图 5-15 (*a*) 封堵时，使第一封堵钢板 11 紧贴墙体或楼板，并对第一封堵钢板 11 从外侧进行临时性支护固定，从墙体或楼板的另一侧向原管孔内填充碎石混凝土、石棉水泥、油麻等填充材料。填充材料凝固后，将第二封堵钢板 12 穿到露在管孔外的连接杆 3 上。用第二紧固螺帽 52 套在露在第二封堵钢板外侧的带外螺纹的连接杆 3 上，用扳手或管钳等工具拧紧第二紧固螺帽 52。

按照图 5-15 (*b*) 封堵时，先将连接杆预埋在上述管孔填充材料中，待填充材料凝固后，用紧固螺帽将两侧防护板紧固到连接杆上。

为进一步提高密闭性，可在连接杆中间焊接止水翼环；在防护板与墙面之间垫有一定耐火能力的防火密闭垫片。

5.6　特殊防护措施及原理

5.6.1　防爆化粪池

防爆化粪池在普通化粪池的基础上，对结构进行了加强，一般为钢筋混凝土结构，能防护预设的地面冲击波超压。同时防爆化粪池的进水管、出水管均有向下的弯头，使进出水口在水面以下，能起到水封防毒的作用。

防爆化粪池首先起到普通化粪池的作用。利用沉淀、水解酸化、厌氧发酵原理，去除生活污水中的悬浮性有机物。生活污水中悬浮固体浓度为 $100\sim350\mathrm{mg/L}$，有机物浓度 COD_{Cr} 在 $100\sim400\mathrm{mg/L}$ 之间，其中悬浮性有机物浓度 BOD_5 为 $50\sim200\mathrm{mg/L}$。污水进入化粪池经过 $12\sim36\mathrm{h}$ 的沉淀，可去除 $50\%\sim60\%$ 的悬浮物。沉淀下来的污泥经过 3 个月以上的厌氧发酵分解，可使污泥中的有机物分解成稳定的无机物，易腐败的生污泥转化为稳定的熟污泥，改变了污泥的结构，降低了污泥的含水率。定期将污泥清掏外运，填埋或用作肥料。化粪池是生活污水的预处理设施，对污水中的有机物的降解效率一般在 30% 以内，对大分子有机物起到初步的水解、酸化作用，有利于降低集中处理厂的负荷、提高处理效率；化粪池厌氧腐化的环境，有利于杀灭蚊蝇虫卵。

当工程的生活污水自流排至室外化粪池时，必须设置防爆化粪池，以满足生活污水排水管防毒、防爆的防护要求。当工程的生活污水采用水泵提升排水时，排水管的防毒、防爆可由排水管上的防护阀门及单向阀来解决，可以不设防爆化粪池。对于高防护等级的防空地下室，为了提高生活污水排水管防毒、防爆的可靠性，也可以将室外的普通化粪池改为防爆化粪池。

防爆化粪池的设计、容积计算及选型与普通化粪池相同。在此基础上，再选用防爆化粪池的标准图集。

5.6.2　水封井、消波井

因地形特殊，不设提升泵、自流向室外排非生活污水的防空地下室，需设水封井和消波井，以满足工程防毒和防爆的要求。但防空地下室口部洗消废水自流排至工程口部外集水坑，该集水坑通过固定泵或移动泵向工程外部提升时，不属于需设水封井、消波井的情况。

图 5-17 所示为水封井平面、剖面图，要求水封深度≥300mm。室外有毒空气向上游排水管扩散时，在水封井内被水阻隔，不能继续向上游工程内部方向扩散。口部水封井一般设置在防毒通道内。当排水中含有较多固体杂质时，杂质会在水封井内沉积，进而影响有效水封深度甚至堵塞排水管口，此种情况不宜采用水封井。

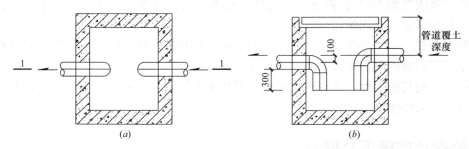

图 5-17　水封井平面、剖面图
(a) 平面图；(b) 1-1 剖面图

水封井起防毒作用，还需配套设消波井以满足排水防冲击波的要求。图 5-18 所示为消波井结构示意图，井内堆放砾石层，通过砾石层阻挡和扰动消波。其井壁采用钢筋混凝土结构，以满足防冲击波的要求。进出水管各设一个钢筋网，防止砾石被水流或冲击波带走。钢筋网用 ϕ16～22 钢筋焊制，孔径 30mm×30mm。砾石直径一般为 40～50mm。消波井一般设置在第一道防护门或防护密闭门外的通道内。

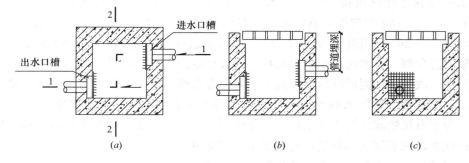

图 5-18　消波井结构示意图
(a) 平面图；(b) 1-1 剖面图；(c) 2-2 剖面图

当抗力等级较高时，一般还需要在排水管室外出口处设置消波石堆，通过一定级配及厚度的块石、卵石，起到进一步阻挡和消减冲击波的作用。

由于消波井、石堆的消波作用存在一定的不确定性，对于抗力等级更高的工程，宜在消波井及外部石堆之间，再增加防爆化粪池结构的防毒及消波构筑物，起到进一步防毒、防冲击波的作用。

5.7　给水排水管材的选择及施工要求

5.7.1　给水管材

防空地下室常用的给水管材有钢管、给水铸铁管及塑料管等。给水铸铁管多用于管径大于 100mm 的埋地给水管道。

给水常用的钢管有焊接钢管及无缝钢管等。焊接钢管根据钢管的壁厚又可分为普通焊接钢管和加厚焊接钢管两类。普通焊接钢管出厂试验水压为 2.0MPa，用于工作压力<1.0MPa 的管路；加厚焊接钢管出厂试验水压为 3.0MPa，用于工作压力<1.6MPa 的管路。无缝钢管适用于工作压力较高的管路。

钢管具有强度高、承受内压力大、抗振性能好、质量比铸铁管轻、接头少、内表面光滑、容易加工和安装等优点。但抗腐蚀能力较差、造价较高。镀锌钢管应使用热镀锌钢管。

钢管的连接方法有螺纹连接、法兰连接、焊接及沟槽式连接 4 种。法兰除用于法兰阀门连接外，还用于与法兰配件（如弯头、三通等）和设备的连接。法兰连接具有强度高、严密性好和拆卸方便等优点；但钢管与法兰连接处需要焊接，在施工现场对焊接点做防腐处理困难。法兰连接时，盘间应垫以垫片，以达到密封的目的。一副法兰只能垫一个垫片，室内给水工程中常用厚度为 3～4mm 的橡胶板作为法兰垫片。目前消防管道普遍采用沟槽式连接，其具有法兰连接的各项优点，缺点是造价较高，对施工技术的要求较高，在管道试压及运行维护中，一旦接口松动或断裂，容易导致较大的水渍损失。

在防空地下室室外埋地的给水管，还常用球墨给水铸铁管。球墨给水铸铁管使用 18 号以上的铸造铁水添加球化剂（通常为镁、稀土镁合金或含铈的稀土合金）及孕育剂（通常为硅铁）后，经过离心球墨铸铁机高速离心铸造而成。球墨给水铸铁管具有铁的本质、钢的性能，防腐性能优异，延展性能好，密封效果好，安装方便，具有很高的性价比。

防空地下室中除穿人防围护结构的给水管道要求采用钢管外，防护阀门以后的其他给水管道可以采用一些卫生条件、水力性能更好的新型管材，原则上选用同普通地下室同类的管材。这些新型管材可分为：金属材料、热塑性材料、混合式材料。铜管的优点是可塑性高、纯净、天然、无有害添加剂，抗锈蚀能力强、使用寿命长，热胀冷缩系数小，抗高温环境，防火，无论明装或暗装均不易产生管道破裂渗漏的现象。其他使用的金属材料还有不锈钢管等。

可以使用的热塑性管材主要有：低塑性聚氯乙烯（PVC-U）；氯化聚氯乙烯（CPVC）；聚乙烯（PE）；中密度聚乙烯（MDPE）；高密度聚乙烯（HDPE）；交联聚乙烯（PEX）；聚丁烯（PB）；丙烯-丁二烯-苯乙烯共聚物（ABS）；Ⅲ型聚丙烯和改性聚丙烯（PP-R）。

下面以使用较多的Ⅲ型聚丙烯管材（PP-R）为例，介绍其特点。

它适用于工业和民用建筑冷热水和纯净水系统，是取代镀锌钢管的升级换代产品。产品规格目前有 $DN20\sim63$，压力等级为 $1.0\sim3.2$MPa。它的优点是质量轻、强度高，密度仅为金属管的1/8，耐压力试验强度达5MPa以上，韧性好，耐冲击；无毒、卫生、不滋生细菌，不锈蚀，不结垢；保温性能好，导热系数仅为 0.24W/($m^2 \cdot$K)；外形美观，产品内壁光滑，流水阻力小，色彩柔和、造型好；耐高温，在长期连续工作压力下，输送水温可达95℃；使用寿命长，管道系统在正常使用下，寿命可达50年；安装方便，热熔连接管道为无缝整体，无渗漏烦恼；拉伸模量较小，因温度变化产生的膨胀力也较小，故适合采用嵌墙和地坪面层的直埋暗敷方式。

安装要点是：管材与管件连接均应采用热熔连接方式，不允许在管材和管件上直接套丝；与金属管道及用水器连接处必须使用带金属嵌件的管件。热熔连接施工必须使用专用的热熔机具，以保证热熔质量。手持式熔接工具适合于小口径管及系统最后连接，台车式熔接机适用于大口径管预装配连接。熔接施工应严格按规定的技术参数操作，在加热和插接过程中不能转动管材和管件，应直线插入，正常熔接在结合面应有一均匀的熔接圈。

缺点：刚性和抗冲击性能比金属管道差，所以在储运、施工等过程中应注意文明施工，安全生产；线膨胀系数较大，为 $0.40\sim0.16$mm/(m$\cdot$K)，在施工中应重视管道的正确敷设、支吊架的设置、伸缩器的选用等；抗紫外线性能差，在阳光长期直接照射下容易老化。

可以使用的混合式管材主要有：有内搪层的镀锌钢管（低塑性聚氯乙烯、氯化聚氯乙烯、聚乙烯内搪层或环氧树脂涂层）；交联聚乙烯夹铝混合式压力管（PEX-AL-PEX）；高密度聚氯乙烯夹铝混合式压力管（HDPE-AL-HDPE）。

这类管材在钢管内壁喷涂或熔融一层厚度为 $0.5\sim1.0$mm 的塑料。常用的内壁材料有：聚乙烯（PE）、乙烯-丙烯酸共聚物（EAA）、环氧（EP）粉末喷涂；无毒聚丙烯（PP）或无毒聚氯乙烯（PVC）衬塑和注塑。

防空地下室内部给水管材的选用还宜结合当地给水管材的供应情况、建设单位对卫生及经济性的要求、施工质量的可靠性等因素综合考虑。此外，还要满足消防对地下室管材选择的要求。

5.7.2 排水管材

防空地下室常用的排水管材有：排水铸铁管、给水铸铁管、硬聚氯乙烯排水管和钢管。生活污水管道一般采用排水铸铁管或硬聚氯乙烯排水管。

排水铸铁管使用灰口铸铁。从制造成型方式上，直管可分为机制、手工翻砂两大类，其中机制又可分为金属型离心铸造和连续铸造两种。管件可分为机械造型和手工翻砂两大类。金属型离心铸造具有管体组织致密、表面光洁、壁厚均匀、尺寸稳定和生产效率高等特点，是绝大多数企业采用的生产方式；连续铸造的直管表面质量差一些，生产效率较低；手工翻砂管缺点、缺陷较多，属于市场淘汰产品。

铸铁管按接口方式可分为柔性接口铸铁管和刚性接口铸铁管。柔性接口铸铁管又可分为无承口W型（俗称卡箍式）、法兰机械式A型、（双）法兰机械式B型3种。柔性接口铸铁管不得安装在防空地下室结构底板中或混凝土包裹层中。

W型管材具有径向尺寸小（无法兰盘）、便于布置、节省空间、节省管材、方便维修更换等优点。W 型管采用不锈钢卡箍件进行连接。不锈钢卡箍件由胶套、卡箍、穿孔滚动轴及螺栓构成。接口采用橡胶套密封，效果好，能承受来自各方向的震动（包括强烈地震）。外罩为不锈钢卡箍，接口美观牢固、耐腐蚀。在安装接口时将卡箍放松到最大直径限位，先将不锈钢外套套入管道，然后将接口的两端分别对入橡胶套内，将不锈钢外套套在橡胶套外部拧牢即可获得满意效果。

A 型、B 型管材均用法兰固定，内垫橡胶法兰垫片密封，具有接口强度高、密封性能好、抗震性能强的优点。

双法兰（B 型）结合了 W 型直管长度可以按需套裁、A 型接口强度高的优点，逐渐被市场接受和选用。

在实际安装工程中，A 型和 W 型两种管材搭配使用效果较好，既可以满足施工质量、使用功能的需要，又可以节约材料、降低成本。一般排水横干管、首层出户管宜采用 A 型管，排水立管及排水支管宜采用 W 型管。这样搭配使用的好处是：A 型管由于法兰压盖连接的机械性能较好，在作排水横干管时，可以保证使用寿命和使用功能；同时，由于自身良好的机械强度，特别适用于高层排水出户横管，可以承受上层来水的冲击力。

刚性接口铸铁管一般承口较大，直管插入后，用水泥密封。刚性接口铸铁管缺乏承受径向曲挠、伸缩变形能力和抗震能力，使用过程中受到建筑变形、热胀冷缩、地质震动等外力作用时，易产生管体破裂，造成渗漏事故，因而逐渐被淘汰，仅仅在一些低矮建筑或特殊场合使用。刚性接口铸铁管适用于埋设在结构层或结构层以下的混凝土包裹层中。

与其他金属管材和塑料管材相比，铸铁管材具有一些独特的优点，主要体现在强度高、噪声低、寿命长、阻燃防火、柔性抗震、无二次污染、可再生循环使用等方面。

(1) 噪声低、强度高、寿命长。排水管中的水流呈非满管流和重力流状态，摩擦、冲击、振动产生噪声在所难免。铸铁中的石墨对振动能起缓冲作用，可阻止晶粒间的振动能的传递，并将振动能转变为热能。所以铸铁管材具有很好的减震降噪性。试验资料表明，$DN100$ 的管道流量为 2.7L/s 时，铸铁管的噪声值为 46.5dB，PVC-U 管的噪声值为 58dB，故在要求安静的居住建筑、学校、医院、会场、宾馆等场合，宜选用铸铁管材。

铸铁的抗拉、抗弯强度是常用塑料管材 PVC 的 4 倍。

铸铁的基体组织电位差小、电化学作用小，同时含硅量高，能够在表面形成连续的 S_iO_2 保护膜，因此其耐锈蚀性能远高于钢材，在相同的环境、介质中铸铁的耐锈蚀性能是钢材的 3 倍以上。

铸铁管材优良的耐腐蚀和强度特性，使其使用寿命远大于钢管和塑料管材。

(2) 柔性抗震。铸铁的线膨胀系数比较低，因而受环境温度影响自身产生的伸缩量很小，同时铸铁管材的柔性接口结构，使其具有较高的抗伸缩、曲挠变形能力和抗震能力，系统轴向变形 35mm、横向振动曲挠 31.5mm 以内接口不渗漏。

(3) 耐高温，阻燃防火。排水管具有贯穿、连接各楼层和房间的特性，一旦发生火灾如若排水管材易熔、阻燃性差，很快融化破裂就会形成烟囱效应。铸铁管阻燃及高熔点使它具有很好的防火阻燃性。

(4) 无二次污染，可再生循环使用。铸铁材质本身不含化学毒素，不会对污、废水产生二次污染，并且当建筑或排水管道报废拆除时，铸铁管材可 100% 回收再生循环使用。机制排水铸铁管的主要使用参数参见表 5-7。

机制排水铸铁管的主要使用参数   表 5-7

规格	外径（mm）	壁厚		单件质量（kg）
		公称（mm）	最小（mm）	
DN50	60	3.5	3.0	13.0
DN75	83	3.5	3.0	18.9
DN100	110	3.5	3.0	25.2
DN125	135	4.0	3.5	35.4
DN150	160	4.0	3.5	42.2
DN200	210	5.0	4.0	69.3
DN250	274	5.5	4.5	99.8
DN300	326	6.0	5.0	129.7

防空地下室内排水管材的具体选用，常有以下 3 种做法：

（1）生活污水泵、雨水排水泵等水泵的压力排水管。这类管道多数要穿越人防围护结构，管道上需要安装阀门，一般选用给水铸铁管、机制排水铸铁管或热镀锌钢管。

（2）埋地的、出人防围护结构的自流排水管，多数是收集口部洗消废水的排水管。当排水管与工程外部连通时，管道要承受一定的冲击波作用，其排水口多采用防爆地漏或清扫口，与其连接的排水管宜采用镀锌钢管，便于施工。

（3）防空地下室围护结构内敷设、不与工程外部连通、工程内部局部敷设的排水管。该类管道，如果敷设在结构底板回填层内或明装，宜采用非金属管；如果敷设在结构底板中，应使用强度较高的金属管。

图 5-19 所示为防空地下室典型排水管道安装方式。

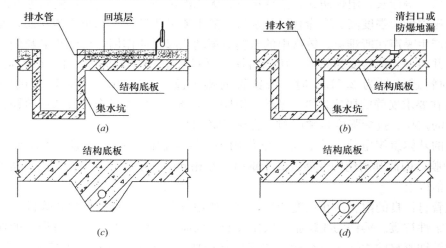

图 5-19 防空地下室典型排水管道安装方式

（a）人防围护结构底板中敷设的排水管示例；（b）结构底板中敷设的排水管示例；

（c）结构底板下敷设的排水管示例 1；（d）结构底板下敷设的排水管示例 2

5.8 管道防电磁脉冲措施

当防空地下室战时使用功能为人防指挥工程时，为了防止电磁脉冲通过与工程外部连接的金属管道进入工程内部，对工程内的电子设备造成破坏，需要采取专门的防电磁脉冲措施。

图 5-20 所示为从防空地下室口部引入、引出管道防电磁脉冲施工原理图,其中非金属管段一般安装在最后一道密闭门以内的地沟内,口部引入段的金属管道,其管壁与口部结构钢筋连接,保证良好的接地。反射板宜采用 3～4mm 厚的圆形或方形钢板,钢板直径或边长应不小于水管外径的 5 倍,且不小于 0.3m,作为水管的翼环与水管满焊,并焊接引流扁钢与接地体相接。后面的扁钢环宜采用 40mm×4mm 的扁钢环绕钢管一周再折弯 90°与接地体相焊接,其环绕钢管处应与钢管满焊。反射板和引流扁钢应选用镀锌钢材,焊接后应作防腐处理。

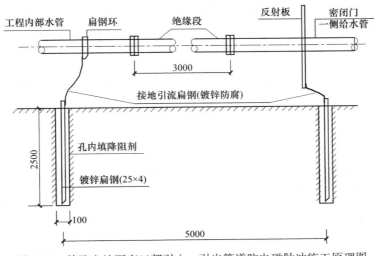

图 5-20 从防空地下室口部引入、引出管道防电磁脉冲施工原理图

图 5-21 所示为从防空地下室侧墙引入、引出管道防电磁脉冲施工原理图,绝缘段有 3m 即可。工程外金属管道的末端通过其环周焊接的金属条接地。如因抗力要求无法加进绝缘段时,可在管道上离工程墙体 3m 以内加一金属挡板,挡板与管道环周焊接并与接地棒相接。同时在工程外的适当位置加进一绝缘段或改用非金属管道,且将引进工程内的金属管道的末端通过与其环周焊接的金属条接地。

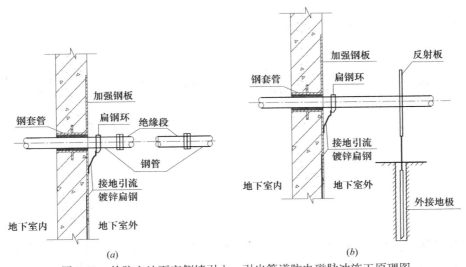

图 5-21 从防空地下室侧墙引入、引出管道防电磁脉冲施工原理图
(a) 加进绝缘段;(b) 加挡板并接地

5.9 管道穿防空地下室围护结构的一般防护措施

给水管道及压力排水管道穿防空地下室围护结构时，应综合采取防护及密闭的措施。管道穿人防墙体施工做法，参照标准图集《防空地下室给排水设施安装》07FS02，图 5-22 所示为管道穿防空地下室外墙措施示例，图 5-23 所示为管道穿防护单元间隔墙措施示例，图 5-24 所示为管道穿防空地下室顶板措施示例，图 5-25 所示为管道穿防毒通道或密闭通道措施示例。其中防护密闭套管 A 型、C 型、E 型适用于钢塑复合管；防护密闭套管 B 型、D 型、F 型适用于钢管。

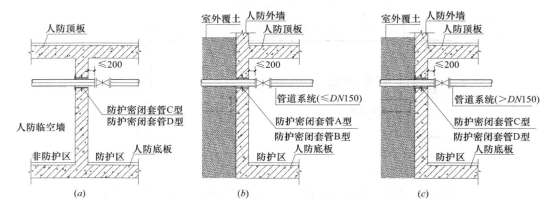

图 5-22　管道穿防空地下室外墙措施示例

（a）C、D 型套管穿人防临空墙做法；（b）A、B 型套管穿人防外墙做法；（c）C、D 型套管穿人防外墙做法

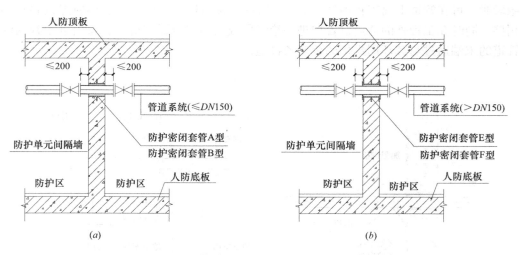

图 5-23　管道穿防护单元间隔墙措施示例

（a）A、B 型套管穿防护单元间隔墙做法；（b）E、F 型套管穿防护单元间隔墙做法

防护阀门应选用铜芯闸阀，消防给水管根据相关规范要求，可设置信号闸阀或带锁定阀位锁具的闸阀；阀门的公称压力应≥1.0MPa，对于消防给水管，还应满足消防给水系统压力试验的要求。

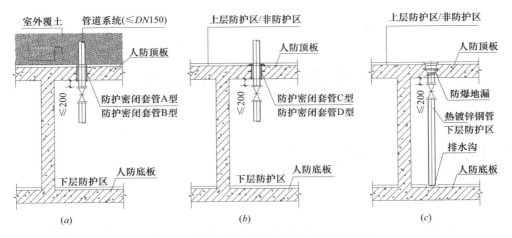

图 5-24　管道穿防空地下室顶板措施示例

（a）A、B 型套管穿人防有覆土顶板做法；（b）C、D 型套管穿人防无覆土顶板做法；（c）防爆地漏穿人防顶板安装

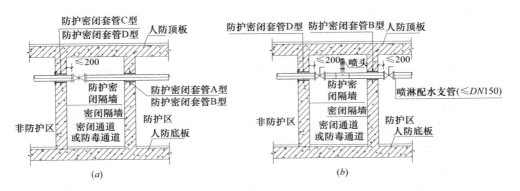

图 5-25　管道穿防毒通道或密闭通道措施示例

（a）消火栓管道穿防毒通道或密闭通道；（b）自喷管道穿防毒通道或密闭通道

第6章 战时给水系统

6.1 给水系统分类及给水方式

6.1.1 给水系统分类

　　需要平战结合的防空地下室，内部给水系统一般分为平时给水系统和战时给水系统。无需平战转换的防空地下室，其内部给水系统则不区分平时给水系统和战时给水系统。为了提高防空地下室建设的综合效益，绝大多数防空地下室需要考虑平战功能转换。

　　防空地下室平时给水系统，依据工程平时使用功能设计，按给水的用途，一般分为：

　　(1) 生活饮用水：保证工程内部人员生活及一般性生产活动所需要的水。

　　(2) 消防用水：用于扑灭工程内部火灾的用水。

　　(3) 设备用水：指供给工程内部各种技术设备使用的用水，如空调冷却用水等。

　　防空地下室战时给水系统，依据工程战时使用功能设计，按给水的用途，一般分为：

　　(1) 饮用水：保证工程内部人员从事正常活动、维持正常生理功能所需的餐饮、解渴用水。

　　(2) 生活用水：保证工程内部人员从事正常活动所需的洗涤及卫生用水。

　　(3) 洗消用水：指战时外界染毒时，对进入工程内染毒人员的洗消用水以及对染毒设备和染毒墙面、地面的冲洗用水等。

　　(4) 设备用水：指供给工程内部各种技术设备使用的用水，如空调冷却用水、柴油发电机组冷却用水、医疗设备用水等。

　　现行规范对防空地下室无战时消防给水的要求。但近年一些人防指挥类工程，对设在防护区内的消防系统一般不作战时的功能转换，在战时也能发挥消防给水的作用。

　　防空地下室给水系统的设计，需要同时完成战时给水系统及平时给水系统的设计，分别满足工程战时使用功能和平时使用功能。

6.1.2 给水方式

　　防空地下室室内地面标高较低，平时生活饮用水系统的供水应充分利用市政给水管网的水压。战时的生活、洗消、设备用水给水系统，一般按市政给水系统受到破坏的最不利情况考虑，设计独立的贮水及增压系统。战时的人员饮用水给水系统，一般采用水箱重力供水。防空地下室消防给水系统设计，是防空地下室平战结合设计的一项重要内容，详见第10章。

　　防空地下室战时给水系统，一般有以下几种给水方式：

　　1. 直接给水方式

　　当市政给水管网的水质、水量、水压都能满足工程给水管网要求时，宜采用直接给水方式。这种给水方式的优点是可以充分利用室外管网的水压，系统简单，有利于保证水质，应优先考虑这种给水方式。该给水方式主要用于平时的生活给水系统以及战时市政自来水能正常供水的情况。

2. 设水箱（池）及增压设备的给水方式

该给水方式主要应用于：（1）平时室外给水管网的水量能满足要求，但水压不够或不能连续供水；（2）战时室外给水管网受到破坏，可采用水泵定时供水或气压给水设备供水等。当战时无可靠电源时，宜在水泵给水的基础上增加手摇泵给水，图 6-1 所示为生活给水系统设水箱及增压设备的给水方式。

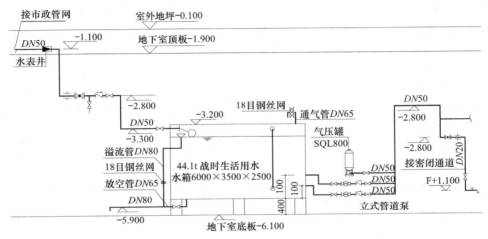

图 6-1　生活给水系统设水箱及增压设备的给水方式

3. 重力给水方式

该给水方式主要应用于：

（1）简易洗消间，如进、出柴油发电机房的防毒通道，洗消用水量较少，通过设置架高水箱自流供水，能满足简易洗消用水的水压及水量要求。

（2）风冷式柴油电站，水箱贮存 $2m^3$ 左右的柴油机冷却水，由柴油发电机操作人员人工为柴油发电机补充冷却水，图 6-2 所示为风冷电站重力供水示例。

（3）饮用水水箱，对于战时饮用水水量标准较低的人员掩蔽工程，可在水箱上设直接取水的龙头。

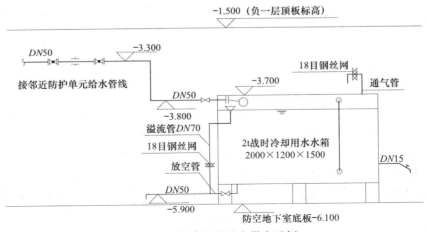

图 6-2　风冷电站重力供水示例

6.2 给水系统设计计算

6.2.1 生活用水量

防空地下室的平时用水量应根据工程平时的使用功能及现行国家标准《建筑给水排水设计规范》GB 50015—2003（2009 年版）中的有关规定确定。战时用水量应根据工程战时的使用功能及设计规范规定的用水量标准、贮水时间、保障人员数量等参数确定。

防空地下室战时给水系统与平时给水系统在用水量设计方面的主要区别是：

（1）战时用水量标准要比平时低很多。原因是在战时市政供水不能提供保障的情况下，依靠工程内贮水，受造价、占地面积等多方面因素影响，保障困难。对于人员掩蔽工程，只能解决人员基本生存用水问题，不保证用水的舒适度。战时用水量标准参见表 6-1。

战时用水量标准　　　　　　　　　　　　表 6-1

工程类别			用水量 [L/(人·d)]	
			饮用水	生活用水
医疗救护工程	中心医院急救医院	伤病员	4～5	60～80
		工作人员	3～6	30～40
	医疗救护站	伤病员	4～5	30～50
		工作人员	3～6	25～35
专业队队员掩蔽部			5～6	9
人员掩蔽工程			3～6	4
配套工程			3～6	4

（2）战时供水区分了生活用水与饮用水。原因是战时生活用水与饮用水的保障时间不同，在战争初期可保障基本的盥洗等生活用水，在后期只保障饮用水，不保障生活用水。战时各类防空地下室的贮水时间参见表 6-2。

战时各类防空地下室的贮水时间　　　　　　　表 6-2

水源情况			工程类别			
			医疗救护工程	专业队队员掩蔽部	人员掩蔽工程	配套工程
有可靠内水源	饮用水（d）		2～3			
	生活用水（h）		10～12	4～8		0
无可靠内水源	饮用水（d）		15			
	生活用水（d）	有防护外水源	3～7			
		无防护外水源	7～14			

（3）战时用水量计算要考虑防空地下室自备水源的情况。表 6-2 中有可靠内水源是指防空地下室清洁区内设有水源（如管井等），保障单个防护单元或类似于人防区域电站保障多个防空地下室。有防护外水源是指具有一定的防毒和防冲击波能力，独立设置在防空地下室外部的水源；无防护外水源是指无防毒、防冲击波能力的城市自来水水源。

根据防空地下室工程类别、战时掩蔽人数、战时用水量和贮水时间标准，防空地下室生活用水水箱（池）容积按公式（6-1）计算确定：

$$V_1 = \frac{q_1 \cdot n \cdot t_1}{1000} \tag{6-1}$$

式中　V_1——人员生活用水量，m^3；

　　　　q_1——战时人员生活用水量标准，L/（人·d）；

　　　　n——防空地下室内设计掩蔽的人数，人；

　　　　t_1——生活用水贮水时间，d。

　　饮用水水箱（池）容积按公式（6-2）计算确定：

$$V_2 = \frac{q_2 \cdot n \cdot t_2}{1000} \tag{6-2}$$

式中　V_2——人员饮用水量，m^3；

　　　　q_2——战时人员饮用水量标准，L/（人·d）；

　　　　n——防空地下室内设计掩蔽的人数，人；

　　　　t_2——饮用水贮水时间，d。

　　公式（6-1）、公式（6-2）是防空地下室给水设计的常用公式，使用中要注意正确理解各参数的含义，合理取值。工程类别即战时使用功能，由人防主管部门明确。战时掩蔽人数一般由建筑专业根据各防护单元的有效掩蔽面积测算。这两个水箱容积计算结果是有效容积，采用装配式水箱时，多数水箱模数为 1000mm×1000mm 或 1000mm×500mm，水箱上部的安全空间不应计入有效贮水容积。此外，在确定水箱平面尺寸时，还应充分考虑防空地下室内构造柱的限制。水箱宜布置在战时进风口附近，避免靠近战时干厕，以减少不洁净空气对水箱的污染。

　　物资库贮水量计算中，可按表 6-1、表 6-2 中的"配套工程"选定用水量标准和贮水时间；由于相关标准对物资库战时内部工作人员数量规定不太明确，一般按人数不超过 20 人设计。

　　【例 6-1】　某防空地下室战时设 2 个二等人员掩蔽防护单元，防护单元 A、B 战时掩蔽人数分别为 1100 人及 830 人，该防空地下室采用市政自来水作为水源，无自备内水源。试计算战时各防护单元生活用水、饮用水水箱有效容积。

　　【解】

　　根据防空地下室设计规范中战时人员用水量标准（见表 6-1）及各类防空地下室的贮水时间（见表 6-2），饮用水量标准为 3～6L/（人·d），取 5L/（人·d）；生活用水量标准为 4L/（人·d）。当采用市政自来水时，为无防护外水源，生活用水贮水时间为 7～14d，取 10d；饮用水贮水时间为 15d。

　　生活用水水箱有效容积根据公式（6-1）计算得：

$$V_{1A} = \frac{4 \times 1100 \times 10}{1000} = 44.0 m^3$$

$$V_{1B} = \frac{4 \times 830 \times 10}{1000} = 33.2 m^3$$

　　饮用水水箱有效容积根据公式（6-2）计算得：

$$V_{2A} = \frac{5 \times 1100 \times 15}{1000} = 82.5 m^3$$

$$V_{2B} = \frac{5 \times 830 \times 15}{1000} = 62.3 m^3$$

6.2.2 给水系统设计

平时给水系统的选择和设计应根据工程平时的使用功能及现行国家标准《建筑给水排水设计规范》GB 50015—2003（2009 年版）中的有关规定确定。

1. 取水龙头数量计算

战时饮用水给水系统设计一般按从水箱直接取水考虑。饮用水龙头数量可按掩蔽人员每 200～300 人设 1 个设计。对设计有开水供应的工程，宜设置具有稳压功能的增压供水装置。

生活用水龙头数量可按掩蔽人员每 150～200 人设 1 个设计。可在生活用水水箱上直接设水龙头，也可将水龙头接至战时盥洗间集中布置。

2. 设计秒流量

战时给水系统的设计秒流量宜按同时使用百分数计算：

$$q_g = \sum q_0 \cdot n_0 \cdot b \tag{6-3}$$

式中　q_g——给水管道的设计秒流量，L/s；

q_0——同类型的一个卫生器具给水定额流量，L/s；

n_0——同类型卫生器具数；

b——卫生器具的同时给水百分数，一般按以下几种情况考虑：

（1）二等人员掩蔽工程战时供水量标准低，盥洗间的给水龙头一般按集中定时供应用水考虑，卫生器具同时给水百分数宜按 100% 取值。其从饮用水水箱直接取水的龙头及管道，按 100% 取值。

（2）洗消设备的给水管道，按 100% 取值。

（3）其他性质的工程，大便器冲洗水箱取 50%，大便器自闭式冲洗阀取 10%，小便器自闭式冲洗阀取 20%，小便器（槽）自动冲洗水箱取 100%。

平战结合的工程，给水管道的设计首先应满足平时使用的要求。对于兼作战时给水管道的管段，按公式（6-3）进行校核计算。

3. 水箱设置要求

生活用水、饮用水水池（箱）的设置要求如下：

（1）必须设置在清洁区，以防止水质被空气中的核生化战剂污染。

（2）水池（箱）在受到与防空地下室设计的抗力等级一致的袭击时，不致产生裂缝渗漏。

（3）当饮用水和生活用水共用一个水池（箱）时，由于饮用水比生活用水的贮存保障时间长，因此应设有饮用水不被其他用水挪用的措施。即当生活用水停止供应时，要能继续保证饮用水的供应。一般采取的措施与民用建筑给水排水设计中，生活、消防共用一个水池时防止消防用水被动用的措施类似，常采取的措施有：

1）如为加压供水，可将饮用水和生活用水的取水口设在不同高度上，生活用水的取水口在上。当生活用水用完后，生活用水的取水口进气，因此水泵不能正常运转。

2）如为自流供水，可在水池（箱）里分别设置不同高度的取水管，上面为生活用水取水管，下面为饮用水取水管。当生活用水用完之后，即停止生活用水供应。

（4）保证贮水池内的水质：应注意避免形成水流流动的死角，并需注意消毒。特别是在临战时，对于由其他水池（如平时使用的消防水池）临时改变为战时生活饮用水水池的情况，必须临战前及时对水池进行清洗、消毒、更换新鲜自来水。战时利用平时使用的消防水池时，消防水池宜做防腐设计，如内贴瓷砖、喷树脂等，以便战时使用。

（5）二等人员掩蔽所内的水池（箱），当平时不用时，可在临战时构筑，但必须在工程施工时预留孔洞或预埋好进水、出水、溢流、放空等管道，并应有明显标识。同时还应有可靠的技术措施，能在战前规定的时间内构筑完毕。临战转换的时间短，应避免临战前构筑钢筋混凝土水池，宜采用装配式水箱。根据现代城市在大规模供水突发事故时的经验，应鼓励城市居民采取各种简便贮水容器临时贮水。

水池（箱）一般应设有进水管、出水管、溢流管、放空管、排气管和水位计等。

4. 增压设备

当防空地下室设有自备电站或由人防区域电站供电时，战时生活给水泵列为二级负荷，计入战时供电负荷中，供电有保障。战时防空地下室的加压供水方式宜结合平时的供水情况选择。如工程防护单元清洁区内设有平时供消防使用的气压供水设备或变频供水设备，战时宜对其进行转换，利用该类设备为战时的生活饮用水管道供水。如果平时利用城市自来水直接供水，无平时使用的、流量及扬程均合适的水泵利用，战时宜设置给水专用的增压水泵，临时增压供水。

对于规模较小的防空地下室，或在战时电源没有保证的防空地下室，除设电动给水泵外，宜增设手摇泵供水。

5. 水力计算

给水管网水力计算的主要内容是合理确定各管段的管径、水力损失和给水系统所需水压。

（1）确定给水管管径

根据流体力学的流量计算公式：

$$q = \omega \cdot v = \frac{\pi}{4} \cdot d_{\mathrm{j}}^2 \cdot v$$

可得到：

$$d_{\mathrm{j}} = \sqrt{\frac{4q}{\pi v}} \tag{6-4}$$

式中 q——管段设计秒流量，m^3/s；

d_{j}——管道计算内径，m；

v——流速，$\mathrm{m/s}$。

流速是按技术经济及环境允许噪声来选用的。一般生活给水管道公称直径 $DN = 15 \sim 20\mathrm{mm}$ 中水流速度宜 $\leqslant 1.2\mathrm{m/s}$；$DN = 20 \sim 40\mathrm{mm}$ 中水流速度宜 $\leqslant 1.5\mathrm{m/s}$；$DN = 50 \sim 70\mathrm{mm}$ 中水流速度宜 $\leqslant 1.8\mathrm{m/s}$；$DN \geqslant 80\mathrm{mm}$ 中水流速度宜 $\leqslant 2.0\mathrm{m/s}$。

（2）管网阻力损失计算

管道系统的阻力损失包括沿程阻力损失和局部阻力损失。沿程阻力损失是水流流经管道时与管壁摩擦产生的能量消耗。沿程阻力损失的计算公式为：

$$H_{\mathrm{f}} = i \cdot L \tag{6-5}$$

式中 H_{f}——计算管段的沿程阻力损失，kPa；

i——计算管段的水力坡度，即单位长度的阻力损失，$\mathrm{kPa/m}$；

L——计算管段长度，m。

一般采用查水力计算表的方式计算。局部阻力损失按沿程阻力损失的 $25\%\sim30\%$ 估算。

各类卫生器具的最低工作压力一般按 $5mH_2O$ 估算。

根据上述计算的设计流量、给水管道所需水压，即可选择增压水泵等设备。

第7章 排 水 系 统

7.1 排水分类及方式

防空地下室排水，按排水水质分为：生活污水、设备废水、洗消废水、消防废水、口部雨水等。按排水方式分为自流排水和压力排水。

防空地下室排水的基本方式是：各种污废水依靠重力自流进入防空地下室内部或口部的污废水集水坑；坑内污废水通过固定安装的水泵、移动式水泵或手摇泵，提升至防空地下室外部的雨、污水集水井。有些口部墙面、地面洗消废水的收集、排放，由于房间（空间）面积小，只设集水坑，不设排地面积水的地漏或清扫口；或者只设排水地漏或清扫口，不设集水坑，将排水管连接到附近房间（空间）的集水坑内。

当遇到防空地下室室内地坪高于工程外部的雨、污水排水管标高的特殊地形时，防空地下室内的排水可自流至室外雨、污水集水井，但生活污水管在室外要接至防爆化粪池再接入市政生活污水管，其他固体杂质较少的废水，其出水管上要增加水封井、消波井，以解决自流排水管的防毒、防爆问题。

7.2 污废水池与抽升设备

7.2.1 战时污废水池

1. 排水对气密性的影响

隔绝式通风方式是战时外界染毒且防空地下室滤毒设备不工作、不进新风的一种通风方式。为了有效防止工程外部有毒物质通过各种缝隙向工程清洁区内渗入，需保证防空地下室内有一定的超压，即工程内的气压略大于工程外的气压，即使工程围护结构有渗漏，也是清洁区的空气向工程外部渗漏，不会导致工程外部染毒空气向清洁区渗漏。为了不影响工程超压，要求隔绝防护时间内不得向外部排水。以下示例工程隔绝通风时，向外排水对工程超压的影响。

根据等温条件下的理想气体状态方程：

$$P_1 \cdot V_1 = P_2 \cdot V_2 \tag{7-1}$$

如某防空地下室，其内部清洁区空气的总容积 $V_1 = 2000m^3$，工程内部原气压为 $P_1 = 10mH_2O$，在隔绝防护时间内向外排出 $1.0m^3$ 污水。则防空地下室内空气的总容积增加 $1.0m^3$，$V_2 = 2001m^3$。排水后工程内的气压变为：

$$P_2 = \frac{P_1 \cdot V_1}{V_2} = \frac{10 \times 2000}{2001} = 9.995mH_2O$$

排水使防空地下室清洁区内的气压降低了 5mmH$_2$O（50Pa）。根据对大量已建防空地下室的气密性检测结果表明，由于通风管路系统、人防门、各类管道穿密闭墙处不易做到完全密闭等原因，维持 50～100Pa 的超压都有困难。如向外排水，则会对维持清洁区超压造成较大的影响。

2. 战时生活污水池

为了在隔绝防护时间内不向外排水，需要设置污水池收集在隔绝防护时间内产生的污水。战时生活污水池的有效容积应包括以下几部分：

（1）贮备容积

贮备容积 V_c 必须大于隔绝防护时间内产生的全部污水量的 1.25 倍，这是人防战技要求及防空地下室设计规范明确的要求。

生活污水采用污水泵排水或自流排水时：

$$V_c = k \frac{q \cdot n \cdot t}{24 \times 1000} (\text{m}^3) \tag{7-2}$$

式中　q——战时人员生活饮用水量，L/（人·d）；

　　　n——防护单元内的掩蔽人数，人；

　　　t——隔绝防护时间，h；

　　　k——安全系数，一般取 1.25。

使用公式（7-2）计算时需注意两点：

1）生活饮用水量中包括生活用水及饮用水；

2）选用战时生活饮用水量标准。

隔绝防护时间由通风专业提供，也可直接从防空地下室设计规范通风专业章节中查找，参见表 7-1。

战时隔绝防护时间和 CO$_2$ 允许含量　　　　　　表 7-1

工程类别	隔绝防护时间（h）	CO$_2$ 允许含量（%）
医疗救护工程、专业队队员掩蔽部、一等人员掩蔽所、食品站、生产车间、区域供水站	≥6	≤2.0
二等人员掩蔽所、电站控制室	≥3	≤2.5
物资库	≥2	≤3.0

（2）调节容积

调节容积 V_t 不宜小于最大一台污水泵 5min 的出水量，且污水泵每小时启动次数不宜超过 6 次，相当于水泵启动水位与停泵水位之间的容积。

（3）附加容积 V_f

为满足水泵设置、水位控制器、格栅等安装、检查的要求需要的容积，相当于水泵停泵水位以下的容积。

（4）保护容积 V_b

水池最高水位与水池所在地坪之间构成的容积。

战时生活污水池的总容积 V_w 按公式（7-3）计算：

$$V_w = V_f + V_t + V_b + V_c \tag{7-3}$$

图 7-1 所示为战时污废水池各部分容积关系，自下而上依次为：附加容积、调节容积、贮备容积、保护容积。

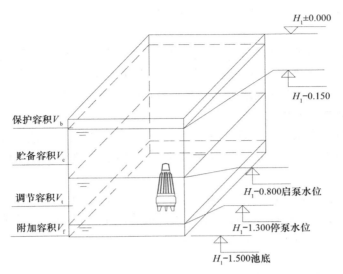

图 7-1　战时污废水池各部分容积关系

如无可靠措施进行临战前排空，则污水泵启泵水位以上的预留空间为贮备容积。如为了减少战时生活污水池的容积，同时有可靠的临战前排空措施，则平时可以利用贮备容积。即防空地下室设计规范第 6.3.5 条："贮备容积平时如需使用，其空间应有在临战时排空的措施"。此时，即将公式（7-2）计算出的贮备容积与调节容积计算的"最大一台污水泵 5min 的出水量"、"污水泵每小时启动次数不超过 6 次"这两个数据进行比较，取三者的最大值作为污水池的调节容积，不再单独考虑贮备容积。

如与平时使用的污水池共用，则需要避免污水池设计容积过大的情况。《建筑给水排水设计规范》GB 50015—2003（2009 年版）要求地下室"生活排水调节池的有效容积不得大于 6h 生活排水平均时流量"。有的防空地下室工程，污水池容积过大，污水停留时间过长，使得污水调节池变成了化粪池，容易产生厌氧反应、产生臭气，对室内空气质量产生较大影响。

当生活污水采用人工排水时（指空袭后，采用人工方式将污水排出），其所需的水池容积：

$$V_c = k\frac{q \cdot n \cdot t'}{24 \times 1000} (\text{m}^3) \tag{7-4}$$

式中　t'——隔绝防护时间和滤毒通风时间之和，其值由通风专业提供；

其他符号意义同前。

此时，$V_w = V_c$。

3. 设备废水池

清洁区的机械设备排水废水池，如空调机房凝结水集水池，其所需的水池容积：

$$V_c = Q_j \cdot t (\text{m}^3) \tag{7-5}$$

式中　Q_j——机械设备在隔绝通风时排入废水池的排水量，m^3/h。

　　　t——隔绝防护时间，h。

V_t、V_f 及 V_w 的计算方法同生活污水池。

非清洁区内的设备废水池，不需考虑水池所在空间的防毒问题，不需要考虑贮备容积。

战时洗消废水池，当安装固定泵时，不需要考虑贮备容积；当安装移动泵时，一般为手动控制水泵启动，最低应满足附加容积的要求。

4. 设内水源

防空地下室设计规范第 6.3.2 条规定："对于在隔绝防护时间内能连续均匀地向室内进水的防空地下室，方可连续向室外排水，但应设有使其排水量不大于进水量的措施"；第 6.3.7 条规定："当符合本规范第 6.3.2 条规定的排水条件时，生活污水集水池贮备容积，可减去隔绝防护时间内向外排出的污水量"。

如清洁区内自备内水源或人防区域水源，在隔绝防护时间内也能保证向防护单元清洁区内供水，则该防护单元的污废水池容积（m³），可减去隔绝防护时间内补入防护单元的总进水量（m³）。

消防排水收集池、雨水收集池等，均不需要在隔绝防护时间内使用，故不考虑贮备容积。

【例 7-1】 某防空地下室，战时为专业队队员掩蔽部，设一个防护单元，战时掩蔽人数为 400 人，试计算战时生活污水池贮备容积。

【解】

根据人防地下室设计规范中战时人员用水量标准（见表 6-1）及各类防空地下室的贮水时间（见表 6-2），专业队队员掩蔽工程，人员饮用水量标准为 $5 \sim 6L/(人 \cdot d)$，取 $5.5L/(人 \cdot d)$；生活用水量标准为 $9L/(人 \cdot d)$。查规范通风专业条文，战时隔绝防护时间（见表 7-1）为 6h。

将上述参数代入公式（7-2）得：

$$V_c = 1.25 \times \frac{(5.5 + 9) \times 400 \times 6}{24 \times 1000} = 1.81 \text{m}^3$$

7.2.2 消防排水

防空地下室设有消防给水系统时，应采取消防排水措施，并注意以下要点：

（1）基本要求

1）应满足系统调试和日常维护管理的消防排水需要；

2）应采取防范和控制因消防排水而产生次生灾害的措施。

（2）设置部位

1）消防水泵房；

2）设有消防给水系统的区域；

3）消防电梯的井底。

（3）防空地下室消防排水特殊要求：

1）室内消防排水宜排入室外雨水管道；

2）当存有少量可燃液体时，排水管道应设置水封，并宜间接排入室外污水管道；

3）防空地下室的消防排水设施宜与防空地下室其他地面废水排水设施共用；

4）室内消防排水设施应采取防止倒灌的技术措施。

（4）消防给水系统试验装置处应设置专用排水设施，排水管管径应符合下列规定：

1）自动喷水灭火系统等自动水灭火系统末端试水装置处的排水立管管径，应根据末端试水装置的泄流量确定，并不宜小于 $DN75$；

2）报警阀处的排水立管管径宜为 $DN100$；

3）减压阀处的压力试验排水管道直径应根据减压阀流量确定，但不应小于 $DN100$；

4）试验排水可回收部分宜排入专用消防水池循环利用。

（5）消防电梯的井底排水设施应符合下列规定：

1）排水泵集水井的有效容量不应小于 $2.00m^3$；

2）排水泵的排水量不应小于 $10L/s$。

7.2.3　抽升设备

防空地下室所选用的污水泵多是流量较小的泵，目前污水泵的新产品比较多，产品都较为成熟。污水泵的选用设计需注意以下几点：

（1）生活污水泵宜选用防堵塞性好的潜污泵。

（2）平时使用的污水泵应设有备用泵，启动方式宜采用自动启动方式。达到最低水位时停泵，达到最高水位时第一台泵启动。如流入水量超过单台污水泵的排水量，水位继续升高超过高水位时，第二台备用泵同时启动并发出报警。仅战时使用的污水泵，当工程未设战时三防自控系统时，一般采用手动控制；当工程设有战时三防自控系统时，宜采用自动控制。

（3）污水泵出水管上应设阀门、单向阀和可曲挠接头。

（4）当防空地下室战时没有可靠的电源，且污废水池的贮水量小于排入的总污废水量时，还应为电动排水泵设手摇泵，用于应急排水。当防空地下室战时有可靠的电源时，不需要设手摇泵。

（5）对于平时没有水排入，仅战时有污废水排入的污废水坑，其污水泵平时可不安装，置于仓库保管。或根据工程所在地人防主管部门有关"平战转换要求"确定。

（6）对于水库、水泵间设置的污废水集水坑，污水泵的排水能力应能满足水库、水箱进水管浮球阀失灵发生溢流时的排水需求，以防止溢流时造成工程淹水损失。

对于防空地下室口部外洗消废水的排除，当洗消废水集水池设计在防护密闭门以外时，设固定排水泵易受冲击波破坏，一般设计移动式排水泵排水。对于埋深较深、集水坑位置距离工程外部排水口较远的防空地下室，宜在防空地下室出入口外部的墙体内预埋排水管道，以便移动式排水泵接管后向外排水。

污水泵房还应设置排风设施，并采取必要的防潮、减振和隔声措施。

对于平时设有消火栓、自动喷水灭火系统的防空地下室，需设置大量的消防废水排水泵。其排水泵设置数量、排水能力，按平时使用功能考虑。对其中设置于战时厕所、盥洗间位置的平时消防废水排水泵，一般临战时转换为战时生活污水排水泵。

7.3　排水管道布置、敷设及附件选用

7.3.1　排水管道布置和敷设的一般要求

防空地下室内排水管道的布置和敷设应注意以下几点：

（1）排水管道的坡度、充满度和流速与《建筑给水排水设计规范》GB 50015—2003（2009 年版）的要求相同。对于铸铁管及钢管，可参照表 7-2 取值。

污废水管道坡度 表 7-2

管径（mm）	通用坡度	最小坡度
50	0.035	0.025
75	0.025	0.015
100	0.020	0.012
125	0.015	0.010
150	0.010	0.007
200	0.008	0.005

（2）卫生器具和用水设备的排水均应设水封，起到隔臭作用。

（3）埋在地面以下的排水管的直径要适当放大，以使排水通畅和方便疏通。

（4）排水管道在布置上尽量做到最短、避免多拐弯，接纳多个卫生设备排水的横管、竖管，均应在适当位置设置清扫口。防空地下室内部埋地排水管道上清扫口、检查口的设置要求参照《建筑给水排水设计规范》GB 50015—2003（2009 年版）的有关规定执行。

（5）尽量避免或减少排水管道与其他管道和设备的交叉敷设，如需交叉，一般是小管径的管道让大管径的管道，压力排水管道让重力排水管道。

（6）严禁排水管道穿越电器、通信设备房间及贵重电子设备的上方。

（7）排水管道不得布置在遇水会引起燃烧或爆炸等物品的上部。管道可能产生结露并污染下方物品时，要采取防结露措施。

（8）排水管道避免穿越伸缩缝或沉降缝，防止管道损坏。若需穿越，应采取允许变形措施。

（9）铸铁排水管道一般采用刚性连接，如明装的排水管与有振动的设备连接或管道经过振动地段时，排水管应采用柔性接口。

（10）排水管道排出带有腐蚀性的污水时，宜将排水管道敷设在管沟内，以便于检修。

（11）图 7-2 所示为上部建筑排水管敷设示例 1，当防空地下室上部建筑给水排水管道较多时，宜在地面建筑首层地板与防空地下室顶板之间设置夹层，以便于各类管道的敷设。图 7-3 所示为上部建筑排水管敷设示例 2，当仅个别上部建筑排水管道需要穿过防空地下室顶板，或下降至防空地下室顶板以下位置时，在结构上作局部处理。

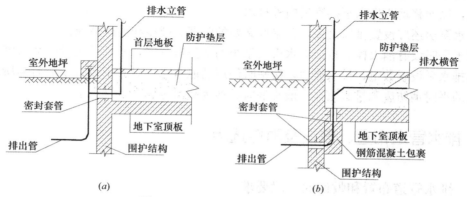

图 7-2 上部建筑排水管敷设示例 1

（a）上部建筑排水管走防护垫层；（b）上部建筑排水管局部走防空地下室

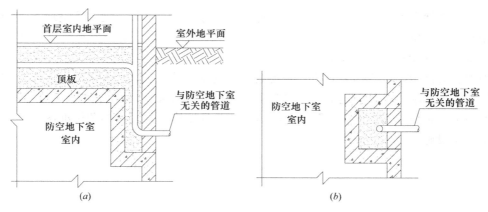

图 7-3　上部建筑排水管敷设示例 2
(a) 剖面图；(b) 平面图

（12）图 7-4 所示为底板下排水管道敷设。由于防空地下室底板中的钢筋较密，在底板中敷设的管道不宜太长，以免不好控制坡度。在结构底板下敷设时，要使用混凝土包裹排水管，管外壁包裹的混凝土厚度一般不小于 200mm，以加强管道的强度和整体性。若排水管道低于底板在 500mm 之内，则可与底板一起浇筑；若低于底板大于 500mm，则可与底板分开单独敷设。总体上，在底板下敷设管道时，施工工程量较大，应尽量避免。在设计中尽量将排水集水坑靠近用水点设置，以减少排水管的敷设长度。在底板中或底板下敷设的管道，不应采用橡胶圈、管箍及法兰连接。

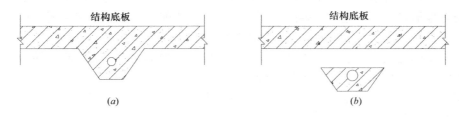

图 7-4　底板下排水管道敷设
(a) 结构底板下敷设的排水管示例 1；(b) 结构底板下敷设的排水管示例 2

7.3.2　排水附件

防爆地漏、防爆清扫口的结构及原理已在 5.3 节中介绍。本节重点介绍防爆地漏在收集消防废水中的特殊应用及存在的问题。

1. 防爆地漏

防空地下室设计规范第 6.3.15 条规定："对于乙类防空地下室和核 5 级、核 6 级、核 6B 级的甲类防空地下室，当收集上一层地面废水的排水管道需引入防空地下室时，其地漏应采用防爆地漏"。条文中所指的"地面废水"特指消防排水。其背景是当防空地下室及上一层地下室在平时使用中都存在消防废水排放问题时，如果严格执行规范第 3.1.6 条"与人防无关的管道不得引入防空地下室"，则上层的消防废水不得排入下层的防空地下室。由于防空地下室标高最低，不管上层是否设消防排水的收集系统，防空地下室均需设消防排水的集水坑及排水泵。因此，第 6.3.15 条的目的是减少上一层地下室消防废水集水坑、排水泵的设置数量，降低造价。

国内有关部门的试验结果表明，防爆地漏临战前关闭，能满足该条文设定的防护等级的防护及密闭要求。接防爆地漏的排水管上，为增加其可靠性，宜设置阀门。图 7-5 所示为防空地下室顶板预留孔洞安装防爆地漏示意图，具体施工方法可参照标准图集《防空地下室给排水设施安装》07FS02。

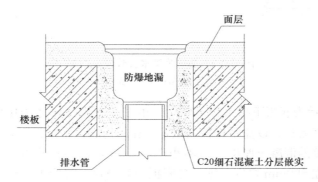

图 7-5　防空地下室顶板预留孔洞安装防爆地漏示意图

按照同样的推理，对于乙类防空地下室和核 5 级、核 6 级、核 6B 级的甲类防空地下室，为了减少口部集水坑及排水泵的设置，可以将平时排雨水用的、设于防空地下室口部以外的防爆地漏接至防空地下室内的口部集水坑。临战前，将防爆地漏关闭，可满足防爆及密闭的要求。该做法对于需要临战封堵的平时车库出入口口部更为有利，因为在出入口封堵阶段，车库通道仍可能有雨水排入，雨水泵设在防护单元内，无需临战转换，且受到防空地下室围护结构的保护，可正常运行。

上层的生活污水不得排入下层防空地下室。主要原因是污水管道临战前难以可靠、方便地转换至临战状态。

对于多层地下室，排除上一层口部墙面、地面的洗消废水的问题，为了减少洗消废水集水坑的设置数量，可以通过防爆地漏接至下一层防护单元以外的洗消废水集水坑，相当于 2 层共用外部洗消废水集水坑。这是一种"外—外"排水，都是排至室外的染毒区，不会影响到防空地下室内。墙面、地面的洗消废水是在战后排水，上层排洗消废水时，不影响下层战时功能的使用。这种设计方法，上层排入下层的排水立管，宜采用预埋在墙体中的施工方式。洗消废水的集水坑需加防护盖板。

上下层洗消间或简易洗消间位置对应时，上层人员洗消废水不得排入下层洗消间或简易洗消间；洗消间是在外部染毒时使用的，上层向下层排水，会造成相关干扰。

现有防爆地漏也存在一些缺点：

（1）反（逆）向防爆功能不可靠，目前在防空地下室设计中广泛应用到防爆地漏的逆向防爆功能，由于现有防爆地漏的钟罩、上盖板与地漏本体之间缺乏有效的固定措施，使其逆向防爆功能不可靠，因此需要对工程口部外的集水坑加防护盖板，增加了造价。

（2）钟罩式结构，其水封导致地漏排水的过流断面面积减小，影响排水流量；当需要满足一定的排水量时，需加大防爆地漏的尺寸，有的工程因此需要局部增加结构底板的厚度，增加了造价。

（3）现有防爆地漏安装于多层地下工程，排除上一层消防废水至下一层时，由于地漏水封平时缺乏补水机会，导致水封失效，存在火灾时上下层之间火灾烟气通过防爆地漏扩散的危险。

2. 清扫口

防空地下室中使用的清扫口，从使用目的上分两种：

（1）起普通清扫口的作用，安装于卫生器具排水横管的起始端，用于疏通管道。

（2）作为防爆地漏的替代品使用，当需要排水时，将清扫口打开，正常排水；当需要防护时，将清扫口关闭，起到防毒、防冲击波的作用。与防爆地漏相比，清扫口的使用方便性较差，不宜用于平时有排水需求的点。一般使用不锈钢或铜材质的清扫口。

7.4　透气管的设置

在防空地下室内，透气管的作用与地面建筑相同。但防空地下室有其特殊性。透气管的设置应注意以下几点：

（1）平时需要使用的生活污水池应设透气管，并接至室外、排风扩散室或排风竖井内，也可考虑将透气管与地面建筑的透气管连通；与工程外部连通不便时，透气管应接至厕所排风口。

（2）收集平时消防排水、空调冷凝水、地面冲洗排水的集水池，由于这类废水的污染程度低，排水收集方式一般是敞口式，不需要设透气管。设透气管还会增加穿防空地下室围护结构管道数量。

（3）仅战时使用的生活污水池由于战时的使用周期短，污水池的容积小，污水停留时间短，一般采取设置接至厕所排风口的透气管。该透气管不直接接至工程外部，是为了在满足一定的卫生与安全要求下，便于临战时的施工及管理，提高防护的安全性。如该透气管接至室外，临战时需要提前关闭，起不到室外透气管的作用。

（4）透气管的管径不宜小于污水泵出水管的管径，且不得小于 75mm。

（5）透气管穿过防空地下室围护结构的管段，应采用热镀锌钢管，并应在围护结构内侧设置公称压力不小于 1.0MPa 的铜芯闸阀，围护结构内侧距离阀门近端面不宜大于 200mm。

（6）由于透气管的防护阀门一般采用手动控制，平时使用的透气管，在临战前需要提前关闭。

7.5　排水管道的水力计算

一般防空地下室的排水系统比较简单，可按照卫生器具的最小排水管管径、标准坡度直接确定，参见表 7-3。

卫生器具的排水流量、当量和排水管管径、最小坡度　　　　表 7-3

序号	卫生器具名称	排水流量（L/s）	当量	排水管管径（mm）	最小坡度
1	洗涤盆、污水盆（池）	0.33	1.00	50	0.025
2	餐厅、厨房洗菜盆（池）				
	单格洗涤盆（池）	0.67	2.00	50	0.025
	双格洗涤盆（池）	1.00	3.00	50	0.025
3	盥洗槽（每个水嘴）	0.33	1.00	50~75	0.200
4	洗手盆	0.10	0.30	32~50	0.020
5	洗脸盆	0.25	0.75	32~50	0.020
6	浴盆	1.00	3.00	50	0.020
7	淋浴器	0.15	0.45	50	0.020
8	大便器				
	高水箱	1.50	4.50	100	0.012
	低水箱				
	冲落式	1.50	4.50	100	0.012
	虹吸式、喷射虹吸式	2.00	6.00	100	0.012
	自闭式冲洗阀	1.50	4.50	100	0.012
9	小便器				
	自闭式冲洗阀	0.10	0.30	40~50	0.020
	感应式冲洗阀	0.10	0.30	40~50	0.200
10	大便槽				
	≤4 个蹲位	2.50	7.50	100	
	>4 个蹲位	3.00	9.00	150	
11	小便槽（每米长）				
	自动冲洗水箱	0.17	0.50	—	
12	化验盆（无塞）	0.20	0.60	40~50	0.025
13	净身器	0.10	0.30	40~50	0.025
14	饮水器	0.05	0.15	25~50	0.010

设水冲厕所的防空地下室，生活污水管道的设计秒流量，可参照公式（7-6）计算。

$$q_p = \sum q_0 \cdot n_0 \cdot b \tag{7-6}$$

式中　　q_p——计算管段排水设计秒流量，L/s；

　　　　q_0——同类型的一个卫生器具排水流量，L/s，按照表 7-3 选用；

　　　　n_0——同类型卫生器具数；

　　　　b——卫生器具的同时排水百分数，参考取值如下：

（1）二等人员掩蔽工程，设盥洗间按 100% 取值。

（2）洗消设备的排水管道，按 100% 取值。

（3）其他性质的工程，高（低）位水箱大便器取 50%，自闭式冲洗阀大便器取 10%，自闭式冲洗阀小便器取 20%，自动冲洗水箱小便器（槽）取 100%。

（4）对接有大便器的排水管道，当按公式（7-6）计算结果小于 1 个大便器的排水额定流量时，按 1 个大便器的排水额定流量取值。

对于雨水截水明沟、消防废水排水沟及其他平时采用明沟排水的明渠，计算公式如下：

$$q_p = \omega \cdot v \tag{7-7}$$

式中　q_p——计算管段排水设计秒流量，m^3/s；

　　　ω——水流断面面积，m^2；

　　　v——流速，m/s。

$$v = \frac{1}{n} R^{\frac{2}{3}} \cdot i^{\frac{1}{2}} \tag{7-8}$$

式中　R——水力半径，m，为排水明沟几何断面面积（ω）与湿周（χ）的比值；

　　　i——明沟坡度。

对于压力排水管道，按给水管道的有关计算公式计算。

【例 7-2】　某防空地下室平时作汽车库使用，其消火栓、自动喷水灭火系统的设计流量分别为 10L/s、26L/s。汽车库地面在汽车停车位尾部车挡后侧，与车位垂直方向设消防废水截水沟。图 7-6 所示为截水沟剖面图。截水沟以 0.5％的坡度坡向消防废水集水坑。试校核计算截水沟的排水能力。

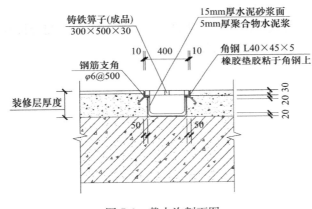

图 7-6　截水沟剖面图

【解】

截水沟有效排水深度、宽度分别按 0.12m、0.3m 计算。

$$R = \frac{\omega}{\chi} = \frac{0.12 \times 0.3}{0.12 \times 2 + 0.3} = 0.067 \text{m}$$

沟内壁粗糙度系数同水泥砂浆抹面，$n = 0.011$。

根据公式（7-8），沟内水流速度为：

$$v = \frac{1}{0.011} \times 0.067^{\frac{2}{3}} \times 0.005^{\frac{1}{2}} = 1.06 \text{m/s}$$

根据公式（7-7），截水沟排水能力为：

$$q_p = 0.12 \times 0.3 \times 1.06 = 0.038 \text{m}^3/\text{s} = 38 \text{L/s}$$

总消防用水量为 10＋26＝36L/s，截水沟能满足消防排水的要求。

7.6　干厕

防空地下室设计规范第 3.5.1 条规定："医疗救护工程宜设水冲厕所；人员掩蔽工程、

专业队队员掩蔽部和人防物资库等宜设干厕（便桶）；专业队装备掩蔽部、电站机房和人防汽车库等战时可不设厕所；其他配套工程的厕所可根据实际需要确定。对于应设置干厕的防空地下室，当因平时使用需要已设置水冲厕所时，也应根据战时需要确定便桶的位置。干厕的建筑面积可按每个便桶 $1.00\sim1.40m^2$ 确定。厕所宜设在排风口附近，并宜单独设局部排风设施。干厕可在临战时构筑"。

第 3.5.2 条规定："大便器（便桶）设置数量：男每 40～50 人设一个；女每 30～40 人设一个。水冲厕所小便器数量与男大便器同，若采用小便槽，按每 0.5m 长相当于一个小便器计"。

成品干厕目前主要用于野外施工作业、人员临时集会等场合，国内有专业厂家生产。用于防空地下室的优点是节水、减少臭气扩散。成品干厕能对粪便打包，可用人工外运。如果没有成品干厕，可采用简易便桶。由于多数防空地下室需要排出的污废水总量与战时生活用水、饮用水贮水量相近，利用人工抬出防空地下室不方便，一般应设生活污水池，由污水泵排出。战时干厕及盥洗间内，宜设置收集地面排水的地漏及排水管，将污废水排入就近的污水池，以便于地面清洁。

干厕设置位置及便桶数量由建筑专业设计，给水排水专业配合排水设计。当干厕附近设盥洗间时，再配合盥洗间给水排水设计。

第8章 洗消给水排水设计

8.1 洗消的任务

洗消给水排水系统是防空地下室特有的一套给水排水系统，也是与普通地下室给水排水系统的重要区别之一。按洗消对象分为人员洗消，墙面、地面洗消，车辆、设备、物资洗消3类。

防空地下室洗消给水排水系统的基本任务是：

（1）在外界染毒时，对需要进入防空地下室的人员进行洗消，保障受外界有毒物质污染人员的安全，同时防止人员将有毒物质带入工程的清洁区。

（2）对防空地下室战时的主要出入口的墙面、地面进行冲洗消毒，保障在外界警报解除后，工程内部人员能安全通过防空地下室出入口通道。

（3）对防空地下室进风系统的墙面、地面进行冲洗消毒，以便防空地下室的通风系统能安全地再一次进行清洁式通风。

（4）对染毒的车辆、设备和物资进行洗消。

（5）及时排除洗消废水，不得使洗消废水污染防空地下室清洁区。

表8-1列举了一些对人员、墙面、地面洗消后，允许的染毒浓度。

染毒允许浓度　　　　　　　　　　　　　　　　　　表8-1

类别	允许染毒浓度［蜕变数/(min·cm²)］	
	一般居民	孕妇及12岁以下儿童
人体皮肤（不含手）、内衣	3×10^3	6×10^2
手	3×10^4	6×10^3
炊具、餐具	5×10^2	
服装（不含内衣）、装备等	1×10^5	
地面、墙面	5×10^5	

洗消用水量应单独计算。洗消贮水仅考虑满足防空地下室受到一次核生化袭击需要的洗消用水量。洗消用水需要加压供应，宜与生活用水贮存在同一水箱中，以便利用生活供水系统的加压设备。当洗消用水与其他用水共用水箱时，应有洗消用水不被动用的措施。

8.2 人员洗消用水量计算

人员洗消方式分为全身洗消和局部洗消（简易洗消）两种，洗消方式及洗消人员百分数按表 8-2 确定。

人员洗消方式、洗消人员百分数　　　　表 8-2

工程类别	人员洗消方式	洗消人员百分数（%）
医疗救护工程	淋浴洗消	5~10
专业队队员掩蔽部	淋浴洗消	20
一等人员掩蔽所、食品站、生产车间、区域供水站	淋浴洗消	2~3
二等人员掩蔽所	简易洗消	—

淋浴洗消是一种全身洗消方式，洗消效果好，但用水量较大，供水要求较高；为保证淋浴用水的温度，一般需要设电热水器等水加热设备。

简易洗消是一种局部洗消方式，通过设在防毒通道内的洗脸盆等，对进入工程内人员的面部、手、脚等进行局部洗涤；洗消效果稍差，用水量较少。为提高洗消效果，可在洗消液中添加洗消药剂，使用的药剂一般为 2% 的小苏打溶液或 15% 的甲酚钠酒精溶液。简易洗消不供应洗消热水。

淋浴洗消间内淋浴器设置数量、人员洗消用水量、热水供应量应符合下列要求：

（1）淋浴洗消人数按防护单元内的掩蔽人数及洗消人员百分数确定。

（2）淋浴器的设置数量可按每只服务 15 人计算，洗脸盆的设置数量与淋浴器的数量相等。

（3）人员洗消用水量标准宜按 40L/（人·次）计算；淋浴器和洗脸盆的热水供应量宜按 320~400L/套计算；当人员洗消用水量大于洗消器具热水供应量时，热水供应量仍按洗消器具的套数计算。

为了便于建筑专业人员独立完成方案设计，淋浴器、洗脸盆的设置数量计算，在防空地下室设计规范建筑专业的第 3.3.23 条中给出，参见表 8-3。

淋浴器、洗脸盆数量及最大热水供应量　　　　表 8-3

工程类别	防护单元面积 $F(m^2)$	淋浴器和洗脸盆数量（套）	最大热水供应量（L）
医疗救护工程	—	2	640~800
专业队队员掩蔽部	$F \leqslant 400$	2	640~800
	$400 < F \leqslant 600$	3	960~1200
	$F > 600$	4	1280~1600
一等人员掩蔽工程	$F \leqslant 500$	1	320~400
	$500 < F \leqslant 1000$	2	640~800
	$F > 1000$	3	960~1200
食品站、生产车间	—	1~2	320~800

医疗救护工程人员淋浴洗消用热水温度宜按 37~40℃计算，其他工程人员淋浴洗消用热水温度可按 32~35℃计算。选用的加热设备应能在 3h 内将全部淋浴洗消用水加热至规

定的温度。淋浴洗消用水应贮存在口部房间或通道内。洗消废水不得与清洁区排放的污废水混合排放。人员简易洗消总贮水量宜按 $0.6\sim0.8\mathrm{m}^3$ 确定，可贮存在简易洗消间内或清洁区内，当简易洗消间集水池的容积大于洗消用水贮存量时，可不设洗消排水泵，外界警报解除后，采用移动泵排出洗消废水。

计算热水供应量时，一只淋浴器和一只洗脸盆计为一套。战时防空地下室内只贮存供洗消人员洗消一次的用水量，计算公式如下：

$$V = \frac{n \cdot b \cdot q}{1000} \tag{8-1}$$

式中　V——人员洗消用水贮水量，m^3/次；

　　　n——防空地下室战时掩蔽人数，人；

　　　b——洗消人员百分数，%；

　　　q——洗消用水量标准，40L/(人·次)。

简易洗消间内的洗脸盆也可用立式洗眼器代替。洗眼器是一种新型的安防设备，可采用脚踏或手推柄打开供水。有两个斜向上的出水口，出水高度和角度按照人的面部比例设计，便于对脸部进行快速冲洗，流量可在 $0.2\sim0.3$L/s 范围内调节，工作压力为 $0.2\sim0.4$MPa。

【例 8-1】　某人防专业队工程，战时掩蔽人数 210 人，试计算人员洗消用水贮水量。

【解】

人防专业队工程需洗消人员百分数为 20%，根据公式（8-1）得：

$$V = \frac{210 \times 0.2 \times 40}{1000} = 1.68\mathrm{m}^3$$

专业队队员掩蔽工程，掩蔽面积标准为 $3\mathrm{m}^2$/人，本工程掩蔽面积应不小于 $630\mathrm{m}^2$，根据表 8-3，应设 4 套淋浴器、4 套洗脸盆。

8.3　热水器选择计算

1. 耗热量计算

热水供应的热源有很多种，但在防空地下室中，最常用的是电热水器。根据电源保障情况及热水用水流量，可选择快速式电热水器或容积式电热水器。

热水器设计耗热量按公式（8-2）计算：

$$Q = q \cdot \rho_r \cdot (t_r - t_l) \cdot C \tag{8-2}$$

式中　Q——热水器设计耗热量，kJ；

　　　q——人员洗消用热水供应量，L；

　　　ρ_r——水的密度，kg/L；

　　　C——水的比热，4.187kJ/(kg·℃)；

　　　t_r——供应热水温度，℃；

　　　t_l——冷水温度，℃，应以当地最冷月平均水温资料确定。当无水温资料时，按表 8-4 确定。

冷水计算温度（℃）   表 8-4

区域	省、市、自治区、行政区		地面水	地下水	区域	省、市、自治区、行政区		地面水	地下水
东北	黑龙江、吉林		4	6～10	东南	江苏	偏北	4	10～15
	辽宁	大部	4	6～10			大部	5	15～20
		南部	4	10～15		江西、安徽大部		5	15～20
华北	北京、天津		4	10～15		福建	北部	5	15～20
	河北、西部	北部	4	6～10			南部	15～20	20
		大部	4	10～15		台湾		15～20	20
	内蒙古		4	6～10	中南	河南	北部	4	10～15
西北	陕西	偏北	4	6～10			南部	5	15～20
		大部	4	10～15		湖北、湖南	东部	5	15～20
		秦岭以南	7	15～20			西部	4	15～20
	甘肃	南部	4	10～15		广东、香港、澳门		15～20	20
		秦岭以南	7	15～20		海南		15～20	17～22
	青海	偏东	4	10～15	西南	重庆		7	15～20
	宁夏	偏东	4	6～10		贵州		7	15～20
		南部	4	10～15		四川大部		7	15～20
	新疆	北疆	5	10～11		云南	大部	7	15～20
		南疆	—	12			南部	15～20	20
		乌鲁木齐	8	12		广西	大部	15～20	20
	山东		4	10～15			偏北	—	7
	上海、浙江		5	15～20		西藏		7	5

2. 快速式电热水器耗电功率

快速式电热水器耗电功率，按公式（8-3）计算：

$$N = (1.10 \sim 1.20) \frac{3600q \cdot (t_r - t_1) \cdot C \cdot \rho_r}{3617\eta} \qquad (8\text{-}3)$$

式中　　N——电热水器耗电功率，kW；

q——热水流量，L/s；可根据卫生器具类型、数量、水温要求等确定；当 t_r 按混合后热水温度取值时，一个淋浴器的流量不小于 0.15L/s；

3617——热功当量，kJ/(kW·h)；

η——电热水器的热效率，一般为 0.95～0.98；

1.10～1.20——热损失系数；

其他符号意义同前。

【例 8-2】　某防空地下室，战时设 2 套淋浴洗消器具，设 2 台快速式电热水器，试计算每台快速式电热水器的功率。冷水计算温度 t_1 取 5℃，热水供应温度 t_r 取 32℃，电热水器的热效率取 0.95。

【解】

一个淋浴器的流量为 $q=0.15$L/s，根据公式（8-3），一台快速式电热水器为一个淋浴器供水，单台功率为：

$$N = 1.10 \times \frac{3600 \times 0.15 \times (32-5) \times 4.187 \times 1}{3617 \times 0.95} = 19.5\text{kW}$$

表 8-5 为不同冷水计算温度下，按本例题条件计算的单台快速式电热水器功率。

不同冷水计算温度下单台快速式电热水器功率计算结果　　　　表 8-5

冷水计算温度（℃）	电热水器功率（kW）	冷水计算温度（℃）	电热水器功率（kW）
4	20.3	10	15.9
5	19.5	15	12.3
7	18.1	20	8.7
8	17.4	22	7.2

从上述计算结果可以看出，在冷水计算温度较低的地区，防空地下室供电条件一般难以满足选用快速式电热水器的要求。

3. 容积式电热水器耗电功率

只在使用前加热，使用过程中不再加热时，按公式（8-4）计算：

$$N = (1.10 \sim 1.20) \frac{V \cdot (t_r - t_1) \cdot C \cdot \rho_r}{3617\eta \cdot T} \tag{8-4}$$

式中　V——电热水器容积，L；

　　　T——加热时间；

其他符号意义同前。

【例 8-3】　某防空地下室，战时设 2 套淋浴洗消器具，设 2 台容积式电热水器，试计算每台容积式电热水器的功率。冷水计算温度 t_1 取 5℃，热水供应温度 t_r 取 32℃，电热水器的热效率取 0.95，提前加热时间为 3h。

【解】

根据防空地下室设计规范第 6.4.2 条第 3 款：人员洗消用水量标准宜按 40L/（人·次）计算；淋浴器和洗脸盆的热水供应量宜按 320～400L/套计算；当人员洗消用水量大于器具热水供应量时，热水供应量仍按洗消器具的套数计算。

本例中未提供洗消人数条件，多数情况下，按需洗消人数计算的洗消用水总量会大于按淋浴器和洗脸盆套数计算出的洗消用水量，本例按每套淋浴器＋洗脸盆为一个计算单位，总热水供应量在 320～400L 范围内取值，取中间值 $V = 360L$。

根据公式（8-4）：

$$N = 1.10 \times \frac{360 \times (32 - 5) \times 4.187 \times 1}{3617 \times 0.95 \times 3} = 4.34 \text{kW}$$

从例 8-2、例 8-3 的计算结果可以看出，防空地下室洗消热水供应宜选择容积式电热水器。国内市场上符合该容积及功率条件的电热水器民用产品比较多，如 NP300 容积式电热水器参数如表 8-6 所示。

NP300 容积式电热水器参数　　　　表 8-6

项目	NP300-3	NP300-5	NP300-6	NP300-9	NP300-10
容量（L）	300	300	300	300	300
功率（kW）	3	5	6	9	10
电流（A）	4.5/12	7.5/20	9/24	13	15
电压（V）		380/220		380	

续表

项目	NP300-3	NP300-5	NP300-6	NP300-9	NP300-10
进水口径（mm）	$DN50$	$DN50$	$DN50$	$DN50$	$DN50$
出水口径（mm）	$DN50$	$DN50$	$DN50$	$DN50$	$DN50$
排污口径（mm）	$DN25$	$DN25$	$DN25$	$DN25$	$DN25$
工作压力（MPa）	0.6	0.6	0.6	0.6	0.6
外形尺寸（mm）	700×900×1400				

由于在使用过程中，电热水器可以继续加热，且使用时间一般按 1h 考虑。则在使用阶段，电热水器的选型中，在使用的 1h 内，理论上可继续产生的热水量按公式（8-5）计算：

$$V_1 = \frac{3617\eta \cdot N \cdot T_1}{(1.10 \sim 1.20) \times (t_r - t_1) \cdot C \cdot \rho_r} \tag{8-5}$$

式中　V_1——使用阶段电热水器加热的热水容积，L；

　　　　T_1——使用时间，h，一般取 1h；

其他符合意义同前。

根据公式（8-5），NP300 容积式电热水器在使用阶段（1h）可加热的热水量计算结果见表 8-7。

使用阶段 NP300 容积式电热水器能加热的热水量　　　　表 8-7

热水器型号	功率（kW）	1h 加热热水量（L）			
		32℃	35℃	37℃	40℃
NP300-3	3	83	74	70	64
NP300-5	5	138	124	116	106
NP300-6	6	165	149	139	127
NP300-9	9	248	223	209	191
NP300-10	10	276	248	233	213

从表 8-7 可以看出，NP300-5 型号容积式电热水器每小时加热至 32℃热水的能力达到 138L，能满足使用前 3h 将水加热至使用温度的要求，再考虑使用 1h 内继续加热的条件，累计能加热满足使用要求的热水：300＋138＝438L，大于需供应单套淋浴器＋洗脸盆共 400L 热水的需求。

8.4　墙面、地面洗消

1. 需洗消部位

当防空地下室外部被染毒，经过一段时间外部染毒基本消除后，防空地下室内掩蔽的人员需要返回地面。防空地下室的出入口位于室外地面以下，染毒物质容易聚集，不便于自然扩散与消除。

为便于工程内部掩蔽人员安全通过染毒的口部通道，需要提前对主要出入口的墙面、地面进行洗消。一次染毒过程结束后，防空地下室的进风系统已处于染毒状态，为了安全地进行下一次的清洁式通风，需要对防空地下室的进风系统进行彻底的洗消。洗消部位主要包括：进风竖井、进风扩散室、除尘室、滤毒室（包括与滤毒室相连的密闭通道）。

2. 洗消方法

洗消的方法主要是利用冲洗栓或冲洗龙头进行冲洗，也可用掺加化学药剂的水进行刷洗，一般可用 0.5%～3% 的洗衣粉水溶液或 1:4 的漂白粉水溶液，还可用 10%～20% 的氨水。

需洗消的墙、通道，其各个面都需要洗消。冲洗水量按 5～10L/m² 冲洗一次计算，即贮存的洗消水只保证需冲洗面积冲洗一次的洗消用水量。如需第二次冲洗，则需要再次对贮水设备补水。

需冲洗部位，应配备洗消用水冲洗软管，其服务半径不宜超过 25m，供水压力不宜小于 0.2MPa，供水管径不小于 20mm。冲洗设备的阀门，应设在防护密闭门以内，可用壁龛嵌在墙内，也可用地坑型设在地面以下，或设于不影响人员通行及门开启的其他位置。

对于规模较小的防空地下室，当主要出入口通道长度较短时，也可利用设在口部的供人员洗消的盥洗龙头作为墙面、地面的冲洗龙头。

3. 洗消用水量计算

墙面、地面洗消用水的贮水量，可按公式（8-6）计算：

$$V_x = \frac{q_x \cdot F}{1000} \tag{8-6}$$

式中　V_x——墙面、地面洗消用水量，m³；

q_x——墙面、地面洗消用水量标准，L/m²；

F——口部需洗消的墙面、地面面积，m²。

【例 8-4】　某防空地下室，设 1 个防护单元，战时为一等人员掩蔽工程。根据建筑条件图测算，战时需洗消的墙面、地面面积为 720m²，试计算战时墙面、地面洗消用水量。

【解】

防空地下室设计规范给出的墙面、地面洗消用水量标准为 5～10L/m²，取中间值 7.5L/m²；根据公式（8-6）：

$$V_x = \frac{7.5 \times 720}{1000} = 5.4 \text{m}^3$$

对于战时主要出入口为平时的汽车通道等需洗消面积很大的工程，如计算出的墙面、地面洗消用水量超过 10m³，为了减少洗消贮水容积，仍按 10m³ 设计。为了便于战时物资的安全出入，物资库的战时主要出入口也需要考虑洗消给水。

【例 8-5】　某防空地下室，设 1 个防护单元，战时为二等人员掩蔽工程，平时作汽车库使用。在临战前将汽车库出入口封堵，从侧面墙设战时人员主要出入口。图 8-1 所示为战时主要出入口平面图，根据建筑条件图测算，该口部需洗消的墙面、地面总面积为 900m²。战时次要出入口的进风系统需洗消面积为 550m²，试计算战时墙面、地面洗消用水量。

【解】

防空地下室设计规范给出的墙面、地面洗消用水量标准为 5～10L/m²，取中间值 7.5L/m²。需洗消面积 $F = 900 + 550 = 1450$m²。

根据公式（8-6）：

$$V_x = \frac{7.5 \times 1450}{1000} = 10.88 \text{m}^3$$

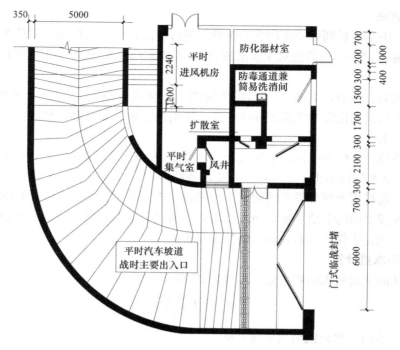

图 8-1 战时主要出入口平面图

洗消用水量大于 10m³。根据防空地下室设计规范第 6.4.3 条第 4 款的规定，贮水量取 10m³。在战时主要出入口通道洗消时，由于人行通道需要的幅宽小于平时汽车通道幅宽，因此可适当减小冲洗路幅宽度。

根据防空地下室设计规范的要求分析，对于战时主要出入口的排风竖井、排风扩散室及次要出入口防护密闭门外的通道，可不考虑在防空地下室内贮存这些部位的洗消给水，但要考虑这些部位的排水措施。规范是低标准要求，即认为这 3 个部位，在外界警报解除后，人员需要到达地面时，不影响人员向工程外疏散。其洗消问题由战后利用外部水源解决。

但在目前的实际设计中，由于这 3 个部位的面积相对较小，一般也将其洗消用水计入总用水量中。

4. 洗消排水

为便于上部建筑人员的安全疏散，防空地下室上部建筑有多个电梯井时，防空地下室往往设有多个密闭通道。不靠近进风机房且平时无需排水的密闭通道，可不考虑设置冲洗措施和洗消排水措施。该密闭通道的洗消问题战后考虑。如考虑专门的洗消排水措施，需增加洗消水集水坑。

需冲洗的部位，应考虑设置地漏、防爆地漏、清扫口、集水坑等排水措施。洗消水集水池不得与清洁区内的集水池共用。

（1）战时主要出入口

战时主要出入口的洗消排水设计应注意以下几点：

1）防护密闭门外应由建筑专业设置集水坑，用于收集防护密闭门外通道墙面、地面洗消废水。由于该集水坑处于防护区以外，所以不设固定排水泵，采用移动泵排水。一旦外界警报解除，同时通道又处于染毒状态时，为排除洗消废水，必须立即使用该排水泵。该排水泵应在临战前存放在工程战时主要出入口附近，同时要备好排水软管。电气专业也要在工程防护区域内预留好该排水泵的供电电源。该集水池容积不宜过大，不需要考虑贮备容积，能满足移动泵吸水即可，容积一般 $\geqslant 0.5m^3$。

2）洗消间内应设置集水池，用于收集人员洗消和工程内防毒通道、洗消间的墙面、地面冲洗废水。对于简易洗消间，集水池容积宜按 $1.0\sim1.2m^3$ 设计，既能贮存人员简易洗消的全部排水，又能贮存防毒通道的墙面、地面洗消排水，该集水池可采用移动泵排水。对于淋浴洗消，如设计的洗消用水量较大，一般应设固定排水泵及排水管道。设固定排水泵时，集水池的容积可适当减小，按调节容积计算。

3）对于排风竖井和排风扩散室的墙面、地面冲洗废水，宜在排风竖井和排风扩散室内设置防爆地漏，将冲洗废水排至防护密闭门外的集水坑；也可在排风竖井和排风扩散室内分别设集水坑收集废水，由移动泵排水。

（2）战时次要出入口

战时次要出入口的洗消排水设计应注意以下几点：

1）防护密闭门外通道由建筑专业设置集水坑，用于收集防护密闭门外通道墙面、地面洗消废水。移动泵的设置要求同战时主要出入口。

2）排除进风竖井和进风扩散室的墙面、地面冲洗废水，可在进风竖井和进风扩散室内设置防爆地漏，将冲洗废水排至防护密闭门外的集水坑。

3）排除防护密闭门以内的密闭通道、除尘室、滤毒室洗消废水，可在滤毒室、密闭通道内单独设洗消废水集水坑，但为了减少集水坑的设置数量，一般将这 3 个部位的洗消废水用防爆地漏或清扫口引接至防护密闭门以外的集水坑。

（3）物资库

由于物资库的主要出入口、次要出入口都设密闭通道，其口部的洗消排水，按上述战时次要出入口的设计方法设计。

当采用防爆地漏把密闭通道、除尘滤毒室、扩散室、进排风竖井的墙面、地面冲洗废水排至防护密闭门外的洗消废水集水坑时，该集水坑应设有在冲击波作用下不被破坏的防护盖板。这是对目前防爆地漏逆向作用不能确保可靠的一种额外保护措施。如采用直通式结构的双向防爆地漏，可取消该集水坑的盖板。

柴油电站的发电机房允许染毒，其洗消用水可不考虑在防空地下室内贮存，可考虑战后采用外部水源进行冲洗。

8.5　典型口部洗消给水排水设计

口部洗消给水排水设计是防空地下室给水排水设计的难点之一，应注意以下几个方面：

（1）合理设置人员洗消和墙面、地面洗消的洗消废水集水坑；

（2）合理设置地漏或防爆地漏；

（3）合理布置排水管。

1. 淋浴洗消间

图 8-2 所示为淋浴洗消间平面布置示例，战时为人防专业队队员掩蔽部主要出入口，

洗消间由脱衣室、淋浴室、穿衣检查室 3 部分组成。第一防毒通道、脱衣室、穿衣检查室、第二防毒通道内设置的排水地漏，专用于墙面、地面洗消时排水。第一防毒通道、脱衣室内的地漏选用了防爆地漏，主要考虑到淋浴室与脱衣室之间安装的是密闭门，两侧在超压排风时存在 $100\sim200Pa$（$10\sim20mmH_2O$）的压差，如采用普通水封地漏，可能存在水封破坏的危险；该地漏在战时人员出入和淋浴洗消时，无需使用，可使其处于关闭状态。

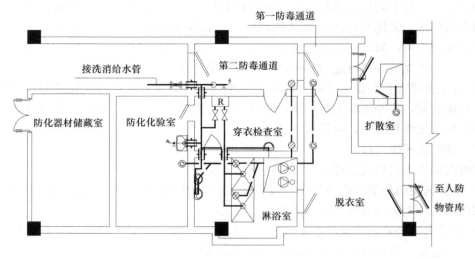

图 8-2　淋浴洗消间平面布置示例

防化化验室已处于清洁状态，但产生的废水可能染毒，可相对集中收集后，通过防爆地漏排入淋浴室的洗消废水集水坑，不排水时，地漏关闭。

图 8-2 中防护密闭门以内的 3 个防爆地漏，也可选用深水封地漏。当水封深度达到 $50mmH_2O$ 以上时，能保证防毒的要求。

扩散室及防护密闭门外通道的墙面、地面洗消废水，排入防护密闭门外的洗消废水集水坑，由移动泵排出。

2. 简易洗消间

简易洗消间可设在战时主要出入口的防毒通道内（通道适当加宽）或通道一侧。洗消废水不得回流至工程的清洁区内，防止对清洁区造成污染。洗消废水应单独收集和排出。

图 8-3 所示为简易洗消间示例 1，图中保留了该口部战时通风的管道，以便对口部各专业的设计方法有更全面的了解。该简易洗消间通过防毒通道加宽设置，设有洗消废水集水坑。当该集水坑有效容积≥$0.8m^3$ 时，理论上能贮存全部的人员洗消废水，可不设固定排水泵，战时由移动泵排水。洗消间内的给水龙头可兼顾人员简易洗消及墙面、地面洗消。

战时主要出入口又是平时的汽车库出入口，设有雨水截水沟，需要设固定安装式水泵排雨水。该集水坑可兼作战时主要出入口通道外墙面、地面洗消废水的集水坑。

图 8-4 所示为简易洗消间示例 2，洗消间内设取水龙头，该龙头兼作人员洗消取水及口部冲洗取水。人员洗消废水排入洗消间内集水坑，该坑容积为 $1m^3$，能贮存战时人员洗消的全部设计用水量，其排水在战后由移动泵排出。洗消间及防毒通道内墙面、地面洗消废水排入洗消间内集水坑。防护密闭门以外的通道洗消废水，排入口部外楼梯间下方集水坑，该坑平战结合使用，平时兼排雨水及消防废水。

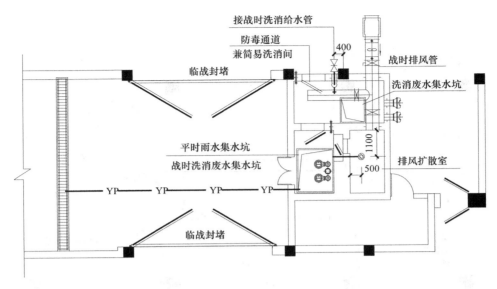

图 8-3　简易洗消间示例 1

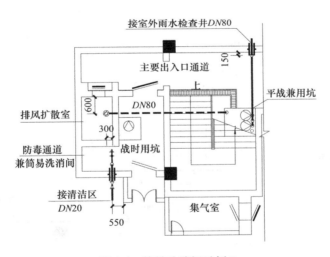

图 8-4　简易洗消间示例 2

图 8-5 所示为两个防护单元共用汽车坡道作战时主要出入口，在大型防空地下室设计中较为常见。与图 8-4 相比，其特点是口部外集水坑兼作两个防护单元战时主要出入口的洗消废水集水坑，同时又兼作平时的汽车坡道雨水集水坑。其坑的容积及排水泵选型，以满足平时使用要求进行设计。防毒通道一侧的平时集气室、平时进风机房均是平时使用；在战时，该集气室入口上安装的防护密闭门及密闭门均关闭，这类房间不需要考虑战时洗消。

3. 次要出入口口部

图 8-6 所示为次要出入口给水排水平面图示例，其中排水地漏均为防爆地漏。该除尘室的油网过滤器为墙式安装，油网过滤器两侧（除尘前室与除尘后室）地面均需安装排水地漏。洗消废水排至出入口外洗消废水集水坑。

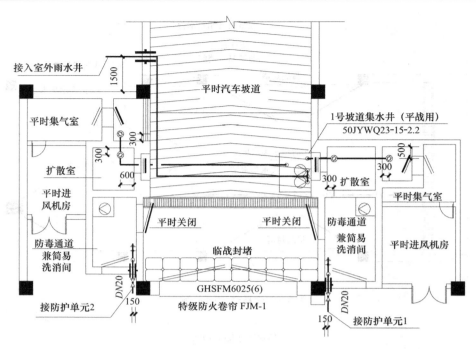

图 8-5　两个防护单元共用汽车坡道作战时主要出入口

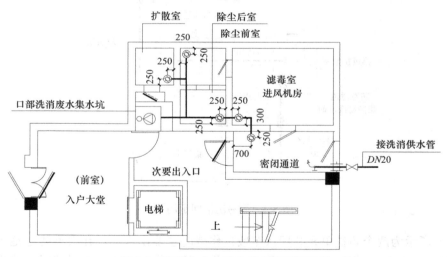

图 8-6　次要出入口给水排水平面图示例

4. 多层防空地下室口部

图 8-7 所示为上下层口部洗消间对称布置给水排水平面图，图中保留了该口部战时通风的管道。图中负一层 A、B 两个防护单元的简易洗消间内设独立的洗消废水集水坑（1、2 号），其排水在战后由移动泵排出。负一层口部扩散室的洗消排水，由防爆地漏引入负二层洗消废水集水坑（4、5 号），其排水立管入墙体内。负二层 C、D 两个防护单元的简易洗消间内设独立的洗消废水集水坑（3、6 号），设固定泵排水。图 8-8 所示为负二层 3、4 号洗消废水集水坑排水系统图，图 8-9 所示为负二层 5、6 号洗消废水集水坑排水系统图。

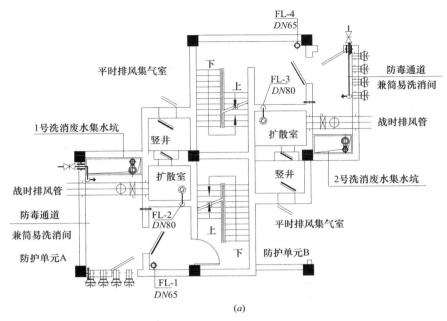

(a)

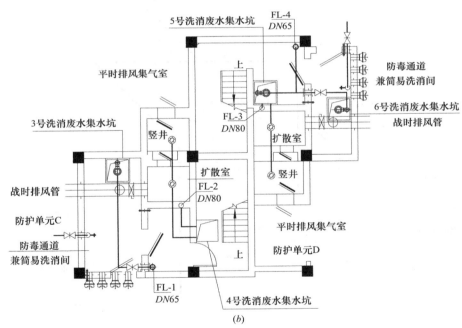

(b)

图 8-7　上下层口部洗消间对称布置给水排水平面图

(a) 负一层 A、B 防护单元口部；(b) 负二层 C、D 防护单元口部

5. 物资库口部

　　物资库工程的物资储存区，需要维持非染毒状态，在战时外部染毒时，人员不进出工程。物资库战时通风仅包括清洁式通风和隔绝式通风，在外部染毒时，关闭口部的防护密闭门及密闭门。战时物资库内部可能有少量管理人员，一般按 20 人进行设计，其供水保障参照人员掩蔽工程。由于内部空间较大，可以维持较长时间的隔绝通风时间。

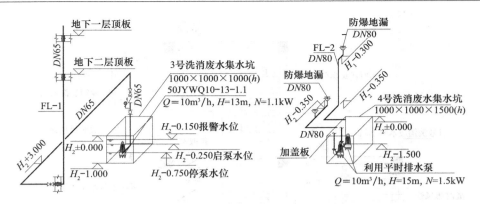

图 8-8 负二层 3、4 号洗消废水集水坑排水系统图

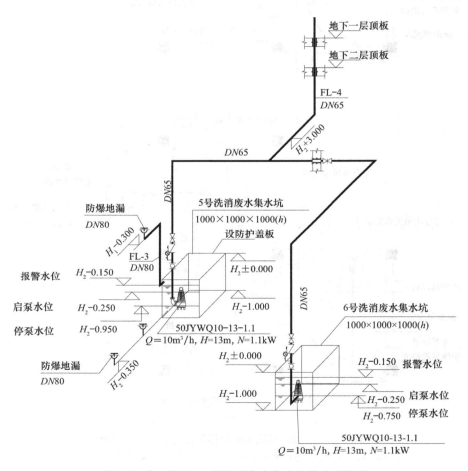

图 8-9 负二层 5、6 号洗消废水集水坑排水系统图

　　在外部染毒消除后，需要对其出入口进行洗消。其口部洗消给水排水设计与人员掩蔽工程的密闭通道洗消做法相同。图 8-10 所示为物资库口部给水排水图示例，其给水接自内部洗消给水设施，排水一般由防爆地漏排入工程口部外的洗消废水集水坑。该洗消废水由战时的移动泵排水或利用平时排水需要安装的固定泵排水。

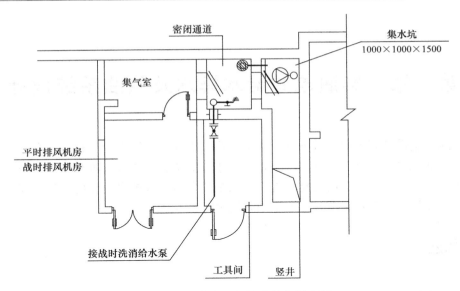

图 8-10　物资库口部给水排水图示例

第9章 柴油电站给水排水及供油系统设计

防空地下室设计规范规定救护站、防空专业队工程、人员掩蔽工程、配套工程等防空地下室建筑面积之和大于 5000m² 时应在工程内部设置柴油电站。随着大体量防空地下室建设越来越多，柴油电站建设已比较常见。除柴油电站给水排水设计内容外，建筑设计院按照传统专业划分，多数将电站供油也划归给水排水专业设计。

9.1 概述

9.1.1 柴油发电机组

柴油发电机组是内燃发电机组的一种，是以柴油机为原动机，拖动同步发电机发电的一种电源设备。柴油发电机组由柴油机、三相交流同步发电机和控制系统 3 部分组成。又细分为底座、柴油发动机、底座油箱、发电机组、控制器（起到控制的作用，也起到保护机组的作用）、散热器、静音箱等部件。

1. 柴油发电机组分类

柴油发电机组按其结构形式、控制方式和保护功能等不同，可分为：

（1）基本型机组

由柴油机、封闭式水箱、油箱、消声器、交流同步发电机、励磁电压调节装置、控制箱（屏）、联轴器和底盘等组成。机组具有电压和转速自动调节功能。通常作为主电源或备用电源。

（2）自启动机组

该机组是在基本型机组的基础上增加自动控制系统，具有自动化的功能。当外电源（市电）突然停电时，机组能自动启动、自动进行开关切换、自动运行、自动送电和自动停车；当机油压力过低、机油温度或冷却水温度过高时，能自动发出声光报警信号；当机组超速时，能自动紧急停机进行保护。

（3）微机控制自动化机组

机组由性能完善的柴油机、三相无刷同步发电机、燃油自动补给装置、机油自动补给装置、冷却水自动补给装置及自动控制屏组成。自动控制屏采用可编程控制器 PLC 控制。除了具有自启动、自切换、自投入和自停机等功能外，还配备了各种故障报警和自动保护装置。此外，它通过 RS232 等通信接口，与主计算机连接，进行集中控制，实现遥控、遥信和遥测，做到无人值守。

柴油机是目前热效率最高的热力发动机，其有效热效率为 $30\%\sim46\%$，高压蒸汽轮机为 $20\%\sim40\%$，燃气轮机为 $20\%\sim30\%$。柴油机一般为四冲程、水冷、中高速内燃机，燃用不可再生的柴油。柴油机的排放物主要为 NO_x、CO、HC（烃类化合物）、PM（颗粒）等，污染环境，排气噪声较大。但与其他发电形式相比，其具有建设与综合成本最低的优势。

2. 相关标准

国家及行业对柴油发电机组的相关标准：

（1）噪声

在距柴油机机组和发动机机体 1m 处的噪声声压平均值：

≤250kW，≤102dB（A）；

＞250kW，≤108dB（A）。

（2）燃油消耗率

机组额定功率在 120kW＜P_H＜600kW 范围内，燃油消耗率≤260g/（kW·h）。

（3）机油消耗率

机组额定功率＞40kW，机油消耗率≤3.0g/（kW·h）。

柴油机的润滑油是在机内不断循环使用的，其消耗的原因主要是：柴油机在运转时润滑油经活塞窜入燃烧室或由气阀导管流入气缸内烧掉，未烧掉的则随废气排出。另外，有一部分润滑油由于在曲轴箱内雾化或蒸发，而由曲轴箱通风口排出。实际消耗率在 0.5～4.0g/（kW·h）。

机组应能在额定工况下正常连续运行 12h（其中包括过载 10% 运行 1h），且机组无漏油、漏水和漏气现象。200kW 以上的机组应为智能型机组。

3. 供油系统

柴油发电机组的供油系统由输油泵、燃油滤清器、喷油泵、调速器、喷油器及燃油管路等零部件组成。柴油机工作时，输油泵从燃油箱吸取燃油，送至燃油滤清器后进入喷油泵。燃油压力在喷油泵内被提高，按不同工况所需的供油量，经高压油管输送到喷油器，最后经喷油孔形成雾状喷入燃烧室内。输油泵供应的多余燃油经燃油滤清器的回油管返回燃油箱中，喷油器顶部回油管中流出的少量燃油也回流至燃油箱中。

9.1.2 柴油发电机组的热平衡

1. 燃烧热值

柴油是轻质石油产品，复杂烃类（碳原子数约 10～22）混合物，为柴油机燃料。主要由原油蒸馏、催化裂化、热裂化、加氢裂化、石油焦化等过程产生的柴油馏分调配而成；也可由页岩油加工和煤液化制取。与汽油相比，柴油能量密度高，燃油消耗率低。柴油机较汽油机热效率高，功率大，燃料消耗低，比较经济。油料贮存时，柴油的挥发性比汽油低，在防空地下室中贮存更加安全。

根据《综合能耗计算通则》GB/T 2589—2008，柴油的发热量取 42652kJ/kg。在柴油电站余热量、冷却水用量等相关计算中，基本的依据是柴油发电机组消耗的燃油量及其燃烧的总热值。柴油机的有效效率也是柴油机的有效热效率，是指燃料燃烧放出的热量转化为有效功的比例。

2. 柴油发电机组的热平衡

柴油发电机组的热平衡是指柴油在柴油机中燃烧产生热量的分配情况，可以通过柴油发电机组的热平衡试验测量得出结果。柴油发电机组的热平衡可以用公式（9-1）表示。

$$Q_T = Q_e + Q_1 + Q_y + Q_q \qquad\qquad (9\text{-}1)$$

式中　Q_T——柴油燃烧所放出的热量，kJ/h；

　　　Q_e——转化为有效功的热量，kJ/h；

　　　Q_1——气缸冷却被冷却介质（水或空气）带走的热量，kJ/h；

　　　Q_y——烟气带走的热量，kJ/h；

　　　Q_q——其他热量损失，kJ/h。

从公式（9-1）可以看出，柴油燃烧产生的热量分配为以下 4 个部分：

（1）转化为有效功，对柴油发电机组就是转化为电能，一般占比 30%～40%；

（2）传递给冷却介质，对水冷式柴油机组，即传递给冷却水，柴油机组的冷却水系统应能将这部分热量带走，一般占比 25%～35%；

（3）柴油机烟气带走的热量，一般占比 35%～40%；

（4）其他热量损失，主要是辐射到机房的热量；为保持机房的正常空气温度，需要对机房进行通风降温处理，从而带走这部分热量，一般占比 5%。

9.1.3　柴油机润滑系统

在柴油机中需要润滑的主要零件有主轴承、连杆轴承、凸轮轴承、活塞和气缸等。润滑系统的作用是：

（1）向摩擦零件供给干净的、具有一定黏度的润滑油，保持两两相对运动零件的液体摩擦，避免干摩擦，减少磨损并降低消耗在摩擦上的功率；

（2）带走摩擦时产生的热量和金属屑；

（3）在某些柴油机中还有用润滑油冷却活塞的任务。

柴油机的润滑方式，根据柴油机的类型、使用条件和润滑部位的不同，润滑油送至摩擦表面的方式有飞溅润滑、压力循环润滑、用注油器注油润滑等。按照润滑油大量贮存部位的不同，润滑油循环系统分为干曲轴箱式和湿曲轴箱式。图 9-1 所示为干曲轴箱式润滑油系统。如取消油箱 1，加大柴油机底部贮存容积即为湿曲轴箱式润滑油系统。

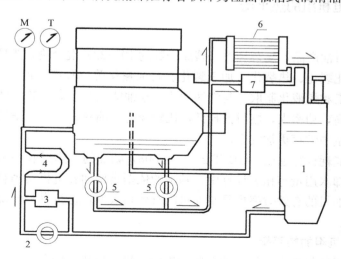

图 9-1　干曲轴箱式润滑油系统

1—油箱；2—供油泵；3—定压阀；4—滤清器；5—抽油泵；6—润滑油冷却器；7—旁通阀

该系统有独立的润滑油箱 1，可贮存较多的润滑油，布置位置比湿曲轴箱式自由。当柴油机工作时，润滑油供油泵 2 从油箱吸油，通过油管不断输送到各摩擦表面。

为了保证油管内的正常压力，安装有定压阀 3，通过调节该阀来控制主油管内的最高压力，一般在 0.3～0.9MPa。

滤清器 4 用来过滤润滑油中的杂质，将清洁的润滑油输送至各摩擦表面，减少柴油机各部件的磨损和延长润滑油的使用期限。

现代柴油机中，各受力零件的单位荷载很高，润滑各摩擦表面的润滑油受热很大，温度很高，必须对润滑油进行强烈的冷却，系统中需要润滑油冷却器 6。当柴油机刚启动时，润滑油温度较低，不需要冷却，这时从柴油机底部存油部位，由抽油泵 5 抽出的润滑油可不经过冷却器，而从旁通阀 7 回到油箱 1。根据柴油机负荷及润滑油的温度，有的可以自动地控制旁通阀的开度大小或全关，从而达到对润滑油的适当冷却，使润滑油的温度保持在一定的范围。

润滑各摩擦表面之后的润滑油都回到油底壳，然后由抽油泵 5 将其抽出送至油箱 1。

监视润滑油系统的状态，对保证柴油机的正常工作极为重要。主油管上装有压力表 M，以便测量润滑油的压力。润滑油的温度用温度表 T 测量，它的传感器通常接在回油管上。

为了防止启动时各运动部件之间可能产生干摩擦，启动前用手摇泵或电动泵将润滑油预先供入主轴承等各摩擦表面。

9.1.4　柴油机内部冷却系统

柴油机工作时，燃料在汽缸里燃烧产生大量的热，使缸内气体温度高达约 1900～2500℃，燃料燃烧所放出的热量大约有三分之一被柴油机零部件吸收。这样，直接与高温气体接触的机件（如汽缸套、汽缸盖、活塞、气门等）受热后若不及时加以冷却，则其中的运动机件将可能因受热膨胀而破坏正常间隙，或因润滑油失效而卡死。各机件也可能因高温而导致其机械强度降低甚至损坏，并且导致汽缸充气量减少和燃烧不正常。因此，为保证内燃机正常工作，必须对这些在高温条件下工作的机件加以冷却。但也不能冷却过度，如果柴油机温度太低，会导致燃油经济性差，燃烧过程的效率低，积炭增加，功率输出会减小，燃油燃烧不完全，污染环境。

为防止柴油机工作中各零部件因温度过高而损坏，必须对汽缸盖、活塞、汽缸套、气门等零件进行冷却。根据冷却介质的不同，柴油机分为水冷式柴油机和风冷式柴油机。

1. 水冷式柴油机

图 9-2 所示为水冷式柴油机强制循环水冷系统原理图，柴油机汽缸盖和汽缸体中都铸有冷却水套。水泵 5 从散热器底部抽冷却液，经加压以后通过分水管 10 进入汽缸体水套，冷却液在流动的同时吸收汽缸壁的热量，温度升高，然后流入汽缸盖水套 7，经节温器 6 及散热器进水管进入散热器 2。与此同时由于风扇 4 的旋转抽吸，空气从散热器芯吹过，使流经散热器芯的冷却液的热量不断散发到大气中去，温度降低。最后又经水泵加压后再一次流入汽缸体水套，如此不断循环，柴油机得到不断冷却。柴油机转速升高，水泵和风扇的转速也随之升高，冷却液的循环加快，风扇流量加大，散热能力加强。为了使多缸柴

油机前后各缸冷却均匀，一般柴油机在汽缸体水套中设置有分水管或配水室。分水管是一根金属管，沿纵向开有若干出水孔，离水泵越远出水孔越大，这样就可以使前后各缸的冷却强度相近，从而使整机冷却均匀。

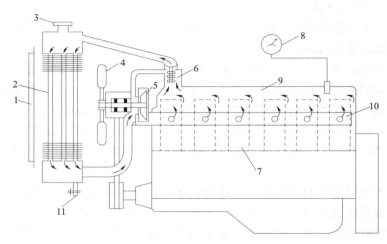

图 9-2　水冷式柴油机强制循环水冷系统原理图

1—百叶窗；2—散热器；3—散热器盖；4—风扇；5—水泵；6—节温器；
7—汽缸盖水套；8—水温表；9—机体水套；10—分水管；11—放水阀

根据柴油机类型的不同，机油冷却器有水冷却和风冷却之分。机油冷却器如是水冷式的，从水泵 5 送出的冷却液，先流经机油冷却器，再流经汽缸。

在地面使用的 135 系列柴油机及防空地下室风冷式柴油电站，柴油机多数采用图 9-2 所示的水冷却系统。其特点是柴油机冷却水为闭式循环，消耗水量较少，可保持冷却水的清洁，容易控制进水温度，使内燃机工作稳定，并且得到较好的经济性。但结构较复杂，还需要消耗部分功率来驱动风扇。

（1）节温器

节温器是冷却系统最重要的部件，起着保持柴油机冷却水处于最有效温度的作用。当柴油机刚启动时冷却水温度较低，节温器就保持关闭。冷却水流过旁通管并回到水泵中，使冷却水在柴油机中循环。当冷却水变热时，节温器逐渐地打开，使热的冷却水流向散热器。节温器能根据冷却水的温度，自动调节开启度，改变冷却水的循环途径，这有利于柴油机保持在最适合的工作温度。

水冷系统还设置有水温传感器和水温表，水温传感器安装在汽缸盖出水管处，将出水管的水温传给水温表。操作人员可借助水温表随时了解水冷系统的工作情况，正常工作水温一般在 70～90℃ 之间。

（2）冷却液与防冻液

柴油机使用的冷却液应该是清洁的软水。如果使用硬度高的水，其中的矿物质在高温时，在管道、水套和散热器芯中结垢，会降低散热能力，使柴油机过热。对硬度较高的水，需经软化处理后，方可加入冷却系统使用。

在寒冷地区，柴油机不使用时，冷却系统内的水会结冰，可能会导致散热器、汽缸体和汽缸盖胀裂，因此需要放掉冷却水。为了防止零件胀裂，减少放水和加水的工作，可采用冰点低的防冻液作为冷却介质，通常是在冷却水中加入适量的乙二醇或酒精，配成防冻液。如冰点为－10℃的防冻液，其中乙二醇占 26.4%，水占 73.6%。

2. 风冷式柴油机

风冷式柴油机为空气直接强迫冷却，无水泵、水管、水箱等部件，汽缸体和汽缸盖为分体式，无冷却水夹层，结构简单、体积小、重量轻。风冷式柴油机的汽缸盖外表面上有散热片或肋片，这些散热片被直接铸到汽缸体和汽缸盖上。散热片增加了汽缸体与空气的接触面，从而增加了用于热传导的能力。燃烧产生的热量从柴油机内部通过传导传递给外部散热片，将热量散发到通过的空气中。

冷却风扇位于两排汽缸中间，由汽缸盖、汽缸体、机油冷却器、前后挡板和顶盖板等构成风压室。在汽缸盖和汽缸体的背风面设有挡风板，用来调节风量的分配。冷空气经冷却风扇增压后进入风压室，再由风压室流过各个需要冷却的零部件表面。由于各个零部件的通道阻力不同，因此流过的风量有多有少，以保证其适度而可靠的冷却。

风冷式柴油机具有以下特点：

(1) 不用冷却液，无漏水、冰冻、结垢等故障，使用维修方便。

(2) 零件少、结构简单、重量轻。

(3) 因其工作温度较高，缸套散热片的平均温度一般为 150～180℃，柴油机与空气之间传热温差较大，风冷系统的散热能力对大气温度变化不敏感。因此，风冷式柴油机在严寒、酷热和缺水地区使用具有很大的优越性。

(4) 启动后暖机时间短。

(5) 由于没有水套吸声，再加上高速风扇的噪声以及散热片和导风装置振动的噪声，所以运转时风冷式柴油机噪声较大。

(6) 由于金属与空气的传热系数大大低于金属与水的传热系数，所以风冷式柴油机热负荷较高，不如水冷式柴油机工作可靠。

(7) 由于热负荷较大，充气系数较低，所以风冷式柴油机输出的有效功率受到影响。

风冷式柴油机的发电能力以几千瓦至几十千瓦为主，主要用于野外移动式发电，在防空地下室柴油电站中应用较少。

9.1.5　防空地下室柴油电站

防空地下室柴油电站在建设类型上分为移动电站和固定电站。

当发电机组总容量不大于 120kW 时宜设置移动电站。当发电机组总容量大于 120kW 时宜设置固定电站，当条件受限制时，可设置 2 个或多个移动电站。

1. 固定电站

图 9-3 所示为典型固定电站布置图，柴油发电机房和控制室分开布置。控制室和休息间、厕所等为清洁区。柴油发电机房、水泵间、储油间、进（排）风扩散室、机修间等设在染毒区。控制室与柴油发电机房之间设置密闭隔墙、密闭防水观察窗和防毒通道。如电站采用气体灭火系统时，要求设置独立的储气间。防空地下室的固定电站及移动电站一般作为独立的防护单元设计。

2. 移动电站

图 9-4 所示为典型移动电站布置图，柴油发电机房与控制室合一，就地操作。移动电

站全部为染毒区，在与主体清洁区连通处，设置防毒通道。电站战时染毒时，操作人员需戴防毒面具和穿必要的防护服进入电站操作。移动电站内宜设置1~2台柴油发电机组，总容量不大于120kW。

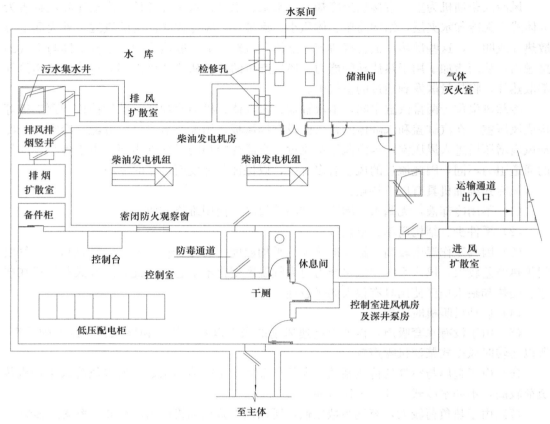

图9-3　典型固定电站布置图

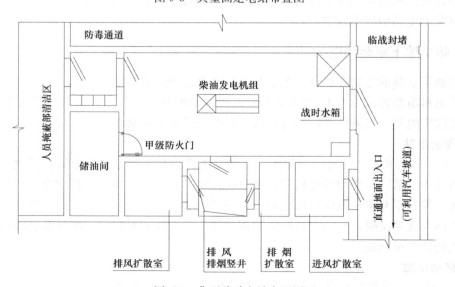

图9-4　典型移动电站布置图

3. 水冷电站

柴油电站按冷却方式分为风冷电站和水冷电站。水冷电站是指利用水作为冷媒，通过表冷或蒸发等方式对柴油发电机房空气及柴油机进行冷却的方式。机房内冷风机、风机盘管均采用表冷式冷却，其系统除水箱、水库外，均为闭式，该系统一般由给水排水专业负责设计。淋水式或喷雾式冷却均为蒸发式冷却，该冷却方式涉及柴油发电机房空气焓湿度变化，一般由通风专业负责设计。水冷电站的特点是柴油机内部冷却及辐射到柴油发电机房的两部分热量，最终通过水带至工程外部。

4. 风冷电站

风冷电站是指以工程外部空气为冷源，对柴油发电机房空气及柴油机进行冷却的方式。柴油机自身的冷却方式为闭式循环水冷却方式，柴油机内部冷却水在机头散热器处进行水-风热交换，余热通过柴油发电机房排风系统排至工程外部。风冷电站的特点是柴油机内部冷却及辐射到柴油发电机房的两部分热量，最终通过室外空气带至工程外部。

9.2　水冷电站设计

9.2.1　表冷式冷却

1. 冷却给水原理

图 9-5 所示为表冷式水冷电站给水原理图。防空地下室水冷电站，最常用的冷却方式是表冷。该冷却方式的优点是容易保证机房空气和柴油机的冷却效果，对机房湿度影响小，便于温湿度控制；工程外部排风口的排风温度与周围环境温度的温差较小，有利于工程的伪装。缺点是需要的冷却水量大，需要有水源或需要较大体积的水库，造价较高。

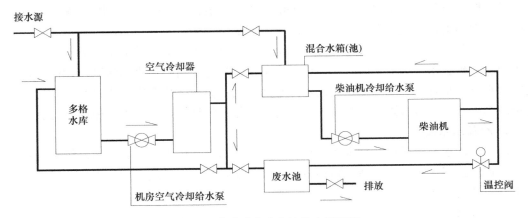

图 9-5　表冷式水冷电站给水原理图

表冷式水冷电站给水排水设计的主要内容：
（1）合理确定水冷系统管路流程；
（2）计算柴油机循环冷却水量；
（3）计算柴油机冷却水补水量；
（4）计算机房空气冷却水量；

（5）计算电站冷却水贮水量；

（6）对供水管路系统，依据流量，进行管道水力计算，选择增压水泵。

图 9-5 所示冷却系统，针对机房空气冷却及柴油机冷却所需水温的差异，能充分利用冷却水源，冷却水的流程如下：

（1）水库或水源的低温水，首先进入机房空气冷却器（如冷风机、风机盘管等），对机房空气降温，同时水温升高。

（2）升温后的冷却水进入混合水箱（池），与柴油机冷却水的出水进行混合调温，使水温满足柴油机冷却水进水温度的要求。特别是在柴油机启动阶段，一般加大柴油机冷却水出水至混合水箱（池）的回流量，以使混合水箱（池）中的水温尽快达到柴油机冷却水的最低进水温度要求。

（3）混合水箱（池）中的水经增压后进入柴油机，对柴油机进行冷却。其出水一部分回流至混合水箱（池），一部分排放掉或回流至工程内的热水水池，在热水水池进行自然冷却降温，再进行利用。

为了更充分地利用冷却水，在柴油机冷却水出水管上设温控三通阀，只有当出水温度达到设定温度后，才向废水池排水。

这种冷却水先冷却机房空气再冷却柴油机的串联模式，能充分利用空气冷却器和柴油机对冷却水不同的进、出水温要求。空气冷却器的进水温度低，能提高冷却效果。但柴油机的进水温度不宜过低，否则易冷却过度，影响柴油机的热效率。

柴油机冷却水进、出水温差不宜过大，一般控制在 $15\sim25℃$。冷却水的进水温度不宜过低，过低会影响柴油机的效率，一般控制在 $40\sim60℃$。冷却水的出水温度不宜过高，过高会影响柴油机的冷却效果，当汽缸壁温度超过 $150℃$ 时，润滑油易于碳化，加速活塞的磨损，破坏密封性能，一般控制冷却水出水温度在 $55\sim85℃$，不超过 $90℃$。

进入柴油机的冷却水水压应达到设备的要求，一般为 $0.06\sim0.15MPa$，采用闭式换热器时，可取高值，采用混合水箱（池）时，可取低值。

图 9-5 中空气冷却器至水库的回水管设置，是为了运行中流量平衡的调节，同时也有利于应急时延长水库水的利用时间。设计多格水库是为了当冷却水回流到水库时，进入距离冷却水泵吸水管最远的一格，利用水库水面蒸发及池壁散热对冷却水进行冷却方式；但这种冷却方式散热量有限，多数设计不进行该散热量的计算，仅作为一种设计冗余。

2. 冷却水水质

由于冷却水直接通过汽缸水套，且水温较高，如果水质不良，容易出现结垢现象。结垢将导致汽缸壁导热性能下降，影响冷却效果，还容易产生受热不均的现象，影响柴油机使用寿命及发电效率。

冷却水水质常见的问题有：

（1）硬度大，导致管路系统结垢严重；

（2）酸性大，容易腐蚀冷却设备；

（3）浑浊度高，产生泥沙沉积，影响冷却效果。

冷却水水质一般要达到以下要求：

（1）没有游离的矿物质及有机酸；

（2）有机物含量 $<25mg/L$；

（3）悬浮物含量＜25mg/L；

（4）暂时硬度（以 $CaCO_3$ 计）＜180mg/L；

（5）含油量＜5mg/L；

（6）pH 值在 6.5～9 之间。

3. 柴油机循环冷却水量计算

循环冷却水量 q_x 主要用于柴油机冷却水系统的管道水力计算，确定管径，选择柴油机冷却给水泵。

柴油机冷却需带走的热量按公式（9-2）计算：

$$Q = m \cdot \varepsilon \cdot N \cdot b \cdot K \tag{9-2}$$

式中　Q——柴油机在额定功率下需带走的热量，kJ/h；

　　　m——柴油机同时运行的台数；

　　　ε——冷却水带走的热量占燃油燃烧放出的热量的百分比，一般取 25%～35%；

　　　N——柴油机的额定功率，kW；

　　　K——燃油的发热量，一般取 42652kJ/kg；

　　　b——燃油消耗率，kg/(kW·h)，与选用柴油机的品牌、装机功率、实际运行荷载等因素有关，一般取 0.23～0.30kg/(kW·h)。

一般柴油机样本都提供柴油机的循环冷却水量及进、出水的温差要求，可视实际供水条件，参照使用。如无准确资料或参数有变化时，柴油机的循环冷却水量可按公式（9-3）进行计算：

$$q_x = \frac{Q}{C \cdot (t_2 - t_1) \cdot \rho} \tag{9-3}$$

式中　q_x——柴油机在额定功率下的循环冷却水量，m³/h；

　　　C——水的比热，4.19kJ/(kg·℃)；

　　　t_1——柴油机冷却水的进水温度（℃），一般取 $t_1=40\sim60℃$；

　　　t_2——柴油机冷却水的出水温度（℃），一般取 $t_2=70\sim90℃$；

　　　ρ——水的密度，kg/m³。

4. 柴油机冷却水补水量计算

在计算电站水库贮水量时，还需要计算柴油机冷却水补水量 q_b，即在柴油机的循环冷却水量中，需要以水源水（或水库水）的水温补充进混合水箱（池）中的水量。计算 q_b 时，公式（9-3）中的 t_1 应为水源水（或水库水）的温度。或者根据公式（9-4）进行换算：

$$q_b = \frac{t_2 - t_1}{t_2 - t} \cdot q_x \tag{9-4}$$

式中　q_b——柴油机在额定功率下的冷却水消耗量，也即柴油机冷却水补水量 m³/h；

　　　t——水源水或水库水的温度，℃，一般取 $t=10\sim20℃$。

5. 机房空气冷却水量计算

机房空气冷却需要带走的热量即机房总余热量 Q_{Ty}，按公式（9-5）计算：

$$Q_{Ty} = Q_{cf} + Q_{ff} + Q_{yf} \tag{9-5}$$

式中　Q_{cf}——柴油机辐射到机房的热量，kJ/h；

　　　Q_{ff}——发电机辐射到机房的热量，kJ/h；

Q_{yf}——柴油机烟管辐射到机房的热量，kJ/h。

Q_{cf}可按公式（9-6）进行计算：

$$Q_{cf} = m \cdot \zeta \cdot N \cdot b \cdot K \tag{9-6}$$

式中　ζ——柴油机释放到机房的热量占燃油燃烧放出的热量的百分比，可参照表9-1取值；

其他符号意义同公式（9-2）。

柴油机散发至空气中的热量系数 ζ 表 9-1

柴油机额定功率（kW）	ζ（%）	柴油机额定功率（kW）	ζ（%）
≤50	6.0	100～300	4.0～4.5
50～100	5.0～5.5	>300	3.5～4.0

Q_{ff}可按公式（9-7）进行计算：

$$Q_{ff} = 3617 \times \frac{P \cdot (1-\eta)}{\eta} \tag{9-7}$$

式中　P——发电机额定输出功率，kW；

3617——热功当量，kJ/(kW·h)；

η——发电效率，%，定义为发电机将柴油机的机械能转换为电能的效率，具体由发电机型号确定。

部分国产柴油发电机在额定功率下的散热量及发电效率如表9-2所示。

部分国产柴油发电机在额定功率下的散热量及发电效率 表 9-2

柴油发电机型号	额定功率（kW/HP）	耗油率［kg/(kW·h)]	发热量 Q_{cf} (kJ/h)	百分比 ζ(%)	发电机额定功率（kW）	发热量 Q_{df}(kJ/h)	发电效率 η(%)	$Q_{cf}+Q_{df}$ (kJ/h)	柴油机汽缸水冷却热量（kJ/h)
6135D	88/120	≤0.24	35551	4.5	75	29954	90	65505	263340
12V135D	176/240	≤0.24	71102	4.5	120	40070	91.5	111172	526680
6160A	99/135	≤0.245	41135	4.5	84	33549	90	74684	304722
6160A-9	136/185	≤0.24	54641	4.5	120	42661	91	97302	344328
6160A-6	184/250	≤0.24	74061	4.5	160	50014	92	124075	493742
6520	220/300	≤0.24	88875	4.5	200	71106	91	159981	658350
5250Z	330/450	≤0.234	116472	4.0	300	78684	93.2	195156	970596

柴油机与发电机一般按 $N \geqslant 1.1P$ 进行匹配。柴油发电机组的实际发热量还与实际运行负荷有关。

6. 柴油发电机排烟管散热量

排烟管向周围空气散热，一般应对排烟管进行保温处理以减少散热量，应控制排烟管保温层外表面温度不超过60℃，同时尽量减少排烟管在机房内的敷设长度。其散热量与烟气温度、机房内空气温度、排烟管在机房内的长度、排烟管用的保温材料热物理参数、保温层厚度等因素有关。一般按公式（9-8）、公式（9-9）计算：

$$Q_{yf} = L \cdot q_e \tag{9-8}$$

$$q_e = \frac{\pi \cdot (t_y - t_n)}{\frac{1}{2\lambda}\ln\frac{D}{d} + \frac{1}{\alpha \cdot D}} \tag{9-9}$$

式中　Q_{yf}——柴油发电机排烟管的散热量，W；

　　　L——柴油发电机排烟管向机房内散热的管道长度，m；

　　　q_e——柴油发电机排烟管单位长度散热量，W/m；

　　　t_y——柴油发电机排烟管内的烟气计算温度，℃，可取 $t_y=400\sim300$℃；

　　　t_n——柴油发电机排烟管周围房间空气温度，℃，可取 $t_n=35$℃；

　　　λ——柴油发电机排烟管保温材料导热系数，W/(m·℃)；

　　　D——柴油发电机排烟管保温层外径，m；

　　　d——柴油发电机排烟管保温层内径，即排烟管外径，m；

　　　α——柴油发电机排烟管保温外表面向周围空气的放热系数，W/(m²·℃)，对架空敷设于机房内的排烟管，可取 $\alpha=11.63$W/(m²·℃)。

7. 冷风机选型设计

防空地下室柴油发电机房空气冷却常选用冷风机进行冷却。常用的 S 型冷风机技术性能参数如表 9-3 所示。

S 型冷风机技术性能参数 表 9-3

型号	传热面积（m²）	进水温度 $t_j=15$℃			进风温度 $t_1=30$℃			送风量		出风速度（m/s）	噪声[dB(A)]	风机功率（kW）	质量（kg）
		制冷量（kW）	耗水量（kg/h）	出风温度（℃）	出水温度（℃）	水流速（m/s）	水阻（Pa）	kg/h	m³/h				
S334	6.59	3.55	1130	25.0	17.7	0.5	8500	2540	2350	3.2	63	0.12	33
S334	9.56	4.63	1694	23.4	17.5	0.5	13600	2520	2330				39
S524	13.33	6.59	1130	25.7	20.2	0.5	11000	5450	5050	3.9	70	0.37	50
S534	19.45	9.25	1694	23.8	19.7	0.5	17900	5380	4980	3.8			60

当实际工程中采用的进水温度和进风温度与表 9-3 不同时，可采用公式（9-10）进行换算：

$$Q_x=Q\cdot\frac{t_{1x}-t_{px}}{t_1-t_p} \tag{9-10}$$

$$t_{px}=\frac{t_{xj}-t_{xc}}{2}$$

$$t_p=\frac{t_j+t_c}{2}$$

式中　Q_x——改变参数后冷风机的制冷量，kW；

　　　Q——从表 9-3 中查得的冷风机的制冷量，kW；

　　　t_{px}——实际工程中给定的冷风机进、出水温度的平均值，℃；

　　　t_{xj}——实际工程中冷风机进水温度，℃；

　　　t_{xc}——实际工程中冷风机出水温度，℃；

　　　t_{1x}——实际工程中冷风机进风温度，℃；

　　　t_p——表 9-3 中给定的进、出水温度的平均值，℃；

　　　t_j——表 9-3 中给定的进水温度，℃；

　　　t_c——表 9-3 中给定的出水温度，℃；

　　　t_1——表 9-3 中给定的进风温度，℃。

在实际工程设计中，已知冷却水的温度，即冷风机的进水温度 t_{xj}，而出水温度 t_{xc} 必须用公式（9-11）进行换算：

$$t_{xc} = \frac{\left(\dfrac{2}{KF} + \dfrac{1}{0.24L}\right) \cdot W \cdot t_{xj} + 2t_{1x} - t_{xj}}{\left(\dfrac{2}{KF} + \dfrac{1}{0.24L}\right) \cdot W + 1} \qquad (9\text{-}11)$$

式中　L——冷风机的送风量，kg/h，见表 9-3；

　　　W——冷风机的耗水量，kg/h，见表 9-3；

　　　t_{xj}——工程给定的进水温度，℃；

　　　t_{1x}——工程给定的进风温度，℃；

　　　KF——传热系数和换热面积乘积，参见表 9-4。

各流通水量的 KF 值　　　　　　　　　　表 9-4

型号	排管内水流速度（m/s）								
	0.1	0.2	0.3	0.4	0.5	0.6	0.8	1.0	1.5
S324	293	324	343	359	359	381	398	450	—
S334	373	414	440	459	473	487	507	528	—
S524	—	656	695	728	749	771	804	828	883
S534	—	834	896	936	963	991	1034	1073	1127

【例 9-1】　某柴油发电机房冷却水取自自备地下水源，供水温度为 18℃，机房控制温度为 35℃，柴油发电机房总余热量 Q_{Ty} 为 28kW，选用冷风机 S524，试计算选用台数？

【解】

进水温度 $t_{xj} = 18℃$，冷风机进风温度为机房控制温度 $t_{1x} = 35℃$。

实际工程冷风机出水温度 t_{xc} 为未知数，按照公式（9-11）计算。

查表 9-4 得：当排管内水流速度为 0.5m/s 时，$KF = 749$；

查表 9-3 得：S524 冷风机的送风量 $L = 5450$kg/h，耗水量 $W = 1130$kg/h。

将上述数据代入公式（9-11）得：

$$t_{xc} = \frac{\left(\dfrac{2}{749} + \dfrac{1}{0.24 \times 5450}\right) \times 1130 \times 18 + 2 \times 35 - 18}{\left(\dfrac{2}{749} + \dfrac{1}{0.24 \times 5450}\right) \times 1130 + 1} = 24.97℃$$

实际工程冷风机进、出水温度的平均值：

$$t_{px} = \frac{t_{xj} + t_{xc}}{2} = \frac{18 + 24.97}{2} = 21.49℃$$

从表 9-3 中查得，$t_j = 15℃$，$t_c = 20.2℃$，则表 9-3 给定的冷风机进、出水温度的平均值：

$$t_p = \frac{t_j + t_c}{2} = \frac{15 + 20.2}{2} = 17.6℃$$

从表 9-3 中查得，S524 冷风机给定的制冷量 $Q = 6.59$kW。

将上述数据代入公式（9-10）得到实际进水温度 t_{xj}、机房控制温度 t_{1x} 条件下，冷风机制冷量：

$$Q_{\mathrm{x}} = Q \cdot \frac{t_{1\mathrm{x}} - t_{\mathrm{px}}}{t_1 - t_{\mathrm{p}}} = 6.59 \times \frac{35 - 21.49}{30 - 17.6} = 7.18\mathrm{kW}$$

选用冷风机台数：

$$n = \frac{Q_{\mathrm{Ty}}}{Q_{\mathrm{x}}} = \frac{28}{7.18} = 3.90 \approx 4 \text{ 台}$$

当柴油电站平时需要经常使用时，宜按照水冷电站进行设计，将图 9-5 中排出工程外的废热水接至工程外部的冷却塔进行冷却降温，再回流至工程内水库，进行循环利用。

9.2.2 蒸发式冷却

蒸发式冷却的原理是水蒸发时能吸收大量汽化潜热。防空地下室柴油电站采用的蒸发式冷却常用的形式有喷雾蒸发冷却和淋水式（冷却塔）冷却，与表冷式冷却方式相比，冷却效率高、冷却水消耗量少。

1. 喷雾蒸发冷却

喷雾蒸发冷却常用的设备是离心雾化加湿器，其工作原理是离心式转盘在电机作用下高速转动，将水强力甩出打在雾化盘上并再一次经由雾化盘边缘的雾化格栅破碎成细微水粒，把自来水雾化成 $5 \sim 10 \mu\mathrm{m}$ 左右的超微粒子后喷射出去。吹到机房空气中后，通过空气与水微粒之间的热湿交换，使机房空气的干球温度降至接近于喷雾区域的湿球温度，机房内空气越干热，降温效果越好，能同时达到空气加湿和降温的目的。

离心雾化加湿器可吊挂、壁挂、墙挂穿孔等随意设置安装，不占用工作场地，安全可靠，寿命长。离心雾化加湿器构造简单、能耗低、冷却耗水量少、基本不需要维护。

国内生产有很多种品牌的离心雾化加湿器，常见的加湿量有 9kg/L、18kg/L、50kg/L、80kg/L，有的产品能根据房间空气湿度自动调节喷雾量。在柴油发电机房内安装的离心雾化加湿器最好使其喷雾范围处于机房上部高温热气流中。该冷却方式机房需要的冷却进风量按公式（9-12）计算：

$$L = 3600 \times \frac{Q_{\mathrm{y}}}{[2.487 \times \rho \cdot (d_{\mathrm{n}} - d_{\mathrm{w}})] + [1.01 \times \rho \cdot (t_{\mathrm{n}} - t_{\mathrm{w}})]} \qquad (9\text{-}12)$$

式中　L——机房降温需要的进风量，$\mathrm{m^3/h}$；

Q_{y}——机房余热量，kJ；

t_{w}——夏季机房外通风计算温度，℃；

t_{n}——机房内排风温度，℃；

d_{w}——夏季机房外空气计算含湿量，g/kg；

d_{n}——机房内空气含湿量，g/kg；

ρ——空气密度，$1.15\mathrm{kg/m^3}$；

2.487——水的汽化潜热，kJ/g。

机房直接喷雾蒸发冷却降温需要的加湿量（喷雾量）按公式（9-13）计算：

$$W = \frac{L \cdot \rho \cdot (d_{\mathrm{n}} - d_{\mathrm{w}})}{1000} \qquad (9\text{-}13)$$

【例 9-2】　北方某防空地下室，选用柴油发电机组 2 台，1 用 1 备。单台柴油机功率为 184kW，发电机功率为 160kW，排烟管总散热量为 7.1kW。室外空气参数：夏季机房外

通风计算温度 $t_w=29.7℃$，夏季机房外空气计算含湿量 $d_w=17.5g/kg$（400h 不保证）；机房内排风温度 $t_n=35℃$，$\phi=60\%$，机房内空气含湿量 $d_w=21.5g/kg$；试计算柴油发电机房的喷雾蒸发冷却降温通风量和离心雾化加湿器的数量及喷水量。

【解】

查表 9-2 得，柴油机散热量 $Q_1=22.892kW$，发电机散热量 $Q_2=17.778kW$，同时已知排烟管散热量 $Q_3=7.1kW$。

则机房余热量：$Q_y=22.892+17.778+7.1=47.77kW$。

根据公式（9-12）机房直接喷雾蒸发冷却降温通风量为：

$$L=3600\times\frac{Q_y}{[2.487\times\rho\cdot(d_n-d_w)]+[1.01\times\rho\cdot(t_n-t_w)]}$$

$$=3600\times\frac{47.77}{[2.487\times1.15\times(21.5-17.5)]+[1.01\times1.15\times(35-29.7)]}=9771m^3/h$$

根据公式（9-13）计算机房直接喷雾蒸发冷却降温需要的加湿量（喷雾量）：

$$W=\frac{L\cdot\rho\cdot(d_n-d_w)}{1000}=\frac{9771\times1.15\times(21.5-17.5)}{1000}=44.9kg/h$$

方案一：选用 ABS2-180 两台，每台加湿量 18kg/h；ABS2-90 一台，每台加湿量 9kg/h。合计加湿量为：$18\times2+1\times9=45kg/h$。

方案二：选用 ABS2-500 一台，每台加湿量 50kg/h。

2. 冷却塔冷却

图 9-6 所示为机房内设冷却塔的冷却方式。冷却塔设在防护区域内，机房内设冷却塔，在战时可以正常使用。通过风机使机房内的热空气与冷却水实现淋水式热交换，使空气温度降低，机房内的有害物质也能部分被去除。该冷却方式冷却效果比风冷式好，比表冷式节水。

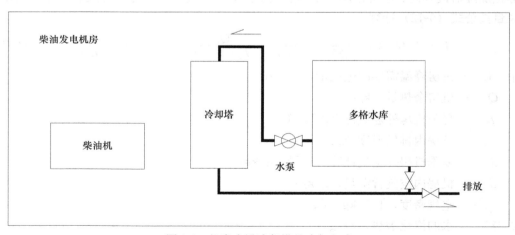

图 9-6 机房内设冷却塔的冷却方式

该冷却方式中，空气温度的降低以水的蒸发吸热为主，同时也存在与水的温差传热，涉及空气焓湿计算，一般由通风专业负责设计。

该系统中，柴油发电机组为闭式强制循环水冷式，不设机头散热的专用风道，柴油机冷却的热量通过机头散热器直接排至机房空气中。机房空气还受到柴油发电机组、烟气管道等设备的辐射、对流热量影响。机房空气升温后，由设置在柴油发电机房的冷却塔对机房热空气进行降温。

该冷却方式需带走的热量，除按公式（9-5）计算的总余热量外，还包括按公式（9-2）计算的柴油机冷却需带走的热量。冷却水消耗量的有关计算，参照冷却塔补水量的计算方法进行。

9.3　风冷电站设计

图 9-7 所示为风冷电站示例。风冷电站的优点是造价低、占地面积小。缺点是机房空气温度及柴油机冷却效果受地面空气温度的影响大，冷却效果可控性较差。排风温度与周围环境温度的温差较大，不利于工程的伪装。对于城市中建造的一般防空地下室，由于城市中的热源多，且普通防空地下室不是现代战争中精确制导武器打击的重点，一般的移动电站多数采用风冷却方式。

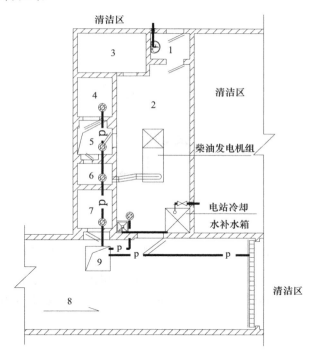

图 9-7　风冷电站示例

1—防毒通道；2—柴油发电机房；3—储油间；4—排风扩散室；5—排风排烟竖井；
6—排烟扩散室；7—进风扩散室；8—平时汽车道；9—洗消集水坑

图 9-8 所示为设集气风道的风冷电站原理图，为了避免机头散热器的热量直接散发至机房空气内，对机头散热器设计专门的集气风道，使柴油机冷却的热量直接排至室外。

图 9-9 所示为风冷电站柴油机冷却原理，打开阀门 4，利用柴油机自带冷却水泵对冷却水进行循环，机头散热器和空气进行热交换，对柴油机冷却水进行冷却。风冷电站的柴油机内部冷却为强制循环水冷却系统，内部工作原理也可参见图 9-2。

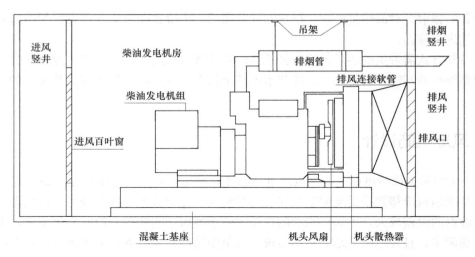

图 9-8　设集气风道的风冷电站原理图

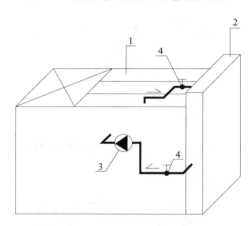

图 9-9　风冷电站柴油机冷却原理

1—柴油机；2—机头散热器；3—柴油机自带冷却水泵；4—冷却水管道控制阀门

　　机房内需要贮存一定量的冷却水，一般工程在机房内贮存 $2m^3$ 冷却水，以便在散热器内水温过高时进行补充。如果柴油机为风冷柴油机，或柴油机采用专用冷却液冷却，则可不贮存冷却水。

9.4　风冷电站的应急冷却

　　当柴油电站风冷却系统的进、排风竖井或通道被炸弹毁伤，影响正常通风时，为了延长柴油机的工作时间，可将机房通风方式由风冷却临时转换为水冷却。图 9-10 所示为设外置水-水热交换器的柴油机冷却原理图，关闭阀门 4，打开阀门 6、7，通过柴油机旁设置的外置水-水热交换器进行热交换。冷却水由工程内部的冷却水池提供，对柴油机进行冷却。

　　该系统中的外置水-水热交换器，通常选用板式换热器。板式换热器是由一系列具有一定波纹形状的金属片叠装而成的一种高效换热器。各种板片之间形成薄矩形通道，通过板片进行热量交换。板式换热器是液-液进行热交换的理想设备。它具有换热效率高、热损失小、结构紧凑轻巧、占地面积少、应用广泛、使用寿命长等特点。在相同压力损失情况下，其传热系数比管式换热器高 3～5 倍，占地面积为管式换热器的 1/3～1/5。其换热系数为 3.5～5.2kW/(m² · ℃)。具体计算及设备选型参照厂家提供的参数进行。

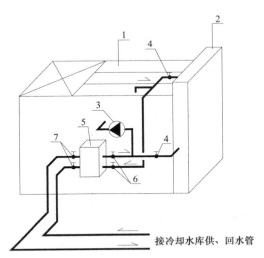

图 9-10　设外置水-水热交换器的柴油机冷却原理图

1—柴油机；2—机头散热器；3—柴油机自带冷却水泵；

4—冷却水管道控制阀门；5—外置水-水热交换器；6、7—冷却水管道控制阀门

9.5　柴油电站烟气的冷却

柴油电站排烟的温度高，一般在 350～400℃左右，与周围环境的温差大，很容易被红外侦察手段侦察到排烟口的位置。在现代精确制导武器的打击下，难以保障电站的安全，而电站一旦被破坏，工程内部通风、给水排水及照明等设备就无法正常工作。除高温外，由于柴油机燃油燃烧不可能很充分，烟气中燃油颗粒等杂质形成黑烟，容易形成可见光暴露征候。

对于高等级防空地下室，需要考虑烟气的冷却。目前，国内主要采用的消烟办法有催化法、过滤与水（风）冷却相结合法。催化法的主要原理类似于汽车尾气净化，将浸有触媒的物质加工成蜂窝微孔过滤器，当 SO_2、NO_x 等物质通过时被分解。由于柴油机排烟的温度高、气量大、颗粒性物质多，催化法在实际工程的应用中效果大多不够理想。

过滤与水（风）冷却相结合法的原理是，通过风机的抽吸，首先使烟气通过一个粗过滤器，截留烟气中约 80%～90% 的杂质颗粒，然后烟气通过多级（2～3 级）表冷式（水-烟气）换热器进行快速冷却，将烟气温度降低。还可以在后面再增加一级过滤及新风混合冷却。这样可有效地消除黑烟，并使烟气温度降低至接近环境温度。

这种冷却方式需要消耗一定量的冷却水，冷却水的消耗量可按公式（9-14）计算：

$$q = \frac{m \cdot \varepsilon \cdot N \cdot b \cdot K}{C \cdot (t_2 - t_1) \cdot \rho}$$

（9-14）

式中　q——在额定功率下烟气冷却需要的冷却水量，m^3/h；

　　　ε——烟气带走的热量占燃油燃烧放出的热量的百分比，一般取 $25\%\sim30\%$；

　　　t_1——冷却水的进水温度，℃；

　　　t_2——冷却水的出水温度，℃，一般取 $t_2=70\sim80$℃；

其余符号意义同公式（9-2）。

该冷却方式由于耗水量大，在一般工程中较少使用。

9.6　柴油电站冷却水的贮存

当柴油发电机房或柴油发电机组采用水冷却方式时，应在机房内设置贮水池。贮水池的容积根据额定功率下冷却水的消耗量和规范要求的贮水时间确定。由于冷却方式的多样性，冷却水的消耗量要根据采用的冷却方式，按 9.2 节的方法逐项计算，并累加出总耗水量。

总贮水量根据单位时间的耗水量、贮水时间及水源条件等确定。

防空地下室设计规范规定的贮水时间如表 9-5 所示。

柴油发电机房贮水池贮水时间　　　　　　　　　　　　　　　　　表 9-5

水源条件	贮水时间
无可靠内、外水源	2～3d
有防护的外水源	12～24h
有可靠内水源	4～8h

移动电站或采用风冷方式的固定电站，其贮水量应根据柴油机样本中的小时耗水量及表 9-5 要求的贮水时间计算。如无准确资料，贮水量可按 $2m^3$ 设计。在柴油发电机房内宜单独设置冷却用水水箱，并设置取水龙头。

冷却水贮水池宜采用多格水池，其中一格为空格。空调冷却水首先回到空格，一方面避免与大水池的水混合后提高水温，影响空调冷却效果，另一方面可利用水池的自然降温，以提高冷却效果。但一般不计算贮水池的自然降温对冷却水贮水量的影响。贮水池的分格数宜为 3～5 格。

9.7　柴油电站给水排水设计的一般要求

（1）水冷电站宜设置柴油发电机冷却水进水的混合水箱（池），其容积可按柴油发电机运行机组在额定功率下工作 5～15min 的冷却水量计算。

（2）要充分利用柴油机自带的节温器，在柴油机启动初期，节温器能控制冷却水的循环路径，便于柴油机能迅速启动。

（3）在进、出水管上设置温度计，便于观察和控制进、出水温度。在出水管上设置看水器（如水流指示器、滴水漏斗等），以监视水的流动情况。在管内可能有存气的部位设置放气阀。

（4）柴油发电机房内的各种用水管线，宜设在地沟内，并在地沟内设置集水坑和地漏，以便及时排出积水。

（5）在柴油发电机房的控制室与防毒通道内应设置简易洗消的设施，如设取水龙头及
洗脸盆，供检修人员进出时洗消。

9.8　柴油电站的供油设计

1. 供油管路设计

防空地下室柴油电站的供油系统，一般由口部的油管接头井（或接油口）、输油管、
贮油池、加压泵、过滤器和内部日用油箱等组成。图 9-11 所示为电站柴油供油管接入工
程原理图，图 9-12 所示为设高架日用油箱电站供油系统图，图 9-13 所示为油箱液位控制
示意图，图 9-14 所示为柴油机自带日用油箱电站供油系统图。防空地下室大部分采用自
流供油系统，即外部输油车（油桶）利用自然高差将油自流到工程内电站中的高架油箱
（池）内。如经输油管阻力计算，不能克服阻力损失，则需设置临时油泵将油从工程外部
加压输送至工程内的油箱。

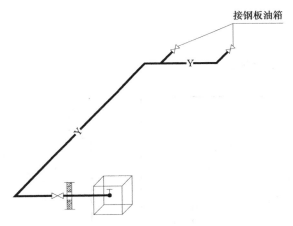

图 9-11　电站柴油供油管接入工程原理图

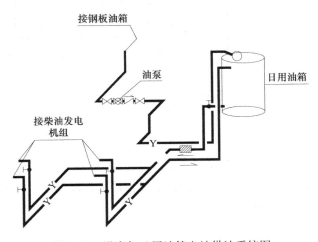

图 9-12　设高架日用油箱电站供油系统图

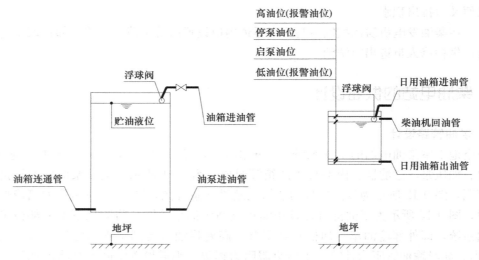

图 9-13　油箱液位控制示意图

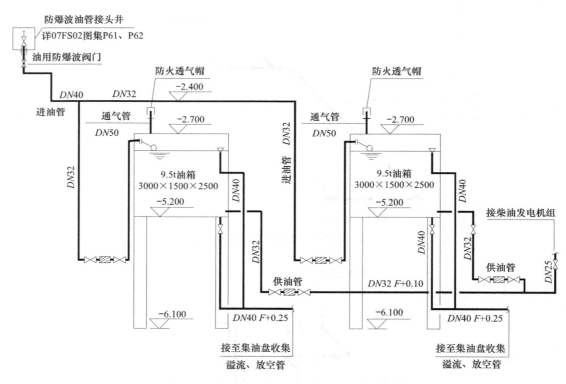

图 9-14　柴油机自带日用油箱电站供油系统图

油管接头井（阀门井）是连接外部输油车（管）和内部输油管的设施，也是供油系统的防爆措施。对于防空地下室，一般在电站附近的工程外部就近设置。应引入的防空地下室外墙（顶板）内侧设置油用防护阀门，其抗力应不小于1.0MPa并不得小于工程的抗力等级。

2. 贮油量计算

油池（箱）容积按公式（9-15）计算：

$$V = \frac{24m \cdot N \cdot b \cdot T}{1000\gamma} \qquad (9\text{-}15)$$

式中　V——油箱容积，m^3；

　　　m——同时运行柴油发电机组台数；

　　　N——单台柴油发电机组的额定功率，kW；

　　　T——规范要求的贮油时间，d，一般取 $7 \sim 15d$；

　　　b——柴油发电机组在额定功率下的燃油消耗率，kg/kW；

　　　γ——柴油密度，kg/L，一般为 $0.810 \sim 0.860$kg/L，计算可取 $\gamma = 0.85$kg/L。

3. 油箱设计

油箱宜采用钢板油箱，也可采用不锈钢油箱或搪瓷钢板油箱，有条件的可购置成品油罐。现场采用钢板加工油箱成本较低，可以按国家标准图集《小型立、卧式油罐图集》02R111 进行加工。油箱至少要设计两只，以便燃油预沉淀。

对于在基座上或其他部位自带日用油箱的柴油机，可不另设日用油箱。如柴油机无自带日用油箱，还需另行加工日用油箱，该油箱应架高设置，使油能自流进入柴油机。由于柴油机根据荷载大小调节喷油量，会有一部分油需要回流至日用油箱，所以应设回油管，如图 9-12 所示。但回油的压力较低，日用油箱的设置不宜过高，也不宜距离柴油机过远，一般高度不宜超过 1.5m。一般按每台柴油机各设一个日用油箱考虑，如柴油机为 1 用 1 备，则可共用一个。日用油箱一般贮存柴油机不超过 8h 的用油量。日用油箱的充满系数一般取 0.9。当防空地下室上部为高层建筑时，日用油箱应设在储油间内。为与《建筑设计防火规范》GB 50016—2014（2018 年版）第 5.4.13 条第 4 款 "机房内设置储油间时，其总储存量不应大于 $1m^3$" 的要求一致，日用油箱的容积不应大于 $1m^3$。

为了有效过滤柴油中的杂质，在外部运油车向工程内贮油箱输油的管道上，应安装粗油过滤器；在贮油箱向日用油箱或柴油机供油的管道上，应安装细油过滤器。

4. 储油间防火

油罐、供油管路系统要设计接地，可与机房内其他接地系统共用接地装置，即采用联合接地方式，其接地电阻应满足其最小值的要求。

对于平时不运行的柴油电站，为了防火安全，贮油箱不宜贮存柴油。如需临时检测、调试柴油发电机组，可利用日用油箱供油。各专业需密切配合，共同采取严密的防火措施。一般储油间单独设置，设门槛、安装防火门、采用防爆灯、设置防爆排风口，用防火墙与柴油发电机房隔开，排烟管不允许穿过储油间，目的是防止油蒸气扩散到柴油发电机房被电火花引爆。

由于柴油的挥发性小，对仅战时使用的贮油箱可以不设置专用的、接至工程外部的防火呼吸阀，可仅在储油间内设 "通气管＋阻火器"。

储罐阻火器是防止外部火焰窜入存有易燃易爆气体或油料的罐体内的一种防爆器材。阻火器是应用火焰通过热导体的狭小孔隙时，由于热量损失而熄灭的原理设计制造的。大多数阻火器是由具有许多能够通过气体的细小、均匀或不均匀的通道或孔隙的固体材质所组成的，这些通道或孔隙要求尽量的小，小到只要能够通过火焰就可以。这样火焰进入阻火器后就分成许多细小的火焰流被熄灭。火焰能够被熄灭的机理是快速散热冷却作用和器壁效应。阻火器的阻火层结构有砾石型、金属丝网型或波纹型。

对于平战兼用，平时需要在贮油箱内贮油的柴油电站，贮油箱应设接至工程外部的通气管＋阻火器或单独设防火呼吸阀（阻火呼吸阀）。

防火呼吸阀（阻火呼吸阀）的工作原理是用弹簧限位阀板，由正负压力决定或呼或吸。防火呼吸阀具有泄放正压和负压两方面功能，即当容器承受正压时，防火呼吸阀打开呼出气体泄放正压；当容器承受负压时，防火呼吸阀打开吸入气体泄放负压。由此保证压力在一定范围内，保证容器安全。防火呼吸阀不仅能维持储罐气压平衡，确保储罐在超压或真空时不会破坏，且能减少罐内介质和损耗。防火呼吸阀内吸气口和出气口处有一个阻火盘。阻火盘是用来防止储罐内的混合气体与空气接触时，产生回火，发生爆炸。防空地下室柴油电站的贮油容积相对较小，多数可选用 $DN25$ 或 $DN50$ 规格的呼吸阀即可满足压力平衡的要求。材质分别有铸铁、碳钢、304、304L、316、316L 等。

呼吸压力一般分为 3 种：

A 级：正压：355Pa（36mmHg），负压：295Pa（30mmHg）；

B 级：正压：980Pa（100mmHg），负压：295Pa（30mmHg）；

C 级：正压：1765Pa（180mmHg），负压：295Pa（30mmHg）。

5. 输油管水力计算

输油管的管径、阻力损失计算的基本公式与水管水力计算相同。输油管的沿程阻力损失按公式（9-16）计算：

$$h_y = 0.85 \times \lambda \cdot \frac{L}{d} \cdot \frac{v^2}{2g} \tag{9-16}$$

式中 h_y——输油管的沿程阻力损失，mH_2O；

d——输油管的管径，m；

L——输油管的计算长度，m；

v——输油管内油的流速，m/s；

g——重力加速度，9.81m/s^2；

λ——摩擦系数，与管道内表面的粗糙度及流动状态（雷诺数）有关；

0.85——油的阻力换算为水的阻力的换算系数，为油的密度。

为简化计算，局部阻力损失按沿程阻力损失的 25%～30% 估算。沿程阻力损失按表 9-6 计算。该表适用于轻质柴油，管道适用于无缝钢管、镀锌钢管。

输油管单位长度阻力损失计算表   表 9-6

Q	DN50		DN70		DN80		DN100		DN125		DN150	
	V	i	V	i	V	i	V	i	V	i	V	i
0.25	0.127	0.001122	0.065	0.000289								
0.30	0.153	0.001360										
0.40	0.204	0.001811										
0.50	0.255	0.002270	0.130	0.000587	0.100	0.000119						
0.60	0.306	0.002720	0.156	0.000706								
0.70	0.357	0.005083	0.182	0.000825								
0.80	0.408	0.006418	0.208	0.000944								
0.90	0.459	0.007888	0.234	0.001063								

Q	DN50		DN70		DN80		DN100		DN125		DN150	
	V	i	V	i	V	i	V	i	V	i	V	i
1.00	0.510	0.009486	0.260	0.001913	0.199	0.000689	0.127	0.000281				
1.25	0.638	0.014034	0.325	0.002839								
1.50	0.765	0.019321	0.390	0.003885								
1.75	0.893	0.025628	0.455	0.005083	0.398	0.003417						
2.00	1.020	0.032819	0.520	0.006443			0.225	0.001190	0.163	0.000408	0.113	0.000179
2.25			0.585	0.007922								
2.50			0.650	0.009520								
3.00			0.780	0.013107	0.598	0.006953	0.383	0.002406	0.245	0.000842	0.170	0.000349
4.00			1.040	0.023231	0.797	0.011458	0.509	0.003978	0.326	0.001377	0.227	0.000578
5.00			1.300	0.035148	0.996	0.017459	0.637	0.005857	0.408	0.002040	0.238	0.000859
6.00			1.560	0.049555	1.195	0.024438	0.764	0.008118	0.489	0.002814	0.340	0.001190
8.00			2.080	0.085417	1.594	0.041965	1.019	0.013677	0.625	0.004658	0.453	0.001955
10.00			2.600	0.130076	1.992	0.063393	1.274	0.020672	0.816	0.006877	0.566	0.002890
12.00			3.120	0.183150	2.390	0.089709	1.529	0.029070	0.980	0.009588	0.680	0.003978

注：Q 的单位为 L/s；v 的单位为 m/s；i 的单位为 mH_2O/m。

输油管的总阻力损失为沿程阻力损失和局部阻力损失之和：

$$h = (1.25 \sim 1.30)h_y(mH_2O)$$

常用的输油泵为齿轮油泵或手摇泵。工程外部的增压油泵可选择移动泵。输油管一般采用无缝钢管。使用的阀门应选用油用阀门，否则容易漏油。

第 10 章　消防给水系统设计

防空地下室所采用的消防系统根据使用灭火剂的种类及灭火方式可分为下列 3 种：

（1）消火栓给水系统。

（2）自动喷水灭火系统。

（3）其他使用非水灭火剂的固定灭火系统，如二氧化碳灭火系统、干粉灭火系统和其他气体灭火系统等。

根据 2018 年 5 月国务院常务会议精神，在 16 个省市开展工程建设审批试点，将消防、人防等设计并入施工图文件审查。这在减轻企业负担的同时，也更有利于全方位提高防空地下室的设计质量。

平战结合的防空地下室，其消防给水主要服务于平时，应按平时使用功能进行消防给水系统设计。在战时不考虑防空地下室的消防给水，其消防给水设施在临战前需要进行转换，并对进出防空地下室的各类消防管道上的阀门进行关闭。指挥类防空地下室，一般不进行消防给水系统的平战转换。防空地下室的消防给水系统设计是给水排水专业的重要设计内容。

10.1　应用规范

1. 主要适用规范

防空地下室消防给水系统设计，主要涉及：

《建筑设计防火规范》GB 50016—2014（2018 年版）；

《消防给水及消火栓系统技术规范》GB 50974—2014；

《人民防空工程设计防火规范》GB 50098—2009；

《自动喷水灭火系统设计规范》GB 50084—2017；

《建筑灭火器配置设计规范》GB 50140—2005 等。

防空地下室平时使用功能最多的是汽车库。《人民防空工程设计防火规范》GB 50098—2009 第 3.1.14 条规定：设置在人防工程内的汽车库、修车库，其防火设计应执行现行国家标准《汽车库、修车库、停车场设计防火规范》GB 50067 的有关规定。

2. 特殊术语与概念

在规范的应用中，要注意有关规范定义的特殊术语与概念：

（1）《建筑设计防火规范》GB 50016—2014（2018 年版）

1）生产或储存的火灾危险性分类

对生产和储存物品的火灾危险性划分了甲、乙、丙、丁、戊类。防空地下室中最常见的是生产或储存丙、丁、戊类物品，参见表 10-1。

生产及储存场所火灾危险性分类   表 10-1

用途	火灾危险性类别	火灾危险性特征
生产	丙	1. 闪点不小于 60℃的液体； 2. 可燃固体
	丁	1. 对不燃烧物质进行加工，并在高温或熔化状态下经常产生强辐射热、火花或火焰的生产； 2. 利用气体、液体、固体作为燃料或将气体、液体进行燃烧作其他用的各种生产； 3. 常温下使用或加工难燃烧物质的生产
	戊	常温下使用或加工不燃烧物质的生产
仓库	丙	1. 闪点不小于 60℃的液体； 2. 可燃固体
	丁	难燃烧物品
	戊	不燃烧物品

2）民用建筑分类和耐火等级

民用建筑根据其建筑高度和层数分为单层民用建筑、多层民用建筑和高层民用建筑。高层民用建筑根据其高度、使用功能和楼层的建筑面积分为一类高层民用建筑和二类高层民用建筑。

民用建筑的耐火等级分为一、二、三、四级，规范规定了各耐火等级建筑相应构件的燃烧性能和耐火时间。其中附建或单独建设的地下室及半地下室的耐火等级不低于一级。

3）防火分区

防火分区的作用在于发生火灾时，将火势控制在一定的范围内，以有利于灭火救援、减少火灾损失。其中地下或半地下建筑（室）防火分区的最大允许建筑面积为 500m²，用于设备用房时，不应大于 1000m²，当设有自动灭火系统时，面积可增加 1 倍。防火分区之间应采用防火墙分隔，确有困难时，可采用防火卷帘等防火分隔设施分隔。

针对商店、展览厅的特例要求是：一、二级耐火等级地下或半地下的商店营业厅、展览厅，当设置自动灭火系统和火灾自动报警系统并采用不燃或难燃材料装修时，其每个防火分区的最大允许建筑面积不应大于 2000m²。

对地下、半地下商店总面积的要求是：总建筑面积大于 20000m² 的地下或半地下商店，应采用无门、窗、洞口的防火墙及耐火极限不低于 2h 的楼板分隔为多个建筑面积不大于 20000m² 的区域。相邻区域确需局部连通时，应采用下沉式广场等室外开敞空间、防火间隔、避难走道、防烟楼梯间等方式进行连通。

（2）《自动喷水灭火系统设计规范》GB 50084—2017

1）火灾危险等级

根据火灾荷载、室内空间条件、人员密集程度、采用自动喷水灭火系统扑救初期火灾的难易程度，以及疏散、外部增援条件等因素，划分了自动喷水灭火系统设置场所的火灾危险等级。

轻危险等级：一般指可燃物品较少、可燃性低和火灾发热量较低、外部增援和疏散人员较容易的场所。

中危险等级：一般指内部可燃物数量为中等，可燃性也为中等，火灾初期不会引起剧烈燃烧的场所。大部分民用建筑和厂房划归为中危险等级。由于这类场所种类多、范围广，又划分了Ⅰ级、Ⅱ级。其中总面积<1000m² 的地下商场为中危险等级Ⅰ级；汽车停车场（库）、总面积≥1000m² 的地下商场为中危险等级Ⅰ级。

防空地下室在平时使用功能上，一般不允许按严重危险等级及仓库危险等级的功能使用。

2）作用面积

作用面积定义为一次火灾中系统按喷水强度保护的最大面积。防空地下室中虽然按照规范要求布置了大量的喷头，但自动喷水灭火系统主要用于扑灭初期火灾，仅保护预设的保护面积，超出这个面积范围的喷头，理论上不会喷水。中、轻危险等级的工程，作用面积均为160m²。

（3）《建筑灭火器配置设计规范》GB 50140—2005

1）灭火器配置场合的火灾种类

根据可燃物的类型和燃烧特性，一般将火灾种类划分为5类。灭火器的充填材料大多为化学物质，应该与配置场合的火灾种类相匹配，才能保证灭火效果和安全。

① A类火灾：指固体物质火灾。如木材、棉、毛、麻、纸张及其制品等燃烧的火灾。

② B类火灾：指液体火灾或可熔化固体物质火灾。如汽油、煤油、柴油、原油、甲醇、乙醇、沥青、石蜡等燃烧的火灾。

③ C类火灾：指气体火灾。如煤气、天然气、甲烷、乙烷、丙烷、氢气等燃烧的火灾。

④ D类火灾：指金属火灾。如钾、钠、镁、钛、锆、锂、铝镁合金等燃烧的火灾。

⑤ E类（带电）火灾：指带电物体的火灾。如发电机房、变压器室、配电间、仪器仪表间和电子计算机机房等燃烧时不能及时或不宜断电的电气设备带电燃烧的火灾。E类火灾是建筑灭火器配置设计的专用概念，主要指发电机、变压器、配电盘、开关箱、仪器仪表和电子计算机等在燃烧时仍旧带电的火灾，必须用能达到电绝缘性能要求的灭火器来灭火。对于那些仅有常规照明线路和普通照明灯具而且并无上述电气设备的普通建筑场所，可不按E类火灾的规定配置灭火器。

2）民用建筑灭火器配置场所的危险等级

与自动喷水灭火系统设计规范类似，定义了轻、中、严重3个火灾危险等级。

① 严重危险等级：使用性质重要，人员密集，用电用火多，可燃物多，起火后蔓延迅速，扑救困难，容易造成重大财产和人员群死群伤的场所；

② 中危险等级：使用性质较重要，人员较密集，用电用火较多，可燃物较多，起火后蔓延较迅速，扑救较难的场所；

③ 轻危险等级：使用性质一般，人员不密集，用电用火较少，可燃物较少，起火后蔓延较缓慢，扑救较易的场所。

上述危险等级定义属于相对性定义，在设计时需要对照规范附录中各适用场所的描述进行参考界定。

10.2　防空地下室火灾的特点

地上建筑的外墙有门窗和室外相通，一般情况下当火场温度上升到280℃以上时，窗户就自行破裂，80%以上的热烟可由破碎的窗户扩散到大气中去。同时，冷空气从窗户或孔洞中进行补充，冲淡火场烟气浓度，降低火场温度。

防空地下室为地下建筑，绝大多数没有窗口，与工程外部相连的孔洞少而且面积小。发生火灾时温度开始上升较慢，阴燃时间长，燃烧不充分，发烟量大，烟雾浓，不能及时排到室外，在建筑物中聚集。燃烧物中还会产生各种有毒分解物，危害工程内部人员的生命安全。防空地下室火灾有如下特点：

（1）空间封闭，烟大温度高

防空地下室空间封闭、结构厚，发生火灾后，烟气大、温度高，由于不能通过开启门窗排烟，火灾热烟难以排出，散热缓慢，内部空间温度上升快。

火灾时的发烟量与可燃物的物理化学特性、燃烧状态、供氧充足程度有关。防空地下室火灾开始时与地面建筑情况相近，在同等条件下，防空地下室发生火灾时一般供氧不足，阴燃时间稍长，发烟量大。由于烟的迅速集聚并迅速在工程内扩散，工程内很快充满烟，有限的人员出入口会变成"烟筒"，热烟流动方向与人员疏散方向一致，而人运动的速度小于烟气流动的速度。人水平疏散的速度，正常条件下为 $1.0 \sim 1.2 m/s$，烟气水平流动的速度为 $0.5 \sim 1.5 m/s$；人上楼梯的速度最快为 $0.6 m/s$，而烟气向上流动的速度为水平方向流动速度的 $3 \sim 5$ 倍。因此，火灾人员疏散时必然受到上升烟气的影响。

（2）火灾会提前出现"爆燃"现象

由于防空地下室内部空间封闭，发生火灾后，温度提高很快，会提前出现"爆燃"现象。根据地面建筑燃烧实验，当火灾房间的温度上升到 400℃ 以上时，火灾房间会瞬时由局部燃烧变为全面燃烧，房间一切可燃物会在瞬间全部烧着，并伴随着较大的响声，形成爆燃。之后温度可能会升至 $800 \sim 900℃$。表 10-2 列出了火灾标准时间温度曲线值。

火灾标准时间温度曲线值 表 10-2

时间（min）	5	10	15	30	60	90	120	180	240	360
温度（℃）	556	659	718	821	925	986	1029	1090	1133	1193

火灾房间空气体积急剧膨胀，烟气中的 CO、CO_2 等有害气体的浓度迅速增高。这种高温有毒的浓烟气体冲到哪里，就会使那里的可燃物燃烧。而人体对高温的耐受时间是有限度的，如表 10-3 所示。

掩蔽人员对高温的耐受时间 表 10-3

温度（℃）	150	140	100	$46 \sim 85$	$35 \sim 41$
时间	<5min	5min	30min	$4 \sim 8h$	$27 \sim 72h$

（3）缺氧、有毒气体突增

当可燃物燃烧时会导致防空地下室内缺氧，同时不完全燃烧产生的 CO 及人工合成的有机材料的燃烧会产生许多有毒气体，使人缺氧晕倒、中毒死亡。表 10-4 ～ 表 10-6 分别列出了缺氧、CO、CO_2 对人体的影响。

缺氧对人体的影响 表 10-4

空气中含氧量（%）	对人体的影响
15～21	肌肉活动能力下降
10～15	四肢无力，产生判断错误
6～10	晕倒

CO 对人体的影响 表 10-5

CO 浓度（%）	呼吸时间	产生的症状
0.05	3h	可能死亡
0.15	20min	头痛、呕吐，数小时内死亡
0.4	1h	丧失知觉、呼吸停止、直至死亡
1.3	呼吸一口	昏迷，1～3min 死亡

CO_2 对人体的影响 表 10-6

CO_2 浓度（%）	主要症状
1	呼吸加深，对工作效率无明显影响
3	头痛、呕吐，数小时内死亡
5	呼吸困难，心跳加快，头痛，人员很快疲劳
6	严重喘息，虚弱无力
9～10	动作不协调，约 10min 后发生昏迷
10～11	5min 后可窒息死亡

（4）疏散困难

导致疏散困难的原因主要有：

1）防空地下室没有窗户，无法从窗户疏散出去，只能从安全出口疏散。

2）工程内全部采用人工照明，无法利用自然光照明，能见度低，疏散扑救困难。火灾时，正常电源切断，人员依靠事故照明和疏散标志指示灯疏散，无自然采光，能见度低，安全疏散比地面困难。

3）烟气从两方面影响疏散，一是烟雾遮挡光线，影响视线，使人看不清道路；二是烟气中的 CO 等有毒气体，直接威胁到人身安全。

4）发生火灾时，被困人员易惊慌、拥挤、过分集中在出入口处，易造成人员伤亡。

（5）扑救困难

地下火灾比地面火灾在扑救上要困难得多，主要表现在以下几方面：

1）指挥员决策困难。地面火灾，指挥员到达现场，对建筑物的结构、形状、着火部位等一目了然，经过简单勘察，就能作出灭火方案，发出灭火作战命令。而地下火场情况复杂，又不能直观看到，需要经过详细地询问、调查后才能作出决策，时间长，难度大。

2）通信指挥困难。地面上有线、无线等通信器材均可使用，有时打个手势也能解决问题，地下火场就困难得多。

3）进入火场困难。地面火场消防队员可以从四面八方进入，而地下火场只有出入口一条道，特别是在有人员疏散的情况下，消防队员进入火场受到疏散人员的阻挡。同时视线受阻，地下建筑一旦发生火灾会迅速产生很浓的烟雾，而不会像地上建筑那样有 80% 的烟雾可以从破碎的窗户扩散到大气中去，浓烟使能见度变得极低。

4）烟雾和高温影响灭火工作。地下建筑内本身就缺氧，如果燃烧产生了大量的有毒气体，而有毒气体含量增多的同时，也会消耗大量的氧气，对人的生存构成极大威胁。同时灼热的烟气在地下建筑内很难散出。地下火场的高温和浓烟，使得消防人员不戴氧气呼吸器是无法工作的，而戴上又负担太重。

5）灭火设备和灭火场地受限制。地面火灾，消防队的大型设备、车辆均可调用，靠近火场能充分发挥作用。地下建筑的出入口一般较少，而且内部通道弯曲狭窄，火情不明。火灾时地下建筑的出入口向外冒着高温烈焰和滚滚浓烟，水枪射流往往鞭长莫及或击不中火点。地下火场可调用的外部消防设备受到很多限制。

（6）防空地下室火灾扑救应立足于自救

对于大型防空地下室，往往与地面众多的商业建筑、地下交通通道等构成一个综合体，出入口多、内部空间关系复杂。平时人员迷路的可能性就大，发生火灾后更不利于疏散和救火。根据防空地下室的平时使用情况和火灾特点，在新建、扩建、改建时要做好防火设计，采取可靠措施，利用先进技术，预防火灾发生。一旦发生火灾，做到立足自救，即应设置完善的消防给水系统，工程管理人员能利用火灾自动报警系统、建筑灭火器、室内消火栓系统、自动喷水灭火系统、消防水源、防排烟设施、火灾应急照明等设施条件，完成疏散和灭火的任务，特别是立足把火灾扑灭在初期阶段。

10.3　消火栓给水系统

10.3.1　设计用水量

1. 室内消防用水量

《人民防空工程设计防火规范》GB 50098—2009 第 7.3.2 条：室内消火栓用水量应符合表 10-7 的规定。

室内消火栓最小用水量　　　　　　　　　　　　　　　　　表 10-7

建筑物名称	体积 V(m³)	同时使用水枪数量（支）	每支水枪最小流量（L/s）	消火栓用水量（L/s）
展览厅、影剧院、礼堂、健身体育场所	V≤1000	1	5	5
	1000<V≤2500	2	5	10
	V>2500	3	5	15
商场、餐厅、旅馆、医院	V≤5000	1	5	5
	5000<V≤10000	2	5	10
	10000<V≤25000	3	5	15
	V>25000	4	5	20
丙、丁、戊类生产车间、自行车库	V≤2500	1	5	5
	V>2500	2	5	10
丙、丁、戊类库房、图书资料档案库	V≤3000	1	5	5
	V>3000	2	5	10

《消防给水及消火栓系统技术规范》GB 50947—2014 第 3.5.2 条：涉及地下建筑及人防工程室内消火栓的设计流量应符合表 10-8 的规定。该条文的附注 3 规定：当一座多层建筑有多种使用功能时，室内消火栓设计流量应分别按表 10-8 中不同功能计算，且应取最大值。第 3.5.3 条规定：当建筑物室内设有自动喷水灭火系统、水喷雾灭火系统、泡沫灭火系统或固定消防炮系统等一种或两种以上自动水灭火系统全保护时，高层建筑当高度不超过 50m 且室内消火栓流量超过 20L/s 时，其室内消火栓设计流量可按表 10-8 减少 5L/s；多层建筑室内消火栓设计流量可减少 50%，但不应小于 10L/s。

地下建筑及人防工程室内消火栓设计流量　　　　表 10-8

建筑物名称		体积 V(m³)	消火栓设计流量（L/s）	同时使用消防水枪数（支）	每根竖管最小流量（L/s）
地下建筑		$V \leqslant 5000$	10	2	10
		$5000 < V \leqslant 10000$	20	4	15
		$10000 < V \leqslant 25000$	30	6	15
		$V > 25000$	40	8	20
人防工程	展览厅、影院、剧场、礼堂、健身体育场所	$V \leqslant 1000$	5	1	5
		$1000 < V \leqslant 2500$	10	2	10
		$V > 2500$	15	3	10
	商场、餐厅、旅馆、医院	$V \leqslant 5000$	5	1	5
		$5000 < V \leqslant 10000$	10	2	10
		$10000 < V \leqslant 25000$	15	3	10
		$V > 25000$	20	4	10
	丙、丁、戊类生产车间、自行车库	$V \leqslant 2500$	5	1	5
		$V > 2500$	10	2	10
	丙、丁、戊类库房、图书资料档案库	$V \leqslant 3000$	5	1	5
		$V > 3000$	10	2	10

从表 10-7 和表 10-8 可以看出，两本规范对人防工程室内消防用水量的要求是一致的，《人民防空工程设计防火规范》GB 50098—2009 明确了每支水枪的最小流量，《消防给水及消火栓系统技术规范》GB 50947—2014 明确了每根竖管的最小流量。差异是防空地下室多数按层设独立的消火栓给水管道，表 10-8 中竖管设计流量实际上没有实质意义，一般只有消火栓的给水引入管，无其他立管，应能保证给水横管能通过消防全部流量。

《汽车库、修车库、停车场设计防火规范》GB 50067—2014 中与室内消火栓用水量计算有关的条文有：

第 3.0.1 条：汽车库、修车库、停车场的分类应根据停车（车位）数量和总建筑面积确定，并应符合表 10-9 的规定。

汽车库、修车库、停车场分类　　　　表 10-9

名称		Ⅰ	Ⅱ	Ⅲ	Ⅳ
汽车库	停车数量（辆）	>300	151~300	51~150	≤50
	总建筑面积 S(m²)	$S > 10000$	$5000 < S \leqslant 10000$	$2000 < S \leqslant 5000$	$S \leqslant 2000$

名称		Ⅰ	Ⅱ	Ⅲ	Ⅳ
修车库	车位数（个）	>15	6～15	3～5	≤2
	总建筑面积 S（m²）	$S>3000$	$1000<S≤3000$	$500<S≤5000$	$S≤500$
停车场	停车数量（辆）	>400	251～400	101～250	≤100

第 7.1.8 条：除本规范另有规定外，汽车库、修车库应设置室内消火栓系统，其消防用水量应符合下列规定：

（1）Ⅰ、Ⅱ、Ⅲ类汽车库及Ⅰ、Ⅱ类修车库的用水量不应小于 10L/s，系统管道内的压力应保证相邻两个消火栓的水枪充实水柱同时到达室内任何部位；

（2）Ⅳ类汽车库及Ⅲ、Ⅳ类修车库的用水量不应小于 5L/s，系统管道内的压力应保证一个消火栓的水枪充实水柱到达室内任何部位。

由于修车库的汽车修理车位不可避免地要有明火作业和使用易燃物品，喷漆车间的挥发性有机溶剂容易产生易燃易爆蒸气，电瓶充电时容易产生氢气，火灾的危险性较大。所以在防空地下室建设规划及维护管理中，不允许平时作修车库使用。

《汽车库、修车库、停车场设计防火规范》GB 50067—2014 对室内消火栓最小用水量的要求是≥10L/s，在相同建筑面积的条件下，比《消防给水及消火栓系统技术规范》GB 50947—2014 及《人民防空工程设计防火规范》GB 50098—2009 的要求相对较低。这主要是因为汽车库平时仅有少量人员短时间停留，不同于地下商业场所，有大量人员聚集和长期在工程内工作、活动。

2. 室外消防用水量

《消防给水及消火栓系统技术规范》GB 50947—2014 第 3.3.2 条：建筑物室外消火栓设计流量不应小于表 10-10 的规定。该条文的附注 1 规定：成组布置的建筑物应按消火栓设计流量较大的相邻两座建筑物的体积之和确定，据此可以推断：

（1）附建有防空地下室的建筑，按建筑体积确定室外消火栓设计流量时，应按地面建筑、防空地下室、其他地下建筑面积之和计算；

（2）防空地下室是整个建筑的一部分，室外消防用水量不需要单独计算；

（3）表 10-10 中，"地下建筑（包括地铁）、平战结合的人防工程"应指没有地面建筑的单建式地下建筑或人防工程。

建筑物室外消火栓设计流量（L/s）　　　　　　　　　表 10-10

耐火等级	建筑物名称及类别		建筑体积（m³）					
			$V≤1500$	$1500<V$ $≤3000$	$3000<V$ $≤5000$	$5000<V$ $≤20000$	$20000<V$ $≤50000$	$V>50000$
一、二级	民用建筑	住宅				15		
		公共建筑　单层及多层	15		25		30	40
		公共建筑　高层	—			25	30	40
	地下建筑（包括地铁）、平战结合的人防工程		15		20		25	30

耐火等级	建筑物名称及类别	建筑体积（m³）					
		$V \leqslant 1500$	$1500 < V \leqslant 3000$	$3000 < V \leqslant 5000$	$5000 < V \leqslant 20000$	$20000 < V \leqslant 50000$	$V > 50000$
三级	单层及多层民用建筑	15	20	25	30	—	
四级	单层及多层民用建筑	15	20	25	—		

《人民防空工程设计防火规范》GB 50098—2009 第 7.5.1 条：当人防工程内消防用水总量大于 10L/s 时，应在人防工程外设置水泵接合器，并应设置室外消火栓。第 7.5.2 条：水泵接合器和室外消火栓的数量，应按人防工程内消防用水总量确定，每个水泵接合器和室外消火栓的流量应按 10～15L/s 计算。根据前面对室外消防用水量计算的分析，这两条适用于单建式人防工程。

《汽车库、修车库、停车场设计防火规范》GB 50067—2014 中与室外消火栓用水量计算有关的条文有：

第 7.1.5 条：除本规范另有规定外，汽车库、修车库、停车场应设置室外消火栓系统，其室外消防用水量应按消防用水量最大的一座计算，并应符合下列规定：

（1）Ⅰ、Ⅱ类汽车库、修车库、停车场，不应小于 20L/s；

（2）Ⅲ类汽车库、修车库、停车场，不应小于 15L/s；

（3）Ⅳ类汽车库、修车库、停车场，不应小于 10L/s。

当防空地下室平时功能为汽车库时，应按 7.1.5 条确定室外消火栓设计用水量，并与按《消防给水及消火栓系统技术规范》GB 50947—2014 第 3.3.2 条确定的流量进行比较，选其中的大值作为整个工程的室外消火栓设计用水量。

3. 消防用水量

《消防给水及消火栓系统技术规范》GB 50947—2014 第 3.6.1 条：消防给水一起火灾灭火用水量应按需要同时作用的室内、外消防给水用水量之和计算，两座及以上建筑合用时，应取最大者，并应按下列公式计算：

$$V = V_1 + V_2 \tag{10-1}$$

$$V_1 = 3.6 \sum_{i=1}^{n} q_{1i} \cdot t_{1i} \tag{10-2}$$

$$V_2 = 3.6 \sum_{i=1}^{m} q_{2i} \cdot t_{2i} \tag{10-3}$$

式中　V——建筑消防给水一起火灾灭火用水总量，m³；

V_1——室外消防给水一起火灾灭火用水量，m³；

V_2——室内消防给水一起火灾灭火用水量，m³；

q_{1i}——室外第 i 种水灭火系统的设计流量，L/s；

t_{1i}——室外第 i 种水灭火系统的火灾延续时间，h；

n——建筑需要同时作用的室外水灭火系统数量；

q_{2i}——室内第 i 种水灭火系统的设计流量，L/s；

t_{2i}——室内第 i 种水灭火系统的火灾延续时间，h；

m——建筑需要同时作用的室内水灭火系统数量。

第 3.6.2 条：人防工程建筑面积＜3000m² 时，火灾延续时间为 1.0h；建筑面积≥3000m² 时，火灾延续时间为 2.0h。地下建筑、地铁车站，火灾延续时间为 2.0h。

《汽车库、修车库、停车场设计防火规范》GB 50067—2014 第 7.1.15 条：采用消防水池作为消防水源时，其有效容量应满足火灾延续时间内室内、外消防用水量之和的要求。第 7.1.16 条：火灾延续时间应按 2.00h 计算。

10.3.2　系统组成及设计要求

根据《人民防空工程设计防火规范》GB 50098—2009，下列防空地下室和部位应设置室内消火栓：

(1) 建筑面积大于 300m² 的防空地下室；

(2) 电影院、礼堂、消防电梯间前室和避难走道。

防空地下室消火栓系统的组成包括：消火栓设备、消防管道、消防水池、高位消防水箱、水泵接合器及增压水泵等。为了减少防空地下室消防给水系统的造价，除消火栓设备、消防管道外，其他设备设施一般与地面建筑或其他地下建筑共用。

在现行 3 本规范中，对防空地下室消火栓设备、消防管道、消防水池、水泵接合器、增压水泵等要求基本相同。其中《消防给水及消火栓系统技术规范》GB 50947—2014 是专业级规范，要求更为详细，相关设计应参照该规范执行。

1. 消火栓设备

消火栓设备由水枪、水带和消火栓组成，均安装于消火栓箱内。由于每支水枪的最小流量≥5L/s，所以应选择 DN65 消火栓，并可与消防软管卷盘或轻便水龙设置在同一箱体内。应配置长度不超过 25m、有内衬里的 65mm 消防水带；消防软管卷盘应配置内径不小于 φ19 的消防软管，长度宜为 30.0m；轻便水龙应配置直径 25mm 有内衬的消防水带，长度宜为 30.0m。应配置当量喷嘴直径 19mm 的消防水枪；消防软管卷盘和轻便水龙应配置当量喷嘴直径 6mm 的消防水枪。

室内消火栓的布置应满足同一平面内有 2 支消防水枪的 2 股充实水柱同时到达任何部位的要求。表 10-8 规定的可采用 1 支消防水枪的场所，可采用 1 支消防水枪的 1 股充实水柱到达室内任何部位。

室内消火栓栓口的安装高度应便于消防水带的连接和使用，其距地面高度宜为 1.1m；其出水方向应便于消防水带的敷设，并宜与设置消火栓的墙面成 90°角或向下。

室内消火栓宜按行走距离计算其布置间距，并应符合下列规定：消火栓按 2 支消防水枪的 2 股充实水柱布置的建筑物，消火栓的布置间距不应大于 30m；消火栓按 1 支消防水枪的 1 股充实水柱布置的建筑物，消火栓的布置间距不应大于 50m。消防软管卷盘和轻便水龙的用水量可不计入消防用水总量。

消防水枪充实水柱应按 10m 计算，消火栓栓口动压不应小于 0.25MPa。室内消火栓栓口动压不应大于 0.50MPa，当大于 0.70MPa 时应设置减压装置。

2. 水泵接合器

上述 3 本规范在水泵接合器的设置要求方面基本相同。其中《消防给水及消火栓系统技术规范》GB 50947—2014 第 5.4.1 条第 3 款规定：室内消火栓设计流量大于 10L/s 平战结合的人防工程应设置消防水泵接合器。第 5.4.3 条：消防水泵接合器的给水流量宜按每个 10～15L/s 计算。每种水灭火系统的消防水泵接合器设置的数量应按系统设计流量经计算确定，但当计算数量超过 3 个时，可根据供水可靠性适当减少。

水泵接合器应设置在室外便于消防车使用的地点，且距室外消火栓或消防水池的距离不宜小于 15m，并不宜大于 40m。

墙壁消防水泵接合器的安装高度距地面宜为 0.7m；与墙面上的门、窗、孔、洞的净距离不应小于 2.0m，且不应安装在玻璃幕墙下方；地下消防水泵接合器的安装，应使进水口与井盖底面的距离大于 0.40m，且不小于井盖的半径。

水泵接合器处应设置永久性标志铭牌，并应标明供水系统、供水范围和额定压力。

3. 消防管道

向室外、室内环状消防给水管网供水的输水干管不应少于两条，当其中一条发生故障时，其余的输水干管应仍能满足消防给水设计流量。

对于室外消防给水管网，当采用两路消防供水时应采用环状管网，但当采用一路消防供水时可采用枝状管网；管道的直径应根据流量、流速和压力要求经计算确定，但不应小于 DN100；消防给水管道应采用阀门分成若干独立段，每段内室外消火栓的数量不宜超过 5 个。

对于室内消防给水管网，室内消火栓系统管网应布置成环状，当室外消火栓设计流量不大于 20L/s，且室内消火栓不超过 10 个时，可布置成枝状；当由室外生产生活消防合用系统直接供水时，合用系统除应满足室外消防给水设计流量以及生产和生活最大小时设计流量的要求外，还应满足室内消防给水系统的设计流量和压力要求；室内消防给水管道管径应根据系统设计流量、流速和压力要求经计算确定；室内消火栓竖管管径应根据竖管最低流量经计算确定，但不应小于 DN100。

消防给水管道的设计流速不宜大于 2.5m/s，且不应大于 7m/s。

架空管道当系统工作压力小于等于 1.20MPa 时，可采用热浸镀锌钢管；当系统工作压力大于 1.20MPa 时，应采用热浸镀锌加厚钢管或热浸镀锌无缝钢管；当系统工作压力大于 1.60MPa 时，应采用热浸镀锌无缝钢管。

架空管道的连接宜采用沟槽连接件（卡箍）、螺纹、法兰、卡压等方式连接，不宜采用焊接连接。当管径小于等于 DN50 时，应采用螺纹连接、卡压连接，当管径大于 DN50 时，应采用沟槽连接件连接、法兰连接，当安装空间较小时应采用沟槽连接件连接。

架空充水管道应设置在环境温度不低于 5℃ 的区域，当环境温度低于 5℃ 时，应采取防冻措施；室外架空管道当温差变化较大时应校核管道系统的膨胀和收缩，并应采取相应的技术措施。

当埋地管道直径不小于 DN100 时，应在管道弯头、三通和堵头等位置设置钢筋混凝土支墩。消防给水管道不宜穿越建筑基础，当必须穿越时，应采取防护套管等保护措施。埋地钢管和铸铁管，应根据土壤和地下水腐蚀性等因素确定管外壁防腐措施。

4. 消防水源及消防水池

市政给水、消防水池、天然水源等可作为消防水源，宜采用市政给水管网供水。当市政给水管网连续供水时，消防给水系统可采用市政给水管网直接供水。如果工程所在地区的市政供水为间歇式定时供水，则不能将市政给水作为工程消防供水的直接水源。

消防水池用于无室外消防水源或市政供水不能满足室内、外消防用水量的情况，贮存火灾延续时间内的室内、外消防用水量。消防水池可设于室外地下或地面上，也可设在地下室。符合下列规定之一时，应设置消防水池：当生产、生活用水量达到最大时，市政给水管网或引入管不能满足室内、外消防用水量时；当采用一路消防供水或只有一条引入管，且室外消火栓设计流量大于 20L/s 或建筑高度大于 50m 时；市政消防给水设计流量小于建筑的消防给水设计流量时。

消防水池有效容积的计算应符合下列规定：当市政给水管网能保证室外消防给水设计流量时，消防水池的有效容积应满足在火灾延续时间内室内消防用水量的要求；当市政给水管网不能保证室外消防给水设计流量时，消防水池的有效容积应满足在火灾延续时间内室内消防用水量和室外消防用水量不足部分之和的要求。

消防水池进水管应根据其有效容积和补水时间确定，补水时间不宜大于 48h，但当消防水池有效总容积大于 2000m³ 时，不应大于 96h。消防水池给水管管径应经计算确定，且不应小于 DN100。

当消防水池采用两路供水且在火灾情况下连续补水能满足消防要求时，消防水池的有效容积应根据计算确定，但不应小于 100m³，当仅设有消火栓系统时不应小于 50m³。消防水池补水管的平均流速不宜大于 1.5m/s。

消防水池的总蓄水有效容积大于 500m³ 时，宜设置两格能独立使用的消防水池；当大于 1000m³ 时，应设置能独立使用的两座消防水池。每格（每座）消防水池应设置独立的出水管，并应设置满足最低有效水位的连通管，且其管径应能满足消防给水设计流量的要求。

消防用水与其他用水共用的水池，应采取确保消防用水不作他用的技术措施。消防水池的出水管应保证消防水池的有效容积能被全部利用；消防水池应设置就地水位显示装置，并应在消防控制中心或值班室等地点设置显示消防水池水位的装置，同时应有最高和最低报警水位；消防水池应设置溢流管和排水设施，并应采用间接排水。消防水池应设通气管（呼吸管）、溢流、防虫鼠等措施。

消防水池及消防泵房进出管道多，不利于防护，防空地下室的消防水池及消防泵房一般布置在非防护区，并尽可能与地面建筑共用，以减少造价。

5. 高位消防水箱、稳压泵、消防水泵

防空地下室消火栓及自动喷水灭火系统的初期火灾供水、消防稳压、消防增压供水，一般与地面建筑（或非人防地下室）消火栓及自动喷水灭火系统共用。当同一个建筑项目，防空地下室与地面建筑分属两家设计单位设计时，专业设计人员需加强配合，使系统更加经济合理，以便节约造价、提高消防系统的可靠性。

6. 消防排水

设有消防给水的防空地下室，必须设置消防排水设施。平时作为汽车库使用的防空地下室，宜在地面找平层、装饰层上设浅的排水明沟，便于消防废水排至消防废水集水坑。消防排水集水坑、消防排水泵设置数量较多，排水能力大。平时及战时使用的生活污水集水坑及排水泵宜充分利用消防排水集水坑及消防排水泵，在水泵的选择上要同时满足生活污水排水及相应的消防排水的要求。排水泵的出水管上应设便于水泵检修的阀门及防止室外雨、污水倒灌的单向阀。

地面建筑的消防电梯一般布置在防护区外，消防电梯井底集水井的有效容积不应小于

2.0m³；其排水泵的排水量不应小于 10L/s。消防时，允许地面有短时间少量的积水的工程，消防排水量一般按消防给水量的 80％设计；汽车库宜按消防给水量的 100％设计。

10.4　自动喷水灭火系统

10.4.1　设置要求

《人民防空工程设计防火规范》GB 50098—2009 第 7.2.2 条：下列人防工程和部位宜设置自动喷水灭火系统；当有困难时，也可设置局部应用系统，局部应用系统应符合现行国家标准《自动喷水灭火系统设计规范》GB 50084 的有关规定：

（1）建筑面积大于 100m²，且小于或等于 500m² 的地下商店和展览厅；

（2）建筑面积大于 100m²，且小于或等于 1000m² 的影剧院、礼堂、建设体育场所、旅馆、医院等；建筑面积大于 100m²，且小于或等于 500m² 的丙类库房。

第 7.2.3 条：下列人防工程和部位应设置自动喷水灭火系统：

（1）除丁、戊类物品库房和自行车库外，建筑面积大于 500m² 的丙类库房和其他建筑面积大于 1000m² 的人防工程。

（2）大于 800 个座位的电影院和礼堂的观众厅，且吊顶下表面至观众席室内地面高度不大于 8m 时；舞台使用面积大于 200m² 时；观众厅与舞台之间的台口宜设置防火幕或水幕分隔。

（3）采用防火卷帘代替防火墙或防火门，当防火卷帘不符合防火墙耐火极限的判定条件时。

（4）歌舞娱乐放映游艺场所。

（5）建筑面积大于 500m² 的地下商店和展览厅。

（6）燃油或燃气锅炉房和装机总容量大于 300kW 的柴油发电机房。

300kW 及以下的小型柴油发电机房规模小，可只配置建筑灭火器。300kW 以上的柴油发电机房，设置自动喷水灭火系统是最低要求，设置其他灭火系统或水喷雾灭火系统是更好的选择。

《汽车库、修车库、停车场设计防火规范》GB 50067—2014 第 7.2.1 条第 2 款规定：停车数大于 10 辆的地下、半地下汽车库应设置自动喷水灭火系统。第 7.2.6 条第 1 款规定：喷头应设置在汽车库停车位的上方或侧上方，对于机械式汽车库，尚应按停车的载车板分层布置，且应在喷头的上方设置集热板。

《建筑设计防火规范》GB 50016—2014（2018 年版）中与地下工程自动喷水灭火系统设置要求相关的规定主要有：

总建筑面积大于 500m² 的可燃物品地下仓库，应设置自动喷水灭火系统。

应设置自动灭火系统，并宜采用自动喷水灭火系统的场所有：

一类高层公共建筑（除游泳馆、溜冰场外）及其地下、半地下室。

二类高层公共建筑及其地下、半地下室的公共活动用房、走道、办公室和旅馆的客房、可燃物品库房、自动扶梯底部；建筑面积大于 500m² 的地下或半地下商店。

设置在地下或半地下的歌舞娱乐放映游艺场所（除游泳场所外）。

上述各规范除有特殊规定外，自动喷水灭火系统的火灾延续时间均要求为 1h。

10.4.2　设计基本参数

自动喷水灭火系统的设计用水量，主要涉及火灾危险等级、喷水强度、作用面积等参数。《人民防空工程设计防火规范》GB 50098—2009 第 7.3.3 条：人防工程内自动喷水灭火系统的用水量，应按现行国家标准《自动喷水灭火系统设计规范》GB 50084 的有关规定执行。

根据《自动喷水灭火系统设计规范》GB 50084—2017，与防空地下室湿式自动喷水灭火系统设计相关的主要参数如表 10-11 所示。

民用建筑湿式系统的设计基本参数 表 10-11

火灾危险等级		最大净空高度 h(m)	喷水强度 [L/(min·m²)]	作用面积（m²）
轻危险级			4	
中危险级	Ⅰ级	$h \leqslant 8$	6	160
	Ⅱ级		8	

系统最不利点处洒水喷头的工作压力不应低于 0.05MPa。

对防空地下室防护卷帘进行冷却保护时，系统应独立设置。喷头高度不超过 4m 时，喷水强度不应小于 0.5L/(s·m)；当超过 4m 时，每增加 1m，喷水强度应增加 0.1L/(s·m)。喷头的设置应确保喷洒到被保护对象后布水均匀，喷头间距应为 1.8～2.0m；喷头溅水盘与防火分隔设施的水平距离不应大于 0.3m。持续喷水时间应不小于系统设置部位的耐火极限要求。

10.4.3　其他要求

1. 喷头

防空地下室自喷湿式系统常用标准覆盖面积、标准响应喷头，流量系数 $K \geqslant 80$。其公称动作温度宜高于环境最高温度 30℃。平时作汽车库使用时，一般不做吊顶，配水干管布置在梁下，应采用直立型洒水喷头。有吊顶时，应采用下垂型洒水喷头或吊顶型洒水喷头。配合防火卷帘使用的自动喷水防护冷却系统可采用边墙型洒水喷头。平时作为商场使用时，宜采用快速响应喷头。自动喷水灭火系统应有备用洒水喷头，其数量不应少于总数的 1%，且每种型号均不得少于 10 只。

2. 报警阀组

一个报警阀组控制的洒水喷头数量，湿式系统不宜超过 800 只；干式系统不宜超过 500 只。当配水支管同时设置保护吊顶下方和上方空间的洒水喷头时，应只将数量较多一侧的洒水喷头计入报警阀组控制的洒水喷头总数。

连接报警阀组进、出口的控制阀应采用信号阀。当不采用信号阀时，控制阀应设锁定阀位的锁具。

3. 水流指示器

除报警阀组控制的洒水喷头只保护不超过防火分区面积的同层场所外，每个防火分区、每个楼层均应设水流指示器。当水流指示器入口前设置控制阀时，应采用信号阀。

4. 末端试水装置

图 10-1 所示为末端试水装置样图。每个报警阀组控制的最不利点喷头处应设末端试水装置，如图 10-1 (a) 所示；其他防火分区、楼层均应设直径为 25mm 的试水阀，如图 10-1 (b) 所示。

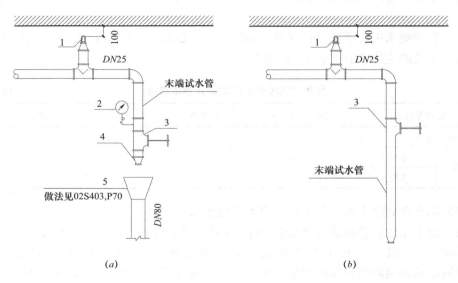

图 10-1　末端试水装置样图
(a) 末端试水装置；(b) 末端试水阀
1—最不利处喷头；2—压力表；3—球阀；4—试水接头；5—排水漏斗

末端试水装置应由试水阀、压力表以及试水接头组成。试水接头出水口的流量系数，应等同于同楼层或防火分区内的最小流量系数洒水喷头。末端试水装置的出水，应采取孔口出流的方式排入排水管道。末端试水装置和试水阀应有标识，距地面的高度宜为 1.5m，并采取不被他用的措施。

当同一楼层有不同流量系数的喷头时，试水接头的流量系数按最小流量系数的喷头确定，其目的是检验系统的可靠性，即能否在开放一只喷头的最不利条件下，系统可靠报警并正常启动。

试水接头的出水要求直接排入排水管道，不得在试水接头上加接软管，目的是防止改变试水接头出水口的水力状态，影响测试结果。

压力表要求安装在控制阀的上侧，便于平时维护管理时，直观看到管道系统的水压情况。

5. 喷头布置

喷头应布置在顶板或吊顶下易于接触到火灾热气流并有利于均匀布水的位置。直立型、下垂型标准覆盖面积洒水喷头的布置，包括同一根配水支管上喷头的间距及相邻配水支管的间距，应根据设置场所的火灾危险等级、洒水喷头类型和工作压力确定，并不应大于表 10-12 的规定，且不应小于 1.8m。

直立型、下垂型标准覆盖面积洒水喷头的布置　　　　　　　　　表 10-12

火灾危险等级	正方形布置的边长（m）	矩形或平行四边形布置的长边边长（m）	一只喷头的最大保护面积（m²）	喷头与端墙的最大距离（m）
轻危险级	4.4	4.5	20.0	2.2
中危险Ⅰ级	3.6	4.0	12.5	1.8
中危险Ⅱ级	3.4	3.6	11.5	1.7

　　防空地下室平时作为汽车库比较多，为了充分利用面积，车库结构柱网多采用 8.1m 或 8.4m 的间距，可停 3 辆车。防空地下室有尺寸较大的梁或柱帽，会影响自喷管道的排布。喷头布置时，一般按照各柱网相对均匀，并尽量避开梁及柱帽对管道排布的影响进行布置。同时满足《汽车库、修车库、停车场设计防火规范》GB 50067—2014 第 7.2.6 条第 1 款的规定：喷头应设置在汽车库停车位的上方或侧上方，对于机械式汽车库，尚应按停车的载车板分层布置，且应在喷头的上方设置集热板。

6. 管道

　　轻、中危险级场所中配水支管、配水管控制的标准流量洒水喷头数量，不宜超过表 10-13 的规定。

喷头数量限制　　　　　　　　　　　　　　　表 10-13

公称管径（mm）	控制喷头数（只）	
	轻危险级	中危险级
25	1	1
32	3	3
40	5	4
50	10	8
65	18	12
80	48	32
100	—	64

　　配水管两侧每根配水支管控制的标准流量洒水喷头数量，轻、中危险级场所不应超过 8 只，同时在吊顶上下设置喷头的配水支管，上下侧均不应超过 8 只。

　　短立管及末端试水装置的连接管，其管径不应小于 25mm。

7. 供水

　　高压消防给水系统是指能始终满足水灭火系统所需的工作压力和流量，火灾时无需消防水泵直接加压的供水系统。多数建筑不具备消防高压给水的条件。

　　临时高压消防给水系统是指平时不能满足水灭火系统所需的工作压力和流量，火灾时能自动启动消防水泵以满足水灭火系统所需的工作压力和流量的供水系统。常见的有设高位消防水箱的系统。高位消防水箱利用重力直接向水灭火系统供应初期火灾消防用水量，可靠性高，在水源上是消防水池的一种冗余。

　　采用临时高压消防给水系统的自动喷水灭火系统，应设置高位消防水箱。自动喷水灭火系统可与消火栓系统合用高位消防水箱。对于小区内独立建设，无上部建筑的防空地下室，当设置高位消防水箱确有困难时，可不设高位消防水箱，应设置气压给水设备。根据

《自动喷水灭火系统设计规范》GB 50084—2017 第 10.3.3 条，气压给水设备的有效水容积，应按系统最不利点处 4 只喷头在最低工作压力下 5min 用水量确定。如选用标准覆盖面积 $K=80$ 的喷头，每只喷头流量为：

$$q = K\sqrt{10P} = 80 \times \sqrt{10 \times 0.05} = 56.6 \text{L/min}$$

4 只喷头 5min 流量为：$4 \times 5 \times 56.6 = 1132 \text{L}$。

10.4.4 水力计算

自动喷水灭火系统管网水力计算的目的在于确定管网各管段管径、计算管网所需供水水压、确定高位消防水箱的设置高度和选择消防水泵。管网水力计算首先是计算管段的设计流量。

1. 喷头流量

系统最不利点处喷头的工作压力应通过计算确定，喷头流量应按公式（10-4）计算。

$$q = K\sqrt{10P} \tag{10-4}$$

式中　q——喷头流量，L/min；

　　　P——喷头工作压力，MPa；

　　　K——喷头流量系数。

2. 系统设计流量

自动喷水灭火系统设计流量，应按最不利点处作用面积内喷头同时喷水的总流量确定，且应按公式（10-5）计算。

$$Q_s = \frac{1}{60}\sum_{i=1}^{n} q_i \tag{10-5}$$

式中　Q_s——系统设计流量，L/s；

　　　q_i——最不利点处作用面积内各喷头节点的流量，L/min；

　　　n——最不利点处作用面积内的洒水喷头数。

作用面积法在计算精度上忽略了支管上喷头作用水头的差异，即假设作用面积内各喷头的流量均与最不利点处喷头的流量相等，则系统设计流量又可按公式（10-6）计算。

$$Q_s = \frac{1}{60}n \cdot K\sqrt{10P} \tag{10-6}$$

在假设作用面积内喷头布置间距均匀，各喷头喷水量相等的理想条件下，自动喷水灭火系统的理论计算流量可按公式（10-7）确定。

$$Q_L = \frac{q_p \cdot F_L}{60} \tag{10-7}$$

式中　Q_L——系统理论计算流量，L/s；

　　　q_p——设计喷水强度，L/(min·m²)，按表 10-11 取值；

　　　F_L——理论作用面积，m²，按表 10-11 取值。

考虑到实际喷头布置的不均匀性及喷水的不均匀性，自动喷水灭火系统的设计流量与理论计算流量应满足公式（10-8）的要求。

$$Q_s = (1.15 \sim 1.30)Q_L \tag{10-8}$$

3. 喷水流量均匀性校核计算

根据《自动喷水灭火系统设计规范》GB 50084—2017 第 9.1.5 条要求：最不利点处作用面积内任意 4 只喷头围合范围内的平均喷水强度，轻、中危险等级不低于表 10-11 中规定值的 85%。

4. 管道水力计算

管道设计流速采用公式（10-9）计算。

$$v = \frac{4q_g}{\pi \cdot d_j^2} \tag{10-9}$$

式中　v——管道中的水流速度，m/s；

　　　q_g——管道设计流量，m³/s；

　　　d_j——管道计算内径，m。

管道中的水流速度宜采用经济流速，必要时可超过 5m/s，但不应大于 10m/s。管道单位长度的沿程水头损失应按公式（10-10）计算。

$$i = 6.05 \left(\frac{q_g^{1.85}}{C_h^{1.85} \cdot d_j^{4.87}} \right) \times 10^7 \tag{10-10}$$

式中　i——管道单位长度的沿程水头损失，kPa/m；

　　　d_j——管道计算内径，mm；

　　　q_g——管道设计流量，L/min；

　　　C_h——海澄-威廉系数，《自动喷水灭火系统设计规范》GB 50084—2017 给出的镀锌钢管 $C_h = 120$，常用的给水钢管（水煤气管）水力计算表，其 C_h 取值为 100，相同管径、流量条件下，水头损失计算值比采用公式（10-10）计算值大约 1.4 倍。

海澄-威廉系数 C_h 在水力计算中反映了管道内壁的粗糙程度，国外资料将使用寿命为 20 年的普通钢管、铸铁管的海澄-威廉系数定为 90；将使用寿命为 15 年的普通钢管、铸铁管和使用寿命为 20 年的有一定防腐处理的钢管、铸铁管的海澄-威廉系数定为 100。

当 q_g 单位采用 L/s，并选用镀锌管材时，公式（10-10）变为：

$$i = 1.68 \left(\frac{q_g^{1.85}}{d_j^{4.87}} \right) \times 10^7 \tag{10-11}$$

式中各参数含义同公式（10-10）。

常用镀锌钢管的计算内径见表 10-14。

镀锌钢管计算内径　　　　　　　　　　　　　　　　　　表 10-14

公称直径（mm）	DN20	DN25	DN32	DN40	DN50	DN65	DN80	DN100	DN125	DN150
计算内径（mm）	20.3	26.3	34.4	40.3	51.7	67.1	79.9	105.3	130.7	158.3

管道沿程水头损失按公式（10-12）计算。

$$h_y = i \cdot L \tag{10-12}$$

式中　h_y——计算管道的沿程水头损失，kPa；

　　　L——计算管道的长度，m。

管道的局部水头损失宜按当量长度法计算，也可按沿程水头损失的 20% 估算。

水泵扬程或防空地下室自喷引入管处的供水压力，可按公式（10-13）计算。

$$H = (1.20 \sim 1.40)\sum h + P_0 + Z + h_c \tag{10-13}$$

式中　　　H——水泵扬程或系统入口的供水压力，MPa；

　1.20～1.40——水头损失计算附加系数；

　　　$\sum h$——管道沿程水头损失和局部水头损失的累计值，MPa，报警阀的局部水头损失按照产品样本或检测数据确定，当无上述数据时，湿式报警阀取值0.04MPa，水流指示器取值0.02MPa；

　　　P_0——最不利点处喷头的工作压力，MPa；

　　　Z——最不利点处喷头与消防水池的最低水位或系统入口管水平中心线之间的高程差，当系统入口管水平中心线或消防水池的最低水位高于最不利点处喷头时，Z应取负值，MPa；

　　　h_c——从城市市政管网直接抽水时，市政管网的最低水压，MPa；当从消防水池抽水时，h_c取0。

通常从小区消防泵房引入至防空地下室的自喷管道水压会超出防空地下室自动喷水灭火系统的水压需要，应进行减压。减压孔板的水头损失，按公式（10-14）计算。

$$H_k = \xi \frac{v_k^2}{2g} \tag{10-14}$$

式中　　　H_k——减压孔板的水头损失，10～2MPa；

　　　v_k——减压孔板后管道内水的平均流速，m/s；

　　　ξ——减压孔板的局部阻力系数，按公式（10-15）计算。

$$\xi = \left[1.75 \frac{d_j^2}{d_k^2} \cdot \frac{1.1 - \dfrac{d_k^2}{d_j^2}}{1.175 - \dfrac{d_k^2}{d_j^2}} - 1 \right]^2 \tag{10-15}$$

式中　　　d_k——减压孔板的孔口直径，m。

或按表10-15选择计算。

减压孔板的局部阻力系数　　　　　　　　　　　　　　　　表10-15

d_k/d_j	0.3	0.4	0.5	0.6	0.7	0.8
ξ	292	83.3	29.5	11.7	4.75	1.83

5. 作用面积法

目前我国关于自动喷水灭火系统管道水力计算的方法有作用面积法和特性系数法。防空地下室自动喷水灭火系统适合采用作用面积法，这也是《自动喷水灭火系统设计规范》GB 50084—2017推荐的计算方法。

作用面积法计算的要点是：

（1）按照表10-11的理论作用面积F_L，找出系统中最不利作用面积位置。此作用面积的形状宜采用长方形，长边应平行于配水支管，长边宜为$1.2\sqrt{F_L}$。当配水支管的实际长度小于长边边长的计数值时，即实际长边边长$<1.2\sqrt{F_L}$时，作用面积要扩展到该配水管相邻配水支管上的喷头。划定作用面积时，分界线要至墙边或两个喷头中间线的位置，一般会出现实际作用面积F_S略大于表10-11中作用面积的情况。长方形保护面积可以理解

为火灾扩散蔓延的区域多为长方形。

（2）数出作用面积内布置的喷头个数 n。

（3）喷水量仅包括作用面积内的喷头，对应轻、中危险等级，假设作用面积内每只喷头的喷水量相等，并以最不利点喷头的喷水量取值。则作用面积内的设计流量为：

$$Q_s = n \cdot q = n \cdot K\sqrt{10P}(\text{L/min})$$

（4）根据公式（10-7）计算 Q_L，核算满足 $Q_s = (1.15 \sim 1.30)Q_L$。

（5）核算作业面积内平均喷水强度不小于表 10-11 的规定。

（6）核算作业面积内任意 4 只喷头围合范围内的平均喷水强度，对轻、中危险等级不小于表 10-11 规定值的 85%。

（7）从作用面积内的最不利喷头开始，依次计算管段流量及水头损失。各管段流量为后接喷头个数与最不利喷头流量的乘积。

（8）超出作用面积范围后，管段流量不再增加，仅计算管道水头损失。防空地下室自动喷水灭火系统水力计算，一般计算至自喷给水管接入防空地下室处，在设计图纸中标明该点需要的流量及压力。

10.5 气体灭火系统

10.5.1 一般要求

防空地下室内的柴油发电机房、直燃机房、锅炉房、变配电室和图书、资料、档案等特藏库房，宜设置二氧化碳等气体灭火系统，但不应采用卤代烷 1211、1301 灭火系统；或按现行国家标准《建筑灭火器配置设计规范》GB 50140—2005 的规定配置建筑灭火器。

重要通信机房和电子计算机机房应设置气体灭火系统。

常用的气体灭火介质及适用范围：

（1）常用的气体灭火介质有二氧化碳（CO_2）、七氟丙烷（HFC-227ea，FM200）、烟烙尽（IG541）、热气溶胶（K 型、S 型）等。

（2）二氧化碳：是较为经济且适用于较大场所的气体灭火介质，其灭火机理主要是窒息，其次是冷却，适用于电子计算机机房、易燃的工业厂房、地下室等。缺陷是气体用量较大、灭火浓度要求高，气体介质占地面积大，难以贮存。常见的有高压系统和低压系统。

高压系统：贮存压力为 5.17MPa，要求贮存地点的环境温度在一定的范围内，否则容器将不能承受原预期的温度、压力变化，随之系统压力要求也较高，施工及维护管理难度较大。

低压系统：贮存压力为 2.07MPa，但贮存容器的温度必须在 -18℃。

虽然低压系统工作压力和容器的贮存压力都下降，但需要一套制冷系统，因此，两种方式各有利弊。

（3）七氟丙烷灭火系统

图书、档案、票据和文物资料库等防护区，灭火设计浓度宜采用 10%。

油浸变压器室、带油开关的配电室和自备发电机房等防护区，灭火设计浓度宜采用 9%。

通信机房和电子计算机机房等防护区，灭火设计浓度宜采用8%。

防护区实际应用浓度不应大于灭火设计浓度的1.1倍。

在通信机房和电子计算机机房等防护区，设计喷放时间不应大于8s；在其他防护区，设计喷放时间不应大于10s。

（4）烟烙尽（IG541）混合气体灭火系统

烟烙尽（INERGEN）是一种由52%的氮气、40%的氩气和8%的CO_2 3种自然存在于大气中的纯天然的惰性气体组成的灭火剂。烟烙尽释放后，防护区空气中的氧气含量由支持燃烧的21%降为不支持燃烧的12.5%，此时火灾被完全扑灭，而CO_2含量由不到1%变为2%~4%，此CO_2浓度能自动刺激人在低氧环境下正常地呼吸，并可提高人呼吸时吸收空气中氧气的能力。烟烙尽气体可用于需要气体灭火保护且又经常有人停留的工作场所。烟烙尽在喷放时不产生烟雾，人们可以看清逃生路线。此外，烟烙尽气体完全无毒，不会引起心脏过敏反应或被窒息，作为惰性气体也不会在与火焰接触时产生有毒或有腐蚀性的分解物。

固体表面火灾的设计灭火浓度为28.1%。当IG541混合气体灭火剂喷放至设计用量的95%时，其喷放时间不应大于60s，且不应小于48s。

（5）热气溶胶预制灭火系统

K型气溶胶灭火装置：指充装含有30%以上硝酸钾的气溶胶发生剂的灭火装置，型号主要有：QRR/KL（落地式）、QRR/KG（壁挂式）。K型气溶胶灭火技术也叫钾盐类灭火技术，该气溶胶发生剂中主要采用钾的硝酸盐作为主氧化剂，其喷放物灭火效率高，但因为其中含有大量的钾离子，易吸湿，形成一种黏稠状的导电物质。这种物质对电子设备有损坏性，故K型气溶胶灭火装置不能使用于有电子设备及精密仪器的场所。

S型气溶胶灭火装置：指充装含有35%~50%硝酸锶，同时含有10%~20%硝酸钾的气溶胶发生剂的灭火装置，型号主要有：QRR/SL（落地式）、QRR/SG（壁挂式）。S型气溶胶主要由锶盐作主氧化剂，和K型气溶胶不同，锶离子不吸湿，不会形成导电溶液，不会对电器设备造成损坏。

（6）安全措施

气体灭火系统的防护区应有保证人员在30s内疏散完毕的通道，出口防护区的门应向疏散方向开启，并能自行关闭。

用于疏散的门必须能从防护区内打开。

防护区内设置的预制灭火系统的充压压力不应大于2.5MPa。

热气溶胶灭火装置的喷口前1.0m内以及背面、侧面、顶部0.2m内不应设置或存放设备、器具等。

灭火后的防护区应通风换气，地下防护区和无窗或设固定窗扇的地上防护区，应设置机械排风装置，排风口宜设在防护区的下部并应直通室外。

防护区内的疏散通道及出口，应设应急照明与疏散指示标志；经过有爆炸危险及变电、配电室等场所的管网、壳体等金属件应设防静电接地。

防护区内应设火灾声光报警器，必要时，可增设闪光报警器。防护区的入口处应设火灾声光报警器和灭火剂喷放指示灯，以及防护区采用的相应气体灭火系统的永久性标志牌。灭火剂喷放指示灯信号，应保持到防护区通风换气后，以手动方式解除。

10.5.2　S 型气溶胶灭火装置

S 型气溶胶灭火装置中的固态灭火剂通过电启动，其自身发生氧化还原反应，形成大量凝集型灭火气溶胶，其成分主要是 N_2、少量 CO_2、金属盐固体微粒等。

1. S 型气溶胶灭火机理

（1）吸热降温灭火机理。金属盐固体微粒在高温下吸收大量的热，发生热熔、气化等物理吸热过程，火焰温度被降低，喷射或扩散到可燃烧物燃烧面时，用于气化可燃物分子和将已气化的可燃物分子裂解成自由基的热量就会减少，燃烧反应速度得到一定抑制。

（2）化学抑制灭火机理。主要有以下几种机理的综合作用：

1）气相化学抑制。在热作用下，灭火气溶胶中分解的气化金属离子或失去电子的阳离子可以与燃烧中的活性基团发生亲和反应，大量消耗活性基团，减少燃烧自由基。

2）固相化学抑制。灭火气溶胶中的微粒粒径很小（$10^{-9} \sim 10^{-6}$ m），具有很大的表面积和表面能，可吸附燃烧中的活性基团，并发生化学作用，大量消耗活性基团，减少燃烧自由基。

（3）降低氧浓度。灭火气溶胶中的 N_2、CO_2 可降低燃烧环境中的氧浓度，但其速度比较缓慢，灭火作用远远小于吸热降温、化学抑制。

2. S 型气溶胶灭火系统特点

（1）对人体无伤害性。喷放的 S 型气溶胶灭火剂的主要成分是 N_2、少量 CO_2、金属盐固体微粒等，均为无毒物质。

实际灭火中，S 型气溶胶喷放过程仅 1min 左右，完成灭火时间仅需 2～3min，这个过程对人体无伤害。

（2）灭火性能高，对电气设备无二次损害。S 型气溶胶灭火气溶胶灭火机理主要是吸热降温灭火、化学抑制灭火。S 型气溶胶即锶（Sr）盐类气溶胶，其主氧化剂硝酸锶的分解产物为 SrO、$Sr(OH)_2$、$SrCO_3$，这 3 种物质不会吸收空气中的水分，因而不会形成具有导电性和腐蚀性的电解质液膜，从而避免了对电气设备的损坏。K 型、S 型气溶胶灭火剂附着物的表面电阻要求分别为不低于 $1M\Omega$ 和 $20M\Omega$（$10M\Omega$ 以上为绝缘体）。

（3）灭火剂用量少。气溶胶灭火剂用量一般为 $130g/m^3$ 左右，而其他气体灭火剂用量为 $300 \sim 1000g/m^3$，如：HFC—227ea 为 $530g/m^3$。

（4）节省重量及空间。气溶胶灭火剂由于是固体常压存放，体积和重量大大减轻。其重量只有惰性气体的 1/40，空间占用只有惰性气体的 1/15。

（5）环境友好。气溶胶灭火剂不含大气臭氧层损害物质，其 ODP、GWP 值为零，是目前理想的哈龙替代物。

（6）安装简便、维护费用极低。气溶胶灭火系统与其他气体灭火系统相比安装时只需一些导线的连接，所以安装极其方便容易，可节省工时 1/3 以上。由于无高压容器、阀门、喷头等，维护费用极低。

（7）节约成本。由于气溶胶灭火系统重量轻，占用空间小，安装简单，常压贮存以及几乎可以忽略的维护费用，使其在气体消防产品中具有最低的成本。

3. S 型热气溶胶预制灭火系统

（1）热气溶胶预制灭火系统的灭火设计密度不应小于灭火密度的 1.3 倍。通信机房和电子计算机机房等场所的电气设备火灾，热气溶胶的灭火设计密度不应小于 $130g/m^3$。电缆隧道（夹层、井）及自备发电机房火灾，热气溶胶的灭火设计密度不应小于 $140g/m^3$。

（2）在通信机房、电子计算机机房等防护区，灭火剂喷放时间不应大于 90s，喷口温度不应大于 150℃；在其他防护区，灭火剂喷放时间不应大于 120s，喷口温度不应大于 180℃。

（3）灭火浸渍时间应符合下列规定：木材、纸张、织物等固体表面火灾，应采用 20min；通信机房、电子计算机机房等防护区火灾及其他固体表面火灾，应采用 10min。

（4）灭火剂设计用量应按公式（10-16）计算：

$$W = C_2 \cdot K_V \cdot V \tag{10-16}$$

式中　W——灭火剂设计用量，kg；

　　　C_2——灭火设计密度，kg/m^3；

　　　V——防护区净容积，m^3；

　　　K_V——容积修正系数，取值如下：$V<500m^3$，$K_V=1.0$；$500m^3 \leqslant V<1000m^3$，$K_V=1.1$；$V>1000m^3$，$K_V=1.2$。

10.5.3　七氟丙烷灭火系统设计示例

1. 七氟丙烷灭火系统概述

七氟丙烷灭火系统的主要优点：

（1）七氟丙烷是无色无味的气体，是一种洁净的气态灭火剂；

（2）不含溴和氯元素，对大气中的臭氧层无破坏作用，是卤代烷 1211、1301 类灭火剂的替代品；

（3）能有效扑灭 A、B、C 类火灾；

（4）高效、低毒，毒性测试表明，其毒性比 1301 还要低，适用于经常有人工作的防护区；

（5）采用液态贮存，占用的空间比惰性气体灭火系统小；

（6）不含水，为不导电介质，对电气设备、资料等无损害；

（7）不含固体粉尘、油渍，释放后可通过通风系统迅速排除。

2. 七氟丙烷灭火系统示例——设计说明

（1）设计内容

根据业主要求，对人防工程的油库、发电机房和配电室共 3 个防护区进行七氟丙烷灭火系统工程设计及计算。

（2）设计条件

1）防护区的有关参数取其近似值；

2）采用组合分配系统进行分区保护；

3）防护区为独立封闭空间；

4）防护区平时环境温度与自然环境温度近似。

（3）设计依据

1）《七氟丙烷（HFC—227ea）洁净气体灭火系统设计规范》DBJ 15-23—1999；

2）建设单位设计委托文件；

3）生产企业的产品标准及产品样本。

（4）设计说明

1）根据防护区的结构特点，保护油库、发电机房和配电室共 3 个防护区。采用组合分配系统对 3 个防护区同时进行保护。

2）根据规范的规定，采用全淹没式灭火方式，即在规定的时间内向防护区喷射一定浓度的七氟丙烷灭火剂，并使其均匀地充满整个防护区，此时能将其区域里任何一部位发生的火灾扑灭。灭火剂浓度为 8.3%，喷射时间 10s，浸渍时间 10min。

3）最大防护区为发电机房，根据其建筑的实际尺寸计算。

4）储瓶间设在专用的房间内。

（5）控制方式

系统的控制方式为手动、自动、机械应急手动 3 种方式。

1）自动控制：即火灾探测系统探测到火警信号后，发出声光报警，延时 30s 后，启动灭火装置进行灭火。

2）手动控制：即火灾探测系统探测到火警信号后，由人工手动启动灭火装置进行灭火。该控制在灭火控制盘上进行，不论灭火控制按钮处于哪一个位置，只要发出火警，都可以使用该防护区的手动控制按钮进行灭火。

3）机械应急手动：即当火灾探测系统探测到火警信号后，电气部分及控制系统都出现故障时，使用的灭火控制方式。机械应急启动必须在钢瓶间进行，打击应急手柄，听到气动响声后，灭火系统工作。应注意关闭好门窗和风口并确认所有人员已撤离后方可实施。

（6）保护要求

1）防护区必须为封闭独立区域；

2）防护区的通风系统在喷放灭火剂前应关闭；

3）防护区的门必须采用自动防火门，门向外开；

4）在防护区设置声光报警及释放信号标志；

5）为保证人员的安全撤离，在释放灭火剂前，应发出火灾报警；

6）为保证灭火效果，在灭火系统释放灭火剂之前或同时，应保证必要的联动操作，即在灭火系统发出灭火指令时，由报警系统发出联动命令，切断电源、关闭或停止一切影响灭火效果的设备；

7）灭火系统的使用环境温度为 0～50℃。

（7）管网要求

1）管道采用无缝钢管，所有管道沿梁底或顶板固定，支吊架安装要求参照《气体灭火系统施工及验收规范》GB 50263—2007 的相关要求；

2）DN80（含）以上的管道采用法兰连接，其他管道采用丝接；

3）管网系统包括管道及连接件，均需进行内外镀锌处理；

4）喷嘴与管网末端之间用螺纹连接，喷嘴的保护半径小于 5m；

5）管网系统安装完毕后，应进行气密性试验，试验介质为氮气或压缩空气，试验压力为 4.2MPa，保压 3min，压力降不得超过 10%；

6）管网强度试验压力为 5.3MPa；

7）管网吹扫以 30m/s 流速的压缩空气或氮气进行。

（8）标志

七氟丙烷输送管道的外表面应涂成红色或用户指定颜色的油漆，在吊顶内或活动地板下等掩蔽场所安装的管道可涂红色油漆色环，宽度一致，间距均匀。

3. 七氟丙烷灭火系统设计示例——计算书

（1）工程名称：××人防工程。

（2）工程概述：本工程有 3 个防护区，采用全淹没式。

（3）防护区尺寸及保护空间的容积计算见表 10-16。

保护空间的容积 表 10-16

防护区	长度 a(m)	宽度 b(m)	高度（m）	容积（m³）
油库	4.5	4.3	6.6	127.71
发电机房	9.6	5.7	6.6	361.15
配电室	12.9	6.45	6.2	515.87

（4）灭火剂用量计算

灭火剂用量按公式（10-17）计算。

$$W = K \frac{V}{s} \cdot \left(\frac{C}{100 - C} \right) \tag{10-17}$$

式中　W——防护区 HFC-227 灭火剂设计用量，kg；

　　　C——HFC-227 灭火剂设计浓度，%；

　　　s——HFC-227 过热蒸汽在 101kPa 和额定温度下的比容，m³/kg；

　　　V——防护区的净容积，m³；

　　　K——海拔修正系数。

对于本工程，取 $C=8.3\%$，$K=1$，$s=0.13716$kg/m³。则油库、发电机房、配电室的灭火剂用量分别为：$W_1=84.3$kg，$W_2=238.3$kg，$W_3=340.4$kg。灭火剂储瓶按照最大防护区的用量选，选用 WLQF-4.2-120L 储瓶 4 只，每只钢瓶贮存 88kg 灭火剂。实际灭火剂储量为 352kg。

（5）管网及喷头的布置（略）

（6）管道平均流量计算

灭火剂喷射时间以 10s 计算，管道平均流量按公式（10-18）计算：

$$Q_W = \frac{W}{t} \tag{10-18}$$

式中　Q_W——管道内灭火剂的平均流量，kg/s；

　　　W——通过管道的灭火剂量，kg；

　　　t——灭火剂通过管道的时间，s。

支管的流量按公式（10-19）计算：

$$Q_g = \sum_1^{N_g} Q_c \tag{10-19}$$

式中　Q_g——支管平均设计流量，kg/s；

　　　N_g——安装在计算支管下游的喷头数量，个；

Q_c——单个喷头的设计流量，kg/s。

1）油库

主管流量 $Q_w=8.43$ kg/s，管径初选 $DN50$。设 2 个喷头，支管流量 $Q_g=Q_w\div2=4.2$ kg/s，管径初选 $DN32$。

2）发电机房

主管流量 $Q_w=23.8$ kg/s，管径初选 $DN65$。单个喷头的设计流量 $Q_c=23.8\div6=3.97$ kg/s，管径初选 $DN32$。接 2 个喷头的支管流量为 $3.97\times2=7.94$ kg/s，管径初选 $DN50$；接 4 个喷头的支管流量为 $3.97\times4=15.88$ kg/s，管径初选 $DN65$。

3）配电室

主管流量 $Q_w=34$ kg/s，管径初选 $DN65$。单个喷头的设计流量 $Q_c=34\div6=5.67$ kg/s，管径初选 $DN32$。接 2 个喷头的支管流量为 $5.67\times2=11.34$ kg/s，管径初选 $DN50$；接 4 个喷头的支管流量为 $5.67\times4=22.68$ kg/s，管径初选 $DN65$。

（7）管段阻力损失计算

管段阻力损失按公式（10-20）计算：

$$\Delta p=\frac{5.75\times10^5\times Q^2}{\left(1.74+2\lg\frac{D}{0.12}\right)^2\cdot D^5}\cdot L \tag{10-20}$$

式中　Δp——计算管段的阻力损失，MPa；

L——计算管段的长度，m；

Q——管段的流量，kg/s；

D——管道的内径，m。

或者按相关规范查计算表。对于比较简单的系统，也可按 $0.003\sim0.02$ MPa/m 进行估算。

本工程根据各管段的实际长度 L、管段流量 Q 及初选的管径，查表计算，得到油库、发电机房及配电室的最不利管路总压降分别为：0.36MPa、0.50MPa 和 1.10MPa。管段内容积分别为 $0.012m^3$、$0.053m^3$ 和 $0.083m^3$。

（8）过程中点压力

喷放"过程中点"储存容器内压力，按公式（10-21）计算。

$$P_m=\frac{P_0\cdot V_0}{V_0+\frac{W}{2\rho}+V_p} \tag{10-21}$$

式中　P_m——喷放"过程中点"储存容器内压力，MPa；

P_0——储存容器额定压力，MPa；规定为 $(4.2+0.125)$ MPa；

V_0——喷放前全部储存容器内的气相总容积，m^3；

W——药剂灭火设计用量，kg；

V_p——管道内容积，m^3；

ρ——液体密度，kg/m^3；20℃时为 1407kg/m³。

V_0 按公式（10-22）计算：

$$V_0=n\cdot V_b\left(1-\frac{\eta}{\rho}\right) \tag{10-22}$$

式中　n——储存容器的数量，个；

　　V_b——储存容器的容量，m^3；

　　η——充装率，kg/m^3。

充装率 η 按公式（10-23）计算：

$$\eta = \frac{W_s}{n \cdot V_b} \tag{10-23}$$

式中　W_s——系统药剂设置用量，kg。

钢瓶数 $n=4$，每个钢瓶容积为 $V_b=0.12m^3$，每个钢瓶剩余量按 5kg 计，则 $W_s=340.4+4\times5=360.4kg$，则：

$$\eta = \frac{360.4}{4 \times 0.12} = 750.8kg/m^3$$

$$V_0 = 4 \times 0.12 \times \left(1 - \frac{750.8}{1407}\right) = 0.224m^3$$

$$P_m = \frac{4.2 \times 0.224}{0.224 + \frac{340.4}{2 \times 1407} + 0.083} = 2.20MPa$$

（9）高程压力计算

高程压力按公式（10-24）计算：

$$P_h = 10^{-6} \times \rho \cdot H \cdot g \tag{10-24}$$

式中　P_h——高程压力，MPa；

　　H——喷头高度相对于"过程中点"时储存容器液面的位差，m；

　　g——重力加速度，$9.8m/s^2$。

$H=2.8m$，则：

$$P_h = 10^{-6} \times 1407 \times 2.8 \times 9.8 = 0.039MPa$$

（10）喷头工作压力计算

喷头工作压力按公式（10-25）计算：

$$P_c = P_m - \sum_1^{N_d} \Delta p \pm P_h \tag{10-25}$$

式中　P_c——喷头工作压力，MPa；

　　$\sum_1^{N_d} \Delta p$——系统流程总阻力损失，MPa；

　　N_d——计算管段的数量；

　　P_h——高程压力，MPa；向上为正值，向下为负值。

$P_m=2.2MPa$，$P_h=0.039MPa$，减去各防护区管段的总阻力损失，则油库、发电机房及配电室喷头工作压力分别为：

$$2.2 - 0.36 + 0.039 = 1.88MPa$$

$$2.2 - 0.50 + 0.039 = 1.74MPa$$

$$2.2 - 1.10 + 0.039 = 1.14MPa$$

（11）喷头孔口面积按公式（10-26）计算：

$$F_c = \frac{10Q_c}{\mu\sqrt{2\rho \cdot P_c}} = \frac{Q_c}{q_c} \tag{10-26}$$

式中　F_c——喷头孔口面积，cm²；

　　　Q_c——单个喷头的设计流量，kg/s；

　　　P_c——喷头工作压力，MPa；

　　　μ——喷头流量系数；

　　　q_c——喷头计算单位面积流量，kg/(s·cm²)；该值可根据喷头工作压力，从厂家提供的喷头流量曲线查取。

油库喷头工作压力 1.88MPa，$q_c=3.3$kg/(s·cm²)，$Q_c=4.2$kg/s，则：

$$F_c = \frac{4.2}{3.3} = 1.27\text{cm}^2$$

发电机房喷头工作压力 1.74MPa，$q_c=3.2$kg/(s·cm²)，$Q_c=3.97$ kg/s，则：

$$F_c = \frac{3.97}{3.2} = 1.24\text{cm}^2$$

配电室喷头工作压力 1.14MPa，$q_c=2.15$kg/(s·cm²)，$Q_c=5.67$kg/s，则：

$$F_c = \frac{5.67}{2.15} = 2.64\text{cm}^2$$

根据喷头的孔口面积及厂家提供的喷头规格表，可选取喷头。

（12）压力验算

对各防护区喷头的工作压力进行验算，$P_c \geqslant 0.5$MPa，且 $P_c \geqslant P_m \div 2$，符合规范要求。储瓶充装率 750.8kg/m³，符合规范小于 1150kg/m³ 的要求。

10.6　建筑灭火器配置设计

防空地下室给水排水专业施工图纸，还应根据防空地下室平时使用功能、水灭火系统的设置条件等因素，依据《建筑灭火器配置设计规范》GB 50140—2005 进行灭火器配置设计。

1. 危险等级

对于平时作为汽车库使用的防空地下室，《汽车库、修车库、停车场设计防火规范》GB 50067—2014 第 7.2.7 条规定：除室内无车道且无人员停留的机械式汽车库外，汽车库、修车库、停车场均应配置灭火器。灭火器的配置设计应符合现行国家标准《建筑灭火器配置设计规范》GB 50140 的有关规定。该条的条文解释是：灭火器的配置设计应符合现行国家标准《建筑灭火器配置设计规范》GB 50140 中有关工业建筑灭火器配置场所的危险等级。

而《建筑灭火器配置设计规范》GB 50140—2005 附录 C 工业建筑灭火器配置场所的危险等级举例中，将汽车停车库列为中危险级。对于地下、地面汽车库危险等级的差异，在规范给出的灭火器配置计算公式中，地下比地面要多 1.3 倍的调节系数。

2. 火灾种类

《建筑灭火器配置设计规范》GB 50140—2005 未列举火灾种类，对汽车库火灾种类的确定存在一定争议。目前，在实际工程设计审查中，普遍根据汽车中油箱存有一定量的汽油、柴油等，将其定为 B 类火灾。

3. 灭火器选型的一般要求

应考虑下列因素：

（1）灭火器配置场所的火灾种类；

（2）灭火器配置场所的危险等级；

（3）灭火器的灭火效能和通用性；

（4）灭火剂对保护物品的污损程度；

（5）灭火器设置点的环境温度；

（6）使用灭火器人员的体能；

（7）在同一灭火器配置场所，宜选用相同类型和操作方法的灭火器。

4. 灭火器选型

A 类火灾场所应选择水型灭火器、磷酸铵盐干粉灭火器、泡沫灭火器或卤代烷灭火器。B 类火灾场所应选择泡沫灭火器、碳酸氢钠干粉灭火器、磷酸铵盐干粉灭火器、二氧化碳灭火器、灭 B 类火灾的水型灭火器或卤代烷灭火器。

5. 灭火器的最大保护距离

中危险级：手提式灭火器≤20m，推车式灭火器≤40m；轻危险级：手提式灭火器≤25m，推车式灭火器≤50m。

6. 灭火器最低配置基准

A 类火灾场所灭火器的最低配置基准应符合表 10-17 的规定。

A 类火灾场所灭火器的最低配置基准　　　　　　　　　　表 10-17

危险等级	单具灭火器最小配置灭火级别	单位灭火级别最大保护面积（m²/A）
严重危险级	3A	50
中危险级	2A	75
轻危险级	1A	100

B、C 类火灾场所灭火器的最低配置基准应符合表 10-18 的规定。

B、C 类火灾场所灭火器的最低配置基准　　　　　　　　表 10-18

危险等级	单具灭火器最小配置灭火级别	单位灭火级别最大保护面积（m²/B）
严重危险级	89B	0.5
中危险级	55B	1.0
轻危险级	21B	1.5

7. 灭火器配置计算

地下建筑灭火器配置场所扑救初期火灾所需的最小灭火级别合计值按公式（10-27）计算：

$$Q = 1.3 \frac{K \cdot S}{U} \tag{10-27}$$

式中　Q——计算单元的最小需配灭火级别，A 或 B；

　　　S——计算单元的保护面积，m²，一般以防火单元作为计算单元；

U——A 类或 B 类火灾场所单位灭火级别最大保护面积，m²/A 或 m²/B；

K——修正系数，设有室内消火栓给水系统 $K=0.9$，设有室内消火栓和灭火系统 $K=0.5$。

当防空地下室平时作汽车库使用时，按 B 类火灾计算。

每个灭火器设置点扑灭初期火灾所需的最小灭火级别按公式（10-28）计算：

$$Q_e = \frac{Q}{N} \tag{10-28}$$

式中　Q_e——计算单元每个灭火器设置点的最小需配灭火级别，A 或 B；

N——计算单元中的灭火器设置点数，个。

在计算出 Q_e 后，查《建筑灭火器配置设计规范》GB 50140—2005 中附录 A，进行灭火器选型。

10.7　柴油发电机房的消防设计

《人民防空工程设计防火规范》GB 50098—2009 第 7.2.3 条规定："燃油或燃气锅炉房和装机总容量大于 300kW 的柴油发电机房，应设置自动喷水灭火系统"。第 7.2.4 条规定："重要通信机房和电子计算机机房、变配电室和其他特殊重要的设备房间，应设置气体灭火系统或细水雾灭火系统"。第 7.2.6 条列入强制性条文"人防工程应配置灭火器，灭火器的配置设计应符合现行国家标准《建筑灭火器配置设计规范》GB 50140 的有关规定"。

《建筑设计防火规范》GB 50016—2014（2018 年版）有关柴油发电机房的条文主要有：

第 5.4.13 条：布置在民用建筑内的柴油发电机房应符合下列规定：

（1）宜布置在首层或地下一、二层。

（2）不应布置在人员密集场所的上一层、下一层或贴邻。

（3）应采用耐火极限不低于 2.00h 的防火隔墙和 1.50h 的不燃性楼板与其他部位分隔，门应采用甲级防火门。

（4）机房内设置储油间时，其总储存量不应大于 1m³，储油间应采用耐火极限不低于 3.00h 的防火隔墙与发电机房分隔；确需在防火隔墙上开门时，应设置甲级防火门。

（5）应设置火灾报警装置。

（6）应设置与柴油发电机容量和建筑规模相适应的灭火设施，当建筑内其他部位设置自动喷水灭火系统时，机房内应设置自动喷水灭火系统。

第 5.4.14 条：供建筑内使用的丙类燃料液体，其储罐应布置在建筑外。

第 5.4.15 条：设置在建筑内的锅炉、柴油发电机，其燃料供给管道应符合下列规定：

（1）在进入建筑物前和设备间内的管道上均应设置自动和手动切断阀；

（2）储油间的油箱应密闭且应设置通向室外的通气管，通气管应设置带阻火器的呼吸阀，油箱的下部应设置防止油品流散的设施。

第 6.1.5 条：可燃气体和甲、乙、丙类液体的管道严禁穿过防火墙。

在实际设计中，对防空地下室的柴油电站，当设备平时不安装时（如移动电站），宜设置自动喷水灭火系统，主要用于平时消防。

当柴油电站兼顾平时的使用时，柴油发电机房宜采用自动喷水灭火系统，该系统由工程主体的自动喷水灭火系统接入，可节约造价。

当柴油发电机房采用自动喷水、水喷雾或细水雾灭火系统时，配电室可采用无管网气体灭火系统。

第 11 章　平 战 转 换

11.1　规范相关要求

防空地下室设计规范给水排水专业条文对平战转换设计的相关要求是：

第 6.6.1 条　设置在防空地下室清洁区内，供平时使用的生活水池（箱）、消防水池（箱）可兼作战时贮水池（箱），但应有能在 3d 内完成系统转换充水的措施。

第 6.6.2 条　二等人员掩蔽所内的贮水池（箱）及增压设备，当平时不使用时，可在临战前构筑和安装。但必须一次完成施工图设计，并注明在工程施工时的预留孔洞和预埋好进水、排水等管道的接口，且应设有明显标志。还应有可靠的技术措施，保证能在 15d 转换时限内施工完毕。

第 6.6.3 条　平时不使用的淋浴器和加热设备可暂不安装，但应预留管道接口和固定设备用的预埋件。

第 6.6.4 条　专供平时使用的管道，当需穿过防空地下室临战封堵墙或抗爆隔墙时，宜设置便于管道临时截断、封堵的措施。

第 6.6.5 条　临战转换的转换工作量应符合本规范第 3.7 节的规定。

建筑专业 3.7 "防护功能平战转换" 与给水排水专业相关的主要要求有：

第 3.7.1-4 条　平战转换设计应与工程设计同步完成。

第 3.7.2 条　平战结合的防空地下室中，战时使用的给水引入管、排水出户管和防爆波地漏应在工程施工、安装时一次完成。

11.2　平战转换管理规定

国家标准的相关要求，是在满足人防战术技术要求的前提下的一种可行标准，相当于最低要求，全国各省市的战略地位、经济社会发展状况、战时能动员的人力、物力条件等实际情况差异大，一般会制定本地区的具体平战转换要求，原则是不低于国家标准的相关要求。设计人员在制定平战转换预案时，还应遵守工程所在地人防工程建设主管部门颁发的有关具体要求。以下示例为某省 "防空地下室防护功能平战转换管理规定"。

第 1 条　为适应人民防空应急准备需要，确保防空地下室防护功能平战转换措施有效落实，根据国家有关规定和防空地下室设计标准，结合我省实际，制定本规定。

第 2 条　本规定适用于本省行政区域内抗力级别为核 5 级、常 5 级及以下平战结合的新建、扩建、改建和加固改造的防空地下室防护功能平战转换及其管理活动。

第 3 条　防空地下室施工图设计文件应当有防护功能平战转换设计专篇。专篇内容应当包括防护功能平战转换工程量、设备清单、转换时限要求、转换部位、方法和技术措施。

第 4 条　防护功能平战转换设计应当根据有关设计规范和标准设计图集的要求，采用标准化、通用化、定型化的防护设备和构件，并与施工图设计文件一并报送施工图审查机构审查。防空地下室防护部分专项竣工验收时，防护功能平战转换设计内容应当与施工实际进行复核。

第 5 条　战时通风管道及风口宜与平时通风管道及风口结合设置，通过阀门转换。

第 6 条　风管不宜穿越防护单元间密闭隔墙，相邻防护单元平时合用一套通风系统的，应当在密闭隔墙上预埋相应型号的通风口双向受力防护密闭封堵框。

第 7 条　战时的应急照明宜利用平时的应急照明，战时的正常照明可与平时的部分正常照明或者值班照明相结合。

第 8 条　专供平时使用的出入口、通风竖井、管道检查井检查口，战时封堵措施宜采用门式封堵；防护单元间平时通行口，战时封堵措施应当设置一道双向受力的防护密闭门。如受条件限制采用防护密闭封堵板实施临战封堵的，封堵板应当与门框同步加工完成，并在防护专项竣工验收前进行试安装、编号，经检验合格后，就近存放在防空地下室内。

第 9 条　防空地下室车辆出入口、防护单元间平时通行口及平时人员密集场所出入口应当设计选用平战结合防护密闭门、密闭门，对不影响平时使用的其他口部，应当优先选用固定门槛的防护密闭门、密闭门。

第 10 条　下列项目应当与主体工程同步施工或者安装到位：

（1）现浇钢筋混凝土和混凝土结构、构件。

（2）战时使用及平战两用的出入口、连通口、通风口的防护设施，包括防护密闭门、密闭门、防爆波活门等，柴油发电机房与观察室之间的密闭观察窗。

（3）进排风系统的油网滤尘器、超压排气阀门、密闭阀门、战时风机、增压管、测压装置、气密测量管、滤尘器压差测量管、放射性监测取样管（乙类防空地下室可不设）、尾气监测取样管、战时风管（战时进风机吸入段至扩散室管段、战时排风机出口段至扩散室管段）、通风穿墙预埋短管等。

（4）给水排水系统战时使用的给水引入管、排水出户管、防护阀门、防爆波地漏、冲洗阀门、集水井战时手摇泵、给水排水穿墙预埋套管等；电站油库引入管、油用防护阀门。

（5）供电系统防护单元总配电箱及战时进风机、排风机控制箱（均含电源管线），过滤吸收器的专用电源插座，战时人员主要出入口防护密闭门外侧的音响信号设备（防爆呼唤按钮），3 种通风方式的信号管线及设备、电气及通信穿墙预埋套管等。

第 11 条　战时使用的滤毒设备，设区市防空地下室应当一次性安装到位；县（市）及其所辖人民防空重点镇专业队工程、医疗救护工程应当一次性安装到位，其余工程宜一次性安装到位。

第 12 条　建设单位（个人）在防空地下室防护部分专项竣工验收之前应当根据有关设计要求编制防护功能平战转换实施方案，报经人民防空主管部门审核。

第 13 条　施工或者安装到位的防护功能平战转换项目应当列入防空地下室防护部分专项竣工验收内容，进行质量评定；预留的项目应当按照设计要求预埋规定的构件，并采用可靠的转换技术措施，保证在规定的转换时限内达到防护标准和质量标准。

第 14 条　各级人民防空主管部门应当加强防空地下室防护功能平战转换工作的信息化管理，在防护部分专项竣工验收后，根据核准的防护功能平战转换方案，及时统计和汇总防护功能平战转换工程量。

第 15 条　本规定由省人民防空办公室负责解释。各区市人民防空主管部门可以根据本市及所辖县（市）的战略地位、经济社会发展状况和应急准备等实际情况制定具体管理细则。

第 16 条　本规定自 2015 年 5 月 1 日起试行。试行前，施工图设计文件已经审批的防空地下室项目，执行原有管理规定。

11.3　平战转换设计编制要素

设计单位应根据建设工程所在地政府出台的"防空地下室防护功能平战转换管理规定"等文件，在完成防空地下室施工图设计文件的同时，同步完成"防空地下室防护功能平战转换设计专篇"。

以下示例防空地下室防护功能平战转换设计专篇的编制要素要求。

1. 编制平战功能转换设计专篇的依据及指导思想

（1）平战功能转换设计专篇以《中华人民共和国人民防空法》、《人民防空地下室设计规范》GB 50038—2005 以及省市主管人防部门的有关文件（列出文件号）等为依据。

（2）认真执行"长期准备、重点建设、平战结合"的人防建设方针，坚持因地制宜、以点带面、明确指标、安全可靠及与经济建设协调发展、与城市建设相结合的原则。确保防空地下室在预定的时间内达到战时的防护标准，充分发挥战备、社会和经济效益，全面提高城市总体防护能力。

（3）防空地下室早期转换应在 30d 内完成物资、器材筹措和构件加工；临战转换应在 15d 内完成后加柱、安装和对外出入及孔口的封堵；紧急转换应在 3d 内完成防护单元连通口的转换及综合调试等工作，达到战时使用要求。

（4）防空地下室的设计、施工、质量必须符合国家规定的防护标准和质量标准。防空地下室专用设备的定型、生产必须符合国家规定的标准。

（5）为确保防空地下室质量，防空地下室原则上不采用结构后加柱、顶板采光井战时封堵、结构防护后砌砖墙（主要是防化值班室、风机房隔声套间、盥洗室和干厕）、顶板临战覆土等特殊的平战功能转换措施。

2. 防空地下室设计概况

（1）防空地下室的建设单位、设计单位。

（2）防空地下室的平时使用功能、地理位置、环境状况、平时战时交通组织设计、战时人员及物资服务保障区域、顶板平时使用状况和覆土厚度等。

（3）防空地下室类别、防空地下室防核武器、防常规武器、防化等级别。

（4）防空地下室建造形式（单建掘开式、附建掘开式）。工程口部黄海标高、设防水位。工程总建筑面积、人防建筑面积、建筑层高、防护单元数量、各防护单元掩蔽面积、掩蔽人数及抗爆单元的划分。

（5）防空地下室结构形式、基础形式、结构顶板厚度、墙体厚度、底板厚度等。

3. 平战功能转换设计专篇的技术措施

(1) 平战功能转换实施内容

根据单项防空地下室具体设计情况，按照早期转换（30d 内完成）、临战转换（15d 内完成）、紧急转换（3d 内完成）的时间要求，确定人防各个专业平战功能转换的具体实施内容。

提供以下图纸附件：战时状态下各专业平战功能转换完成后的主要平面图和施工说明，包括战时总平面图、战时建筑平面图、战时通风平面图、战时给水排水平面图、战时电气平面图等。

1) 土建部分平战功能转换

① 平战使用功能转换；

② 战时男女干厕、盥洗室、水泵房；

③ 人防值班室、设备机房；

④ 对外出入口封堵（外封堵）；

⑤ 防护单元间封堵（内封堵）；

⑥ 抗爆单元隔墙与挡墙；

⑦ 防爆地漏、普通地漏及其排水管、简易洗消间排水管；

⑧ 各类人防门、悬板活门、超压排气活门等。

2) 通风设备平战功能转换

① 平战使用功能转换；

② 战时使用而平时不使用的滤毒设备；

③ 超压测压装置；

④ 防化值班室内防化器材，人防值班室日常药品；

⑤ 平时进排风防护等。

3) 给水排水设备平战功能转换

① 平战使用功能转换；

② 电站供油系统设计；

③ 战时使用的给水引入管、排水出户管的防护密闭处理；

④ 战时装配式钢板水箱或玻璃钢水箱及给水设备、管道、龙头安装；

⑤ 平时给水排水管道防护等。

4) 电气设备平战功能转换

① 平战使用功能转换；

② 平时电站内作基础维护（有区域电站工程）战时电源安装、调试；

③ 口部照明、厕所照明转换；

④ 电缆及防护密闭处理；

⑤ 平时不安装，口部预留密闭套管；战时通信器材及设施安装；

⑥ 平时不安装的临战时安装等。

(2) 平战功能转换技术措施

按照工程平战功能转换的具体实施内容，编制平战功能转换具体技术措施。

1) 口部转换

① 每个防护单元的主、次出入口及辅助出入口等；

② 每个单元的平时进排风口等；

③ 防护密闭门、密闭门安装的技术要求和安装顺序等；

④ 临战封堵施工工艺等。

2）主体转换

① 抗爆单元隔墙的砌筑；

② 防护单元隔墙及楼板上的预留孔的封堵；

③ 后加柱的设置（一般情况下没有）；

④ 早期核辐射防治措施等。

3）通风设备转换

① 平战设备的转换及安装；

② 通风方式转换；

③ 明确设备调试的具体参数和要求等。

4）给水排水设备转换

① 安装战时给水水箱、系统调试等；

② 明确管道上的所有平战阀门关启。

5）电气设备转换

① 电源及设备安装；

② 电源转换；

③ 安装、调试控制箱；

④ 通信设备安装等；

⑤ 明确设备调试的具体参数和要求等。

4. 平战功能转换物资等保障措施

（1）材料和设备表（见附件）；

（2）实施平战功能转换的工日经济分析

1）各个单元临战封堵工日经济指标；

2）各人防主要设备安装调试的工日经济指标。

5. 平战功能转换的预算

11.4 平战转换设计示例

平战转换设计是防空地下室管理的重要内容，是临战转换施工组织实施的基本文件，以下介绍一个防空地下室平战转换设计的实际示例。

11.4.1 目录

平战转换设计可参照以下纲目进行文件编制：

第1章 工程概况

第2章 各时间段转换工作内容及所需设备、构件、材料一览表

    2.1 土建部分

    2.2 风施部分

11.4.2　平战转换设计

第1章　工程概况

工程名称	海福中心项目地下车库	
工程地点	南京	
建设单位	—	
设计单位	—	
监理单位	—	
施工单位	—	
使用管理单位	待定	
平战转换设计单位	—	
平战转换实施单位	—	
竣工时间	待定	平战转换设计时间	2015年9月21日

人防工程类别	甲类	防核武器抗力级别	6 级
防常规武器抗力级别	6 级	防化等级	丙级、丁级
建筑面积（m²）	4329	掩蔽面积、物资库（m²）	1200、1800
平时用途	汽车库	战时用途	二等人员掩蔽部、物资库
上部结构形式	—	地下层数	1
防护单元数量（个）	4	抗爆单元数量（个）	6
口部数量（个）	6	通风竖井数量（个）	3
战时隐蔽人员数量（人）	1200	战时物资储备数量（m³）	3600

第 2 章　各时间段转换工作内容及所需设备、构件、材料一览表

2.1　建筑部分

转换时段　项目	早期转换（30d）	临战转换（15d）	紧急转换（3d）
工作内容	复核技术资料，订购物资、器材，构件加工，落实施工队伍	工程口部、孔洞封堵，防爆隔墙、后加柱、干厕砌筑，活置门槛安装，战时使用设备安装调试	工程防护单元连通口转换，检查验收战时封堵及设备的安装调试质量
抗爆隔墙	●	●	
战时砌筑厕所	●	●	
战时封堵	●	●	

2.2　风施部分

	转换时段　项目	早期转换（30d）	临战转换（15d）	紧急转换（3d）
	工作内容	复核技术资料，订购物资、器材，构件加工，落实施工队伍	工程口部、孔洞封堵，防爆隔墙、后加柱、干厕砌筑，活置门槛安装，战时使用设备安装调试	工程防护单元连通口转换，检查验收战时封堵及设备的安装调试质量
通风所需设备材料构件	电动脚踏两用风机	●	●	●
	斜流风机	●	●	●
	油网除尘器	●	●	●
	密闭胶条	●	●	●
	清洁区风管：镀锌铁皮	●	●	●
	竖井平时使用的防护密闭门及密闭门的关闭			●
	影响战时使用的平时设备进行拆除、整理	●	●	

2.3 水施部分

转换时段 项目		早期转换（30d）	临战转换（15d）	紧急转换（3d）
工作内容		复核技术资料，订购物资、器材，构件加工，落实施工队伍	工程口部、孔洞封堵，防爆、隔墙、后加柱、干厕砌筑，活置门槛安装，战时使用设备安装调试	工程防护单元连通口转换，检查验收战时封堵及设备的安装调试质量
所需设备材料构件	水箱		●	
	手摇泵	●		
	自动生活给水设备	●		
	卫生器具	●		
	玻璃钢隔臭马桶	●		
	衬塑钢管		●	
	潜水泵			●

2.4 电施部分

转换时段 项目		早期转换（30d）	临战转换（15d）	紧急转换（3d）
工作内容		复核技术资料，订购物资、器材，构件加工，落实施工队伍	工程口部、孔洞封堵，防爆隔墙、后加柱、干厕砌筑，活置门槛安装，战时使用设备安装调试	工程防护单元连通口转换，检查验收战时封堵及设备的安调试质量
电气所需设备材料构件	战时应急EPS	●	●	●
	战时送、排风机设备的安装和配电	●	●	●
	战时污水泵、管道泵的安装和配电	●	●	●
	战时应急照明、通信电源EPS配电箱的安装	●	●	●
	战时通风方式信号系统的调试	●	●	●
	战时进线配电柜加氧化锌避雷器	●	●	●
	穿人防墙管线的密闭处理	●	●	●
	战时不使用的电气设备、电线、电缆等接地	●	●	●
	所有战时设备的调试	●	●	●

第3章 设备、构件、材料、经费、劳动力一览表

3.1 设备、构件、材料一览表

3.1.1 土建部分

设备及材料名称	型号	数量	单位	备注
编织袋装砂（土）堆垒		185.76	m³	
隔墙		47.7	m³	
隔断		46	m²	
木门		4	樘	
防水材料密封层		80	m²	
结构胶粘贴		80	m²	

3.1.2 风施部分

设备及材料名称	型号	数量	单位	备注
电动脚踏两用风机	DJF-1	3	台	
斜流风机	SJGNo4.5F	4	台	
油网除尘器	LWP-DX4	8	片	
镀锌铁皮风管		200	m²	

3.1.3 水施部分

设备及材料名称	型号	数量	单位	备注
不锈钢装配式水箱	3000×2000×2000(H)	1	个	
装配式SMC水箱	6500×5000×2500(H)	1	个	
装配式SMC水箱	7500×6000×2500(H)	1	个	
自动生活给水设备	DP50-16-11×3	2	台	
手摇泵	SH-38	11	台	
水龙头	DN15	11	台	
衬塑钢管	DN100	40	m	
衬塑钢管	DN80	30	m	
衬塑钢管	DN50	60	m	
衬塑钢管	DN32	60	m	
衬塑钢管	DN25	170	m	
移动潜污泵	50JYWQ15-15-1200-1.5	4	台	
玻璃钢隔臭马桶		46	个	

3.1.4 电施部分

设备及材料名称	型号	数量	单位	备注
污水泵控制箱	UQKX	6	台	
给水泵控制箱	UQKX	2	台	
战时风机控制箱	JX3003改	4	台	
战时应急EPS/40kW	VP250	2	台	
防护密闭穿线管管内穿线及防密处理	—	80	根	
ZR-YJV-5×4	—	300	m	

设备及材料名称	型号	数量	单位	备注
YQS-4×2.5	—	54	m	
YQS-6×1.5	—	42	m	
YQS-4×1.5	—	54	m	
WDZ-BYJ-4×2.5	—	32	m	

3.2 劳动力一览表

3.2.1 预案汇总表

序号	项目	经费（元）	人工工日
1	土建部分	95990.59	138.47
2	风施部分	76060.02	121.46
3	水施部分	366361.31	246.22
4	电施部分	557352.86	132.10
5	合计	1095764.78	638.25

3.2.2 土建部分

序号	项目名称	单位	工程量	工日含量	工日合计
1	抗爆墙及封堵垒砂袋	m³	185.760	1.78	33.47
2	M7.5 砖墙	100m²	2.385	29.32	6.93
3	砖墙面抹水泥砂浆 20mm	100m²	4.770	16.31	7.78
4	浴厕隔断 木隔断	m²	46.000	0.83	3.34
5	单扇无亮双面胶合板门（1000×2000）	100m²	0.080	54.61	4.37
6	木门油漆（底一、调二）	100m²	0.080	17.14	1.37
7	活置式门槛快速安装 门洞宽≤6m	樘	6.000	1.50	9.00
8	防水材料密封层	m²	80.000	0.24	19.59
9	结构胶粘贴	m²	80.000	0.49	39.22
10	编织袋装砂（土）堆垒	m³	74.760	1.78	13.40
11	合计				138.47

3.2.3 风施部分

序号	材料名称	单位	工程量	人工费	人工工日
1	镀锌薄钢板矩形风管	m²	200.000	0.83	166.12
2	设备及矩形管道刷红丹防锈漆第一遍	10m²	20.000	0.26	5.20
3	设备及矩形管道刷红丹防锈漆第二遍	10m²	20.000	0.25	5.00
4	设备及矩形管道刷调合漆第一遍	10m²	20.000	0.26	5.20
5	设备及矩形管道刷调合漆第二遍	10m²	20.000	0.25	5.00
6	电动脚踏两用风机 DJF-1	台	3.000	4.91	14.72
7	通风管道附件制作安装软管接口	m²	1.650	2.13	3.51
8	设备支架制作安装 50kg 以上	100kg	3.600	3.27	11.77
9	金属结构手工除轻锈	100kg	0.399	0.36	0.14
10	一般钢结构刷红丹防锈漆第一遍	100kg	0.399	0.24	0.10

续表

序号	材料名称	单位	工程量	人工费	人工工日
11	一般钢结构刷红丹防锈漆第二遍	100kg	0.399	0.23	0.09
12	斜流风机 SJGNo4.5F	台	4.000	4.90	19.62
13	通风管道附件制作安装软管接口	m²	2.200	2.13	4.69
14	设备支架制作安装 50kg 以上	100kg	4.800	3.27	15.70
15	金属结构手工除轻锈	100kg	0.532	0.36	0.19
16	一般钢结构刷红丹防锈漆第一遍	100kg	0.532	0.24	0.13
17	一般钢结构刷红丹防锈漆第二遍	100kg	0.532	0.23	0.12
18	LWP 型滤尘器	片	8.000	1.77	14.16
19	合计				271.46

3.2.4 水施部分

序号	材料名称	单位	工程量	人工费	人工工日
1	衬塑钢管 公称直径 25mm 以内	m	170.000	0.27	45.44
2	管道消毒、冲洗 直径 50mm 以内	100m	1.700	0.55	0.94
3	衬塑钢管 公称直径 32mm 以内	m	60.000	0.27	16.04
4	管道消毒、冲洗 直径 100mm 以内	100m	0.600	0.71	0.43
5	衬塑钢管 公称直径 50mm 以内	m	60.000	0.32	19.40
6	管道消毒、冲洗 直径 100mm 以内	100m	0.600	0.71	0.43
7	衬塑钢管 公称直径 80mm 以内	m	30.000	0.35	10.54
8	管道消毒、冲洗 直径 100mm 以内	100m	0.300	0.71	0.21
9	衬塑钢管 公称直径 100mm 以内	m	40.000	0.40	15.90
10	管道消毒、冲洗 直径 100mm 以内	100m	0.400	0.71	0.28
11	水龙头 DN15	个	11.000	0.03	0.36
12	自动生活给水设备 DP50-16-11×3	台	2.000	7.26	14.52
13	手摇泵安装	台	11.000	1.62	17.82
14	污水泵安装 50JYWQ15-15-1200-1.5	台	4.000	7.68	30.72
15	玻璃钢隔臭马桶	套	46.000	0.50	23.00
16	不锈钢装配式水箱安装（3000×2000×2000）	个	1.000	16.73	16.73
17	装配式 SMC 水箱安装（6500×5000×2500）	个	1.000	16.73	16.73
18	装配式 SMC 水箱安装（7500×6000×2500）	个	1.000	16.73	16.73
19	合计				246.22

3.2.5 电施部分

序号	材料名称	单位	工程量	人工费	人工工日
1	防护密闭穿线管管内穿线及防密处理 直径 50mm 以内	根	80.000	0.70	56.32
2	战时给水泵控制箱	台	2.000	3.23	6.47

序号	材料名称	单位	工程量	人工费	人工工日
3	战时污水泵控制箱	台	6.000	3.23	19.40
4	战时风机控制箱	台	4.000	3.23	12.94
5	战时应急EPS	台	2.000	3.23	6.47
6	WDZ-BYJ-4×2.5	100m	0.320	0.98	0.31
7	ZR-YJV-5×4	100m	3.000	9.59	28.77
8	YQS-4×2.5	100m	0.540	0.95	0.51
9	YQS-6×1.5	100m	0.420	0.95	0.40
10	YQS-4×1.5	100m	0.540	0.95	0.51
11	合计				132.10

第4章　平战转换施工方案

4.1　平战转换施工方法

4.1.1　土建部分

仔细阅读预案内容。根据预案手册，核对本工程战前封堵位置、封堵形式、封堵构件名称、构件所需材料、设备和人工。根据预案手册中《封堵所需设备、构件、材料一览表》组织人员，准备材料设备。

人员进场：在所需封堵孔口附近准备所需材料；核对检查封堵孔口处的预埋，检查预埋件是否完整无损，锚固是否牢靠，否则对预埋件进行补强。

序号	名称	位置及施工方法
01	出入口门式封堵/楼梯封堵	1. 对封堵部位门框及地面进行清理； 2. 将防护密闭门关闭，使其紧贴墙体后将门框四周侧面缝隙用密封膏嵌平； 3. 门下口用细石混凝土填实； 4. 防护密闭门外侧覆土夯实，下端覆土厚不小于1000mm，上端覆土厚不小于500mm； 5. 土层外叠放砂土袋一皮
02	砖墙砌筑	水箱间、干厕、风机房等

4.1.2　设备部分

设备安装包括风、水、电3部分。

1. 通风部分

通风安装包含战时进、排风系统安装，滤毒系统安装，测压装置安装，风管及风口安装等。

2. 给水排水部分

给水、排水安装包含战时水箱安装、相关出水管及水龙头安装、给水管安装、各种水泵安装、各类阀与地漏及洗消淋浴器安装等，给水管一律采用镀锌钢管或内筋嵌入式钢塑复合管，卡环或法兰连接。

3. 电气部分

进出防空地下室的线路一律用埋地敷设的电缆经防爆波井引入或引出；穿墙管应采用热镀锌钢管。穿越防护密闭墙的管线应进行密闭处理，其方法为：在预埋套管与电缆之间用沥青麻丝或其他具有较好黏着力和柔性的材料嵌实，在墙外侧用环氧树脂浇注，内侧用封口材料敷在表面。战时不用的电气设备、电线、电缆应安全接地，战时使用的电子、电气设备加装氧化锌避雷器，吸顶灯加防掉落保护网。

技术措施：包括工程质量技术措施、安全措施、降低成本措施等，均严格执行国家的有关规定、规范和技术规程。

第 5 章 设备、构件、材料保障计划

5.1 风施部分

设备应选用国家人防办许可生产厂家生产的符合国家规范的产品。

设备及材料名称	数量	规格	供应单位	备注
电动脚踏两用风机	3	DJF-1		
斜流风机	4	SJGNo4.5F		
油网除尘器	8	LWP-DX4		

5.2 水施部分

设备及材料名称	型号	数量	单位	备注
不锈钢装配式水箱	$3000 \times 2000 \times 2000(H)$	1	个	
装配式 SMC 水箱	$6500 \times 5000 \times 2500(H)$	1	个	
装配式 SMC 水箱	$7500 \times 6000 \times 2500(H)$	1	个	
自动生活给水设备	DP50-16-11×3	2	台	
手摇泵	SH-38	11	台	
移动潜污泵	50JYWQ15-15-1200-1.5	4	台	
玻璃钢隔臭马桶		46	个	

5.3 电施部分

设备及材料名称	规格	数量	单位	供应单位
污水泵控制箱	UQKX	6	台	
给水泵控制箱	UQKX	2	台	
战时风机控制箱	JX3003 改	4	台	
战时应急 EPS/40kW	VP250	2	台	

第 6 章 工 程 预 算

建设单位：—

工程名称：—

工程造价：—

编制日期：　　年　　月

给水排水专业的工程预算如下：

综合费用取定表

表1

工程名称：海福中心项目地下车库（给水排水专业）

序号	项目名称	计算基础	费率（%）	金额（元）
1	分部分项工程量清单计价合计	工程量清单计价合计	100.000	328419.57
2	措施项目清单计价合计	措施项目清单计价合计	100.000	12808.37
3	其他项目清单计价合计	其他项目清单计价合计	100.000	
4	规费		100.000	12932.54
4.1	工程排污费	分部分项工程费＋措施项目费＋其他项目费	0.100	341.23
4.2	建筑安全监督管理费	分部分项工程费＋措施项目费＋其他项目费	0.190	648.33
4.3	社会保障费	分部分项工程费＋措施项目费＋其他项目费	3.000	10236.84
4.4	住房公积金	分部分项工程费＋措施项目费＋其他项目费	0.500	1706.14
5	税金	分部分项工程费＋措施项目费＋其他项目费＋规费	3.445	12200.83
6	工程造价		100.000	366361.31

人防建筑单位工程预算表（分部分项）

表2

工程名称：海福中心项目地下车库（给水排水专业）

序号	定额编号	项目名称	单位	数量	综合单价（元）	综合合计（元）	备注
1	FD0201007001	衬塑钢管	m	170.000	27.49	4673.30	
	2-51	衬塑钢管　公称直径25mm以内	m	170.000	27.17	4618.90	
	22-299	管道消毒、冲洗　直径50mm以内	100m	1.700	32.91	55.95	
2	FD0201007002	衬塑钢管	m	60.000	50.98	3058.80	
	2-52	衬塑钢管　公称直径32mm以内	m	60.000	50.28	3016.80	
	22-300	管道消毒、冲洗　直径100mm以内	100m	0.600	70.29	42.17	
3	FD0201007003	衬塑钢管	m	60.000	66.68	4000.80	
	2-54	衬塑钢管　公称直径50mm以内	m	60.000	65.98	3958.80	
	22-300	管道消毒、冲洗　直径100mm以内	100m	0.600	70.29	42.17	
4	FD0201007004	衬塑钢管	m	30.000	85.03	2550.90	
	2-56	衬塑钢管　公称直径80mm以内	m	30.000	84.58	2537.40	
	22-300	管道消毒、冲洗　直径100mm以内	100m	0.300	45.08	13.52	
5	FD0201007005	衬塑钢管	m	40.000	27.63	1105.20	
	2-57	衬塑钢管　公称直径100mm以内	m	40.000	26.53	1061.20	

续表

序号	定额编号	项目名称	单位	数量	综合单价（元）	综合合计（元）	备注
	22-300	管道消毒、冲洗　直径 100mm 以内	100m	0.400	110.08	44.03	
6	FD0205013001	水龙头	个	11.000	22.72	249.92	
	2-81	水龙头 DN15	个	11.000	22.72	249.92	
7	FD0206005001	自动生活给水设备	台	2.000	6717.36	13434.72	
	2-85	自动生活给水设备 DP50-16-11×3	台	2.000	6717.36	13434.72	
8	FD0206003001	手摇泵	台	11.000	1029.67	11326.37	
	22-600	手摇泵安装	台	11.000	1029.67	11326.37	
9	FD0206006001	潜污泵	台	4.000	4263.97	17055.88	
	22-590	污水泵安装 50JYWQ15-15-1200-1.5	台	4.000	4263.97	17055.88	
10	FD0205009001	玻璃钢隔臭马桶	套	46.000	540.00	24840.00	
	2-83	玻璃钢隔臭马桶	套	46.000	540.00	24840.00	
11	FD0205011001	水箱	套	1.000	16585.62	16585.62	
	2-78	不锈钢装配式水箱安装（3000×2000×2000）	个	1.000	16585.62	16585.62	
12	FD0205011002	水箱	套	1.000	97950.50	97950.50	
	2-78	装配式 SMC 水箱安装（6500×5000×2500）	个	1.000	97950.50	97950.50	
13	FD0205011003	水箱	套	1.000	131585.62	131585.62	
	2-78	装配式 SMC 水箱安装（7500×6000×2500）	个	1.000	131585.62	131585.62	
14		合计	元			328419.57	

人防建筑单位工程预算表（措施项目一）　　　　表 3

工程名称：海福中心项目地下车库（给水排水专业）

序号	定额编号	项目名称	单位	数量	费率	综合单价（元）	综合合计（元）	备注
		通用措施项目		1.000			12808.37	
1	CSF001001	安全文明施工	项	1.000		12151.53	12151.53	
1.1	CSF001001001	基本费	项	1.000	0.022	7225.23	7225.23	
1.2	CSF001001002	现场考评费	项	1.000	0.011	3612.62	3612.62	
1.3	CSF001001003	奖励费	项	1.000	0.004	1313.68	1313.68	
2	CSF001002	临时设施	项	1.000				
3	CSF001003	夜间施工	项	1.000				
4	CSF001004	冬雨期施工	项	1.000				
5	CSF001005	已完工程及设备保护	项	1.000				
6	CSF001006	赶工措施	项	1.000				
7	CSF001007	工程按质论价	项	1.000				
8	CSF001008	材料与设备检验试验	项	1.000	0.002	656.84	656.84	
		专业工程措施项目		1.000				
		合计	元				12808.37	

第 7 章　平战转换施工图

1. 建筑专业

（1）地下室平时平面图；

（2）地下室战时平面图。

2. 暖通专业

（1）暖通设计施工说明及材料表；

（2）人防通风原理图及安装大样图；

（3）人防口部大样图；

（4）地下室平时通风平面图；

（5）地下室战时通风平面图。

3. 给水排水专业

（1）战时给水排水设计说明；

（2）地下室战时给水排水平面图；

（3）战时人防 A/B 防护单元给水系统原理图；

（4）消火栓系统原理图/集水井排水展开图。

4. 电气专业

（1）地下室电气设计说明、设备材料表；

（2）配电干线图；

（3）配电系统图三；

（4）配电系统图四；

（5）配电系统图五；

（6）人防大样图；

（7）地下室配电平面图；

（8）地下室照明平面图；

（9）三种通风方式及战时通信平面图。

第12章 防空地下室设计示例

12.1 二等人员掩蔽工程

12.1.1 给水排水设计说明

1. 工程概况

本工程地下室位于地下一层，总建筑面积 11712.67m²，平时作为 I 类地下汽车库使用，可停车 370 辆。其中防空地下室部分总建筑面积 3965m²，平时分为两个防火单元；战时分为两个防护单元，防护等级为甲类防常 6 级、核 6 级；二等人员掩蔽工程，每个防护单元战时掩蔽人数分别为 930 人和 1050 人。

2. 设计依据

《人民防空地下室设计规范》GB 50038—2005；

《人民防空工程设计防火规范》GB 50098—2009；

《建筑给水排水设计规范》GB 50015—2003（2009 年版）；

《自动喷水灭火系统设计规范》GB 50084—2017；

《消防给水及消火栓系统技术规范》GB 50974—2014；

《建筑灭火器配置设计规范》GB 50140—2005；

《建筑设计防火规范》GB 50016—2014（2018 年版）；

《汽车库、修车库、停车场设计防火规范》GB 50067—2014；

《建筑给水排水及采暖工程施工质量验收规范》GB 50242—2002；

《自动喷水灭火系统施工及验收规范》GB 50261—2017；

《人民防空工程防化设计规范》RFJ 013—2010；

甲方提供的有关设计资料；

建筑等专业提供的设计资料。

3. 设计范围

防空地下室平时消防给水排水、战时给水排水。

4. 给水排水系统

（1）战时用水量。战时用水量计算结果见表 12-1。

二等人员掩蔽工程战时用水量 表 12-1

防护单元	掩蔽人数（人）	用水量标准 [L/(人·d)]		贮水时间（d）		贮水量（m³）		洗消用水贮水量（m³）		总贮水量（m³）
		饮用水	生活用水	饮用水	生活用水	饮用水	生活用水	人员洗消	墙面、地面洗消	
防护单元 1	930	4	4	15	7	55.8	26.0	0.8	5.0	87.6
防护单元 2	1050	4	4	15	7	63.0	29.4	0.8	5.0	98.2

防空地下室战时供水引自城市给水管网，市政给水管网可用压力为 0.30MPa，满足内部供水水压及水量的要求。

临战前将工程内部的生活用水水箱、饮用水水箱贮满，战时生活用水水箱、饮用水水箱分两只独立设置，采用装配式水箱，临战前安装。水箱设溢流管、通气管，加防虫网罩。

当市政给水管网不能正常供水或接到空袭报警信号时，关闭防空地下室给水引入管上的防护阀门。防空地下室供水转由内部水箱供水。

战时生活用水采用管道泵、气压罐（战时安装）增压供水，开泵压力 0.24MPa，停泵压力 0.29MPa；战时人员饮用水从饮用水水箱取水龙头直接取水。

（2）排水系统。工程内设污废水集水坑，收集车库口部雨水、平时冲洗废水及消防排水，经污废水集水坑收集后由潜水泵直接排到工程外市政排水管网，室外排水管网的布置见小区给水排水管网图，不在本设计范围。

洗消排水在口部集水坑收集后，经防化专业队简单处置后，由移动泵排至工程外部污水排水管网。

战时设置干厕和盥洗间，战时污水经排水管流入集水坑，由污水泵提升至室外污水管，隔绝防护时间内不得向外部排水。

上部建筑的生活污水管、雨水管、燃气管等与防空地下室战时及平时均无关的管道不得进入防空地下室。

5. 消防给水

（1）根据《人民防空工程设计防火规范》GB 50098—2009 和《自动喷水灭火系统设计规范》GB 50084—2017、《汽车库、修车库、停车场设计防火规范》GB 50067—2014，本工程内设消火栓系统和自动喷水灭火系统。

（2）根据《汽车库、修车库、停车场设计防火规范》GB 50067—2014 以及《人民防空工程设计防火规范》GB 50098—2009，该工程平时属Ⅰ类汽车库，室外消火栓给水系统设计流量应≥20L/s；室内消火栓给水系统设计流量≥10L/s，同时使用水枪数量为 2 支，每支水枪最小流量为 5L/s，火灾延续时间 2h。

（3）本工程室外消火栓用水结合地面建筑统一考虑。

（4）防空地下室内消火栓系统：室内消火栓设置在工程内易于取用的位置，其间距保证相邻两个消火栓的水枪充实水柱同时到达室内任何位置。室内消火栓栓口距地面安装高度为 1.1m，栓口与墙面垂直安装。室内消火栓系统应保证在各防护分区内布置成环状，进水管布置成两条，并用 4 个阀门分成 4 个独立段，保证检修时关闭的消火栓不超过 5 只。为节约消防给水系统的造价，防空地下室消火栓给水系统与小区其他建筑的消火栓给水系统共用消防稳压设备、消防水库及消防供水增压设备。火灾初期，消防系统用水由小区地面建筑高位消防水箱供水；火灾发生后，可由消防报警及控制系统自动启动为防空地下室消火栓供水的消防泵，或人工启动防空地下室内消火栓箱内的消防水泵按钮，增压供水。室内消火栓箱采用钢板箱体和铝合金门框，内设 DN65 消火栓，25m 长衬胶水带，Φ19 口径水枪，以及消防按钮和指示灯一个，并设有保护消防按钮的装置。

（5）自动喷水灭火系统

火灾危险等级：中危险Ⅱ级，设计喷水强度为 8L/(min·m²)，作用面积 160m²，喷头采用玻璃球闭式喷头，动作温度采用 68℃，喷头流量系数 $K=80$。火灾延续时间 1h。

喷头设置：在车库停车位的上方均设置喷头；除风管下采用下垂型喷头外，其他采用直立型喷头。喷头安装时其溅水盘与顶板的距离不应小于 75mm，并不得大于 150mm。宽度大于 1200mm 的风管或桥架下增设下垂型喷头，图 12-1 所示为风管下喷头安装示意图。如下垂型喷头不能满足安装要求，则需要在喷头上方加装集热板。

自动喷水灭火系统分为两个防火分区，设两个湿式报警阀。湿式报警阀安装在非人防区地下室。自喷泵由湿式报警阀压力开关控制启动。喷淋系统设计流量为 27.7L/s。为节约消防给水系统的造价，防空地下室自动喷水灭火系统与小区其他建筑的自动喷水灭火系统共用高位消防水箱、消防稳压设备、消防水库及消防供水增压设备。

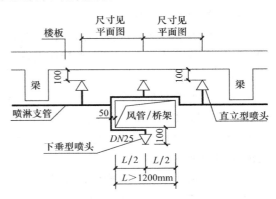

图 12-1　风管下喷头安装示意图

6. 灭火器配置

室内灭火器按照《建筑灭火器配置设计规范》GB 50140—2005 进行配置。防护值班室内单独设两具灭火器。

7. 设备及管道安装要求

（1）管材。战时给水管道采用内外壁热镀锌钢管，丝扣连接；压力排水管、重力排水管、集水坑通气管采用内外壁热镀锌钢管，丝扣连接；消火栓给水管、喷淋给水管采用内外壁热镀锌钢管及其管件，管径＜DN50 时采用丝扣连接，管径≥DN50 时采用沟槽式卡箍连接，不得采用焊接。战时厕所排水管、口部排水管均布置在结构底板内，应做好预埋。

（2）阀门。防空地下室给水排水管道的引入管、出户管以及穿越防护单元隔墙的管道上安装的防护阀门，DN＜50mm 的采用铜芯截止阀，DN≥50mm 的采用铜芯闸阀，公称压力≥1.0MPa，安装前应逐个进行密闭性试验。防护阀门近端面距离围护结构内侧不宜大于 200mm。仅供平时使用且穿防空地下室围护结构的管道，临战前关闭管道上的防护阀门，用法兰板封堵或管道进行局部拆除。

截止阀采用 J41T，闸阀采用 Z41H，蝶阀采用 A 型对夹式双向流，止回阀采用 H44T，信号阀采用 D371X。自动喷水灭火系统、消火栓系统管道上阀门公称压力采用 1.6MPa，其他采用 1.0MPa。

（3）管道水平安装的支吊架应根据需要现场设置，其间距不大于《建筑给水排水及采暖工程施工质量验收规范》GB 50242—2002 中的规定，具体做法见《室内管道支架及吊架》03S402。钢制支吊架应做防腐处理。

（4）管道穿越非防空地下室外墙时，设置刚性防水套管，详见《防水套管》02S404 （P15），A 型；穿越人防顶板、外墙、密闭隔墙及防护单元之间的隔墙时，设置防护密闭套管，详见《防空地下室给排水设施安装》07FS02，B 型；穿越临空墙及防空地下室与非人防之间的防护密闭隔墙时，设置防护密闭套管，详见《防空地下室给排水设施安装》07FS02，D 型；穿越剪力墙、梁和楼板处设钢套管；穿越防火墙时，要用不燃材料紧密填实。

(5) 管道试压。管道安装完毕后须进行水压试验，消火栓管道、自喷管道试验压力1.4MPa；其他管道试验压力1.0MPa。管道在试验压力下10min内压力降不大于0.02MPa，且无渗漏为合格。重力排水管道在隐蔽前须做灌水试验，要求见《建筑给水排水及采暖工程施工质量验收规范》GB 50242—2002。

(6) 战时水箱采用装配式玻璃钢水箱，安装尺寸详见《矩形给水箱》12S101。

(7) 压力管与风管在同一标高相撞时，压力管绕行。管道在同一标高相撞时，处理原则是：压力管让重力自流管，小管让大管。所有管道穿越沉降缝、变形缝时均设置金属波纹软管。

(8) 所有地漏都自带存水弯，水封深度≥50mm。与防爆地漏连接的管材为镀锌钢管，丝扣连接，需加麻丝和白厚漆，管道伸进集水坑100mm，焊接钢制弯头并接至距坑底200mm，地漏盖板标高低于地坪5～10mm，刷两道沥青漆，支口上黄油，保证盖板能在地漏支口内灵活转动。

(9) 防腐。消防管道刷红色漆两道。室内明露镀锌钢管刷银粉漆两道。埋地钢管埋地前刷红丹防锈漆两遍，热沥青两遍。穿地下室外墙埋地部分管道刷冷底子油一道，石油沥青涂料两道，加强防腐处理。给水排水和消防管道要做色标：给水管道保留管道本色，消火栓管道刷红色，喷淋管道刷黄色环圈红色打底并绘制箭头注明其水流方向。

8. 平战转换

(1) 集水坑、防爆地漏、普通地漏、重力排水管等平时安装，与底板施工同步完成。

(2) 战时使用的给水引入管、排水出户管应与防空地下室土建施工同步完成。

战时水箱、增压设备及防空地下室内部战时使用的明装管道可在临战时安装（图中另有标注者除外），战时穿密闭墙套管需预埋安装到位。战前须按照图纸在15d的转换时限内将所有给水设备以及管线施工完毕。

9. 图注尺寸

除标高以m计外，其余均为mm。图注管道标高，给水管道和压力排水管道均为管中心标高，自流排水管道为管内底标高。系统图标高为相对室内地坪标高。

10. 主要设备及配件规格（略）

11. 其他

本说明未尽事宜按有关施工验收规范执行。

12.1.2 设计计算书

1. 战时给水系统

按《人民防空地下室设计规范》GB 50038—2005，本工程无内水源，外水源为城市自来水，为无防护外水源。

战时人员生活用水，用水量标准为4L/(人·d)，贮水时间为7～14d，取7d，根据公式(6-1)，则防护单元1、2的生活用水贮水量分别为：

$$V_{1-1} = 930 \times 4 \times 7 = 26040L = 26.0m^3$$
$$V_{1-2} = 1050 \times 4 \times 7 = 29400L = 29.4m^3$$

战时人员饮用水，用水量标准为3～6L/(人·d)，取4L/(人·d)，贮水时间为15d，根据公式（6-2），则防护单元 1、2 的饮用水贮水量分别为：

$$V_{2-1} = 930 \times 4 \times 15 = 55800\text{L} = 55.8\text{m}^3$$

$$V_{2-2} = 1050 \times 4 \times 15 = 63000\text{L} = 63.0\text{m}^3$$

二等人员掩蔽工程人员洗消为简易洗消，用水量标准为 $0.6 \sim 0.8\text{m}^3$，取 0.8m^3。

防护单元 1、2，口部墙面、地面需洗消面积均为 992m^2，洗消用水量标准取 5L/m^2，根据公式（8-6），则防护单元 1、2 的墙面、地面洗消用水量均为：

$$V_3 = 992 \times 5 = 4960\text{L} = 5.0\text{m}^3$$

人员洗消用水及墙面、地面洗消用水需要增压供水，该部分用水贮存在生活用水水箱中，同时设有洗消用水不被动用的措施。

防护单元 1、2 生活用水水箱（含洗消用水）总容积分别为：$26.0 + 5.0 + 0.8 = 31.8\text{m}^3$ 和 $29.4 + 5.0 + 0.8 = 35.2\text{m}^3$。

防护单元 1 总贮水量为：$26.0 + 5.0 + 0.8 + 55.8 = 87.6\text{m}^3$。

防护单元 2 总贮水量为：$29.4 + 5.0 + 0.8 + 63.0 = 98.2\text{m}^3$。

为保证防空地下室从市政给水管网引水的可靠性，战时水箱充满水时间按不超过 12h、管内流速 $\leqslant 1\text{m/s}$ 计算。则防护单元 1 给水引入管管径为：

$$d_1 = \sqrt{\frac{87.6 \times 4}{12 \times 3600 \times \pi}} = 0.0508\text{m}, \quad 取 DN50。$$

防护单元 2 给水引入管管径为：

$$d_2 = \sqrt{\frac{98.2 \times 4}{12 \times 3600 \times \pi}} = 0.0538\text{m}, \quad 取 DN70。$$

《全国民用建筑工程设计技术措施——防空地下室》（2009 年版）第 5.2.8 条："饮用水箱引出的饮用水龙头数量可按掩蔽人员每 $200 \sim 300$ 人设 1 个设计；生活水箱引出的水龙头数量可按掩蔽人员每 $150 \sim 200$ 人设 1 个设计"。

饮用水为重力供水，给水龙头供水压力较小，每个给水龙头取设计流量为 0.15L/s；生活用水设增压泵供水，每个给水龙头取设计流量为 0.2L/s。战时给水管道设计按各给水龙头同时开启计算。战时生活饮用供水系统主要设计参数见表 12-2。

战时生活饮用供水系统主要设计参数　　　　　表 12-2

防护单元	掩蔽人数（人）	给水龙头数量（个）		最大设计秒流量（L/s）		最大管径		管道流速（m/s）		管道比阻（kPa/m）	
		饮用	生活	饮用	生活	饮用	生活	饮用	生活	饮用	生活
防护单元 1	930	4	6	0.6	1.2	DN32	DN40	0.63	0.95	0.373	0.663
防护单元 2	1050	5	7	0.75	1.4	DN32	DN40	0.79	1.11	0.562	0.884

增压设备选型计算以防护单元 2 为例。从增压泵至生活给水龙头，DN40 管道长 97m，设计秒流量 1.4L/s 时，增压泵出水管道总阻力损失为：

$$1.2 \times 97 \times 0.884 \times 0.1 = 10.29\text{mH}_2\text{O}$$

出流水头为 $5\text{mH}_2\text{O}$。水箱最低水位至给水龙头高程差取 0.5m。增压泵最小扬程为：$10.29 + 5 + 0.5 = 15.79\text{mH}_2\text{O}$。增压泵最小流量为 $5\text{m}^3/\text{h}$。

选用 DFW40-160A/2/1.5 单级单吸卧式离心泵，流量 $4.0 \sim 7.0\text{m}^3/\text{h}$，扬程 $28.5 \sim 26.6\text{mH}_2\text{O}$，功率 1.5kW，1 用 1 备。图 12-2 所示为防护单元 2 战时给水系统图示例。

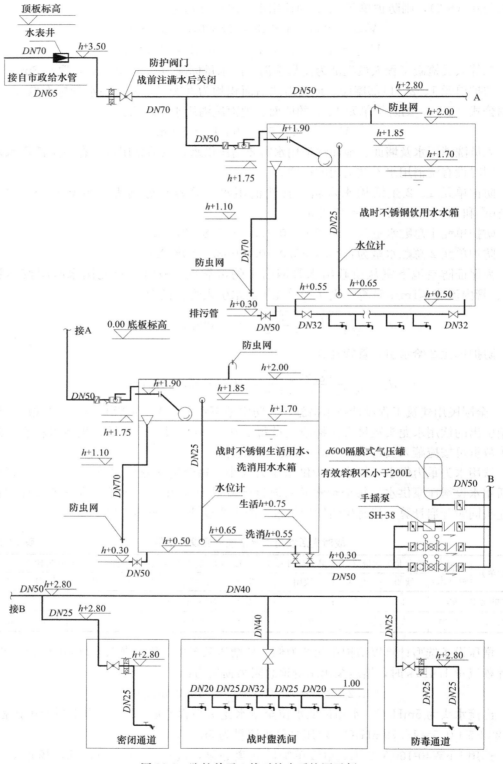

图 12-2　防护单元 2 战时给水系统图示例

2. 战时排水系统

本工程隔绝防护时间为 3h，战时人员生活用水、饮用水水量标准均为 4L/(人·d)，根据公式 (7-2)，隔绝防护时间内，防护单元 1、2 的战时生活污水池贮备容积分别为：

$$V_{c1} = k \frac{q \cdot n \cdot t}{24 \times 1000} = 1.25 \times \frac{(4+4) \times 930 \times 3}{24 \times 1000} = 1.16 \text{m}^3$$

$$V_{c2} = k \frac{q \cdot n \cdot t}{24 \times 1000} = 1.25 \times \frac{(4+4) \times 1050 \times 3}{24 \times 1000} = 1.31 \text{m}^3$$

选用 WQ 系列无堵塞固定式潜水排污泵 2 台，1 用 1 备，每台流量 24m³/h，扬程 12mH₂O。根据 1 台污水泵 5min 出水量计算的调节容积 V_t 为：

$$V_t = \frac{24 \times 5}{60} = 2.0 \text{m}^3$$

取附加容积 $V_f = 0.2V_t = 0.2 \times 2 = 0.4 \text{m}^3$。

则防护单元 1、2 的战时生活污水池容积分别为：

$$V_{w1} = V_{c1} + V_{t1} + V_{f1} = 1.16 + 2.0 + 0.4 = 3.56 \text{m}^3$$

$$V_{w2} = V_{c2} + V_{t2} + V_{f2} = 1.31 + 2.0 + 0.4 = 3.71 \text{m}^3$$

战时生活污水池实际容积为 2.0×1.3×1.5＝3.90m³，满足战时隔绝防护时间内不得向外部排水的要求。该污水池平时兼作消防废水集水坑使用。图 12-3 所示为战时生活污水池排水系统图。

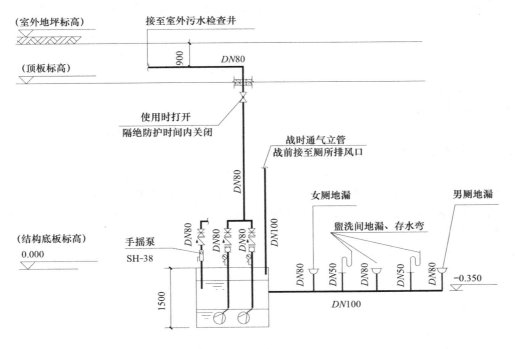

图 12-3　战时生活污水池排水系统图

3. 消火栓给水系统

根据《人民防空工程设计防火规范》GB 50098—2009，本工程同时使用水枪数量为 2 支，每支水枪最小流量为 5L/s，消火栓用水量为 10L/s。消火栓采用 DN65、Φ19 水枪，水龙带长度为 25m。

（1）消火栓布置间距计算

消火栓充实水柱以 10m 计，充实水柱在水平方向的投影长度为：

$$h = 0.71 \times 10 = 7.1\text{m}$$

受层高限制，充实水柱实际能保护的水平投影距离，取层高 $h = 3.0\text{m}$。水龙带展开时的弯度折减系数为 $0.8 \sim 0.9$，取 0.85，消火栓保护半径 R 为：

$$R = C \cdot L_d + h = 25 \times 0.85 + 3.0 = 24.3\text{m}$$

由于建筑物内部墙体的阻挡及建筑平面的不规则性，消火栓的布置间距按图纸上测量为准，保证两支水枪的两股充实水柱能同时到达任意一点。

（2）最不利点消火栓栓口处需要水压 H_{xh} 计算

水枪流量 $\geqslant 5\text{L/s}$ 时，应选择 65mm 消火栓，$\Phi19$ 水枪，其水枪喷嘴阻力系数 $\varphi = 0.0097$。当 $H_m = 10\text{mH}_2\text{O}$ 时，$\alpha_f = 1.2$。

水枪喷口处压力：

$$H_q = \frac{\alpha_f \cdot H_m}{1 - \varphi \cdot \alpha_f \cdot H_m} = \frac{1.2 \times 10}{1 - 0.0097 \times 1.2 \times 10} = 13.6\text{mH}_2\text{O}$$

水枪流量校核计算：

$$q_{xh} = \sqrt{B \cdot H_q} = \sqrt{1.577 \times 13.6} = 4.63\text{L/s}$$

不能满足水枪最小流量要求。将充实水柱提高为 $H_m = 12\text{mH}_2\text{O}$，$\alpha_f = 1.21$，得：

$$H_q = \frac{\alpha_f \cdot H_m}{1 - \varphi \cdot \alpha_f \cdot H_m} = \frac{1.21 \times 12}{1 - 0.0097 \times 1.21 \times 12} = 16.9\text{mH}_2\text{O}$$

$$q_{xh} = \sqrt{BH_q} = \sqrt{1.577 \times 16.9} = 5.16\text{L/s}$$

能满足水枪最小流量要求。

消火栓水龙带水头损失：

$$h_d = A_z \cdot L_d \cdot q_{xh}^2 = 0.00172 \times 25 \times 5.16^2 = 1.14\text{mH}_2\text{O}$$

消火栓栓口处所需压力 H_{xh}

$$H_{xh} = H_q + h_d + H_k = 16.9 + 1.14 + 2 = 20.04\text{mH}_2\text{O}$$

根据《消防给水及消火栓系统技术规范》GB 50974—2014 的相关条文：

第 2.1.12 条：动水压力为消防给水系统管网内水在流动时管道某一点的总压力与速度压力的差值。

第 10.1.3 条：管道速度压力可按公式（12-1）计算：

$$P_v = 8.11 \times 10^{-10} \times \frac{q^2}{d_i^4}\text{(MPa)} \tag{12-1}$$

式中 q——管道内流量，L/s；

d_i——管道内径，m。

当 $q = 5.16\text{L/s}$，$DN65$ 时，对应的速度压力为：

$$P_v = 8.11 \times 10^{-10} \times \frac{5.16^2}{0.065^4} = 1.2 \times 10^{-3}\text{MPa} = 0.12\text{mH}_2\text{O}$$

第 7.4.12-2 条：消火栓栓口动压不应小于 0.25MPa。

从上述计算结果可以看出，0.12mH$_2$O 的速度压力与 0.25MPa 动压相比很小，可忽略。故最不利点消火栓栓口处所需压力按满足最小动压要求 0.25MPa 计算。

（3）消火栓管道系统水力计算

在防空地下室内，消火栓给水管道设置成环状网，图 12-4 所示为消火栓给水系统展开图，最不利消火栓距防空地下室消火栓给水引入管处管路长 210m，在通过消防流量 10L/s 时，管径 DN100 条件下，查钢管（水煤气管）水力计算表，$i=0.269$kPa/m，流速为 1.15m/s。

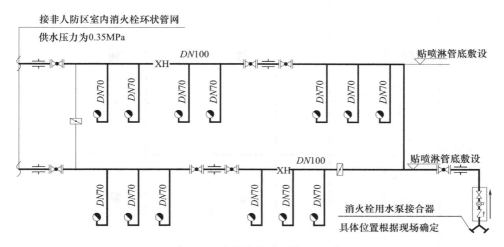

图 12-4　消火栓给水系统展开图

管道沿程阻力损失：$h_i=210\times0.269=56.5$kPa$=5.65$mH$_2$O

总阻力损失为　　　$\sum h=1.2h_i=1.2\times5.65=6.78mH_2$O

防空地下室消火栓给水系统给水引入管处需要的水压为：

$$H=\sum h+H_{xh}=6.78+25=31.78\text{mH}_2\text{O}$$

4. 自动喷水灭火系统

（1）理论计算流量

根据《自动喷水灭火系统设计规范》GB 50084—2017，本工程为中危险 Ⅱ 级，设计喷水强度为 8.0L/(min·m²)，作用面积 160m²，根据公式（10-7）计算系统理论计算流量：

$$Q_L=\frac{8\times160}{60}=21.33\text{L/s}$$

（2）设计流量

按作用面积法进行计算，作用面积设为长方形，则长边长度 L_c 为：

$$L_c=1.2\times\sqrt{160}=15.18\text{m}$$

短边长度 L_d 为：

$$L_d=\frac{160}{L_c}=\frac{160}{15.18}=10.54\text{m}$$

找出防空地下室自喷管道供水最不利区域，用虚线画出 15.18m×10.54m＝160m² 的作用面积，图 12-5 所示为喷头布置及作用面积划分图示。作用面积内的最大动作喷头数为 20 个。

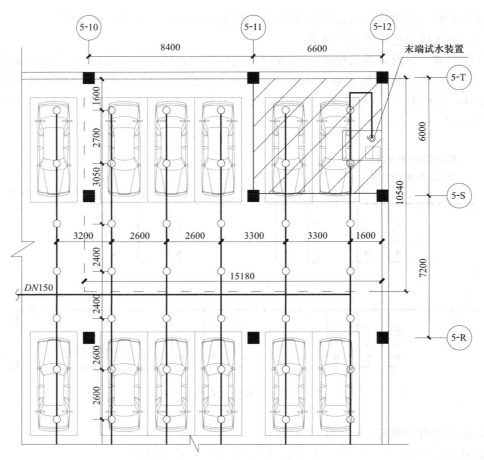

图 12-5　喷头布置及作用面积划分图示

当最不利点处喷头工作压力为 0.1MPa 时，最不利点处喷头的流量为：

$$q = K \sqrt{10P} = 80 \times \sqrt{10 \times 0.1} = 80\text{L/min} = 1.33\text{L/s}$$

作业面积法假设作用面积内每一个喷头的计算流量均等于最不利点处喷头的流量。则自动喷水灭火系统设计流量为：

$$Q_s = \frac{1}{60} \sum_{i=1}^{n} q_i = \frac{1}{60} \times 20 \times 80 \sqrt{10 \times 0.1} = 26.67\text{L/s}$$

$$\frac{Q_s}{Q_L} = \frac{26.67}{21.33} = 1.25$$

满足公式（10-8）的要求。

如最不利点处喷头工作压力调整为 0.05MPa，则最不利点处喷头的流量为：

$$q = K \sqrt{10P} = 80 \times \sqrt{10 \times 0.05} = 56.6\text{L/min} = 0.94\text{L/s}$$

自动喷水灭火系统设计流量为：

$$Q_s = \frac{1}{60} \sum_{i=1}^{n} q_i = \frac{1}{60} \times 20 \times 80 \sqrt{10 \times 0.05} = 18.86\text{L/s}$$

$$\frac{Q_s}{Q_L} = \frac{18.86}{21.33} = 0.88$$

不能满足公式（10-8）的要求。

（3）校核计算

图 12-5 中作用面积内最不利点处 4 个喷头所组成的保护面积是其中带斜线的实线矩形区域，面积为：

$$F_4 = \left(1.6 + 3.3 + \frac{3.3}{2}\right) \times \left(1.6 + 2.7 + \frac{3.05}{2}\right) = 38.2\text{m}^2$$

平均每个喷头的保护面积为：

$$F_1 = \frac{F_4}{4} = \frac{38.2}{4} = 9.55\text{m}^2$$

喷水强度为：

$$q_\text{p} = \frac{80}{9.55} = 8.38\text{L/(min} \cdot \text{m}^2) > 8.0\text{L/(min} \cdot \text{m}^2)$$

满足大于中危险 II 级 8.0L/(min · m²) 85% 的要求。

（4）阻力损失计算

自喷管道管径的确定，参照表 10-13 中危险级确定，自喷管道水力计算简图如图 12-6 所示。每个喷头的流量为 1.33L/s，不计算超出作用面积范围的喷头流量。从最不利点起向增压泵或防空地下室自喷给水引入管方向进行水力计算。

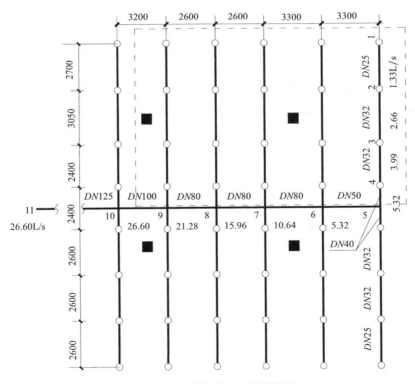

图 12-6　自喷管道水力计算简图

水力计算结果如表 12-3 所示。其中管道内水流速度按公式（10-9）计算。沿程阻力损失按公式（10-11）、公式（10-12）计算。

自喷管道水力计算表 表 12-3

管段	管径 (mm)	计算内径 (mm)	流量 (L/s)	流速 (m/s)	管长 (m)	沿程阻力 (kPa/m)	管段阻力损失 (kPa)
1-2	25	26.3	1.33	2.45	2.70	3.46	9.34
2-3	32	34.4	2.66	2.86	3.05	3.38	10.31
3-4	32	34.4	3.99	4.29	2.40	7.15	17.16
4-5	40	40.3	5.32	4.17	1.20	5.63	6.76
5-6	50	51.7	5.32	2.53	3.30	1.73	5.71
6-7	80	79.9	10.64	2.12	3.30	0.72	2.38
7-8	80	79.9	15.96	3.18	2.60	1.53	3.98
8-9	80	79.9	21.28	4.24	2.60	2.61	6.79
9-10	100	105.3	26.60	3.05	3.20	1.03	3.30
10-11	125	130.7	26.60	1.98	180	0.36	64.80
合计							130.53

管道局部阻力损失取沿程阻力损失的 20%，为：

$$\sum h_j = 0.2 \sum h_y = 0.2 \times 130.53 = 26.11 \text{kPa}$$

水力报警阀设在非人防区域。水力指示器设在防空地下室内，水头损失为 20kPa。则自喷管道的总阻力损失为：

$$\sum h = \sum h_j + \sum h_y + 20 = 26.11 + 130.53 + 20 = 176.64 \text{kPa}$$

最不利点喷头供水压力 P_0 为 100kPa。防空地下室自喷引入管与最不利点喷头高差忽略不计。根据公式（10-13），防空地下室自喷引入管处需要的水压为：

$$H = 1.4 \sum h + P_0 = 1.4 \times 176.64 + 100 = 347.30 \text{kPa} = 0.35 \text{MPa}$$

防空地下室自动喷水灭火系统供水的水量、水压由小区消防给水总系统一并考虑。已知小区自动喷水灭火系统在防空地下室引入管处的供水压力为 0.8MPa，需要在防空地下室内自喷管上设减压孔板进行减压。根据公式（10-14），需要减压孔板增加的水头损失为 $H_k = 0.8 - 0.35 = 0.45 \text{MPa} = 45 \times 10^{-2} \text{MPa}$；减压孔板后管道内的水流速度为 1.98m/s，则减压孔板的局部阻力系数为：

$$\xi = \frac{2g \cdot H_k}{v_k^2} = \frac{2 \times 9.81 \times 45}{1.98^2} = 225$$

当 $d_k/d_j = 0.32$ 时，根据公式（10-15）得：

$$\xi = \left(1.75 \times \frac{1}{0.32^2} \times \frac{1.1 - 0.32^2}{1.175 - 0.32^2} - 1\right)^2 = 222$$

$$d_k = 0.32 d_j = 0.32 \times 130.7 = 41.8 \text{mm}$$

图 12-7 所示为自动喷水灭火系统原理图。自动喷水灭火系统的火灾延续时间为 1h，消防贮水量为：

$$26.6 \times 1 \times 3.6 = 95.76 \text{m}^3$$

室外设供自动喷水灭火系统使用的 SQ-100 型水泵接合器 2 套。

5. 消防水池容积

消火栓系统 2h 消防用水量为 74m³，自动喷水灭火系统 1h 消防用水量为 95.76m³。消防水池进水管管径为 DN80，2h 内消防水池能得到的补水量按管道水流速度 1m/s 计算，补水量为：

$$2 \times 18 = 36m^3$$

消防水池需要的有效容积为：

$$74 + 95.76 - 36 = 133.76m^3$$

该小区其他建筑设计的消防水库实际有效容积为 $500m^3$，能满足人防工程的消防给水需求。

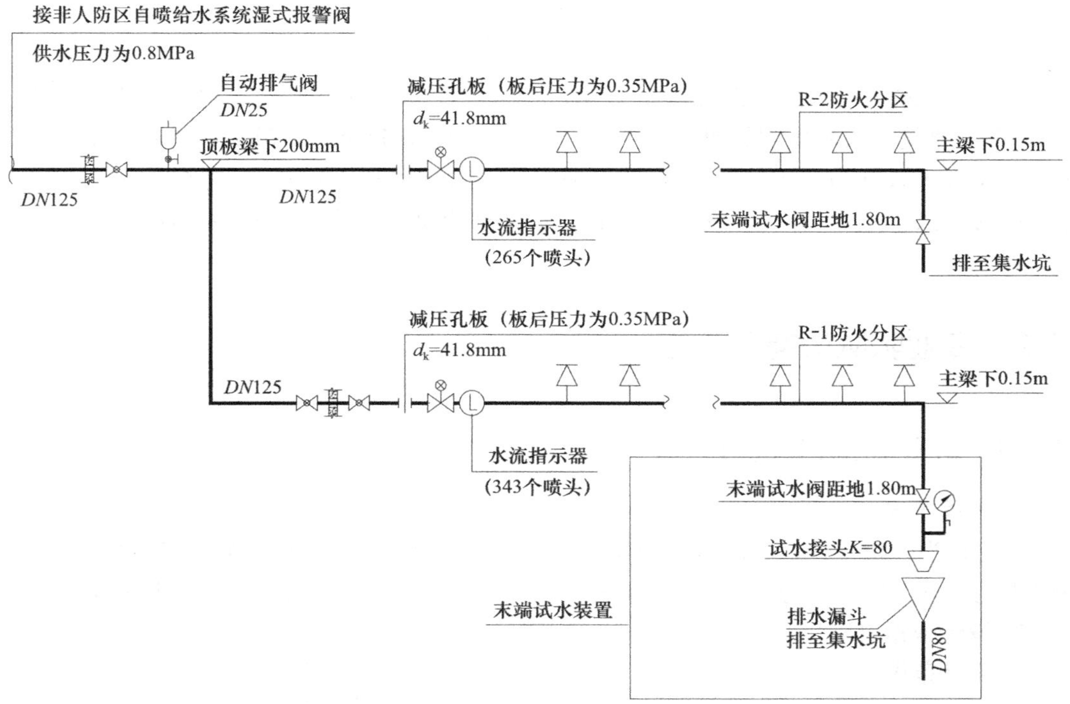

接非人防区自喷给水系统湿式报警阀

供水压力为 0.8MPa

自动排气阀

$DN25$

减压孔板（板后压力为 0.35MPa）

$d_k = 41.8mm$

R-2 防火分区

主梁下 0.15m

$DN125$

顶板梁下 200mm

$DN125$

末端试水阀距地 1.80m

水流指示器

排至集水坑

（265 个喷头）

减压孔板（板后压力为 0.35MPa）

$d_k = 41.8mm$

R-1 防火分区

主梁下 0.15m

$DN125$

水流指示器

（343 个喷头）

末端试水阀距地 1.80m

试水接头 $K = 80$

末端试水装置

排水漏斗
排至集水坑

$DN80$

图 12-7　自动喷水灭火系统原理图

6. 消防排水

消防废水通过地面的找坡及集水明沟，排入消防废水集水坑，然后由污水泵排出。根据《人民防空工程设计防火规范》GB 50098—2009 第 7.8.1 条设计说明，消防排水能力可按消防给水流量的 80% 计算。消防给水流量为 $10 + 26.6 = 36.6L/s = 131.76m^3/h$，每个防护单元消防排水能力应达到 $0.8 \times 131.76 = 105.4m^3/h$。

每个防护单元设 3 个消防废水集水坑，每个坑设 2 台排水泵，可单独或并联运行。并联运行时排水能力达到 $48m^3/h$，最大消防排水能力为 $3 \times 48 = 144m^3/h$，能满足消防排水要求。

7. 其他排水

洗消间排水选择移动式潜水泵，流量为 $8m^3/h$，扬程为 $12mH_2O$，临战前安装。

口部每个雨水集水坑设 2 台雨水泵，高水位时，第二台水泵也同时启动。该水泵的流量为 $50m^3/h$，扬程为 $12mH_2O$。

8. 灭火器配置

该防空地下室设消火栓和自动喷水灭火系统，K 取 0.5。该防空地下室为 B 类中危险级，U 取 $1m^2/B$。需保护面积 S 为 $3965m^2$。根据公式（10-27）得：

$$Q = 1.3 \times \frac{0.5 \times 3965}{1} = 2577(B)$$

该防空地下室灭火器一般和消火栓组合配置，共设置 13 只消火栓，灭火器配置点为 13 个。则根据公式（10-28）得：

$$Q_e = \frac{2577}{13} = 198(B)$$

根据《建筑灭火器配置设计规范》GB 50140—2005，每个灭火器的灭火级别应大于 55B。查《建筑灭火器配置设计规范》GB 50140—2005 附录 A，5kg 磷酸铵盐干粉手提式灭火器灭火级别为 89B，型号为 MF/ABC5。最大保护距离 20m，每个点配 3 只，则每个点的灭火级别为 267B。该防空地下室总灭火级别为 $267 \times 13 = 3471B$，大于 2577B 的要求。

12.2 专业队队员掩蔽工程

12.2.1 给水排水设计说明

1. 工程概况

本工程为人防工程，本图设计范围总建筑面积为 $1190m^2$，人防建筑面积为 $1080m^2$，平时为地下汽车库及自行车库，战时转换为一个常 6 级、核 6 级专业队队员掩蔽部。

2. 设计依据（略）

3. 设计范围

人防区平时、战时给水排水系统设计；消防给水系统及灭火器系统设计。非人防区、水泵房、室外给水排水总图见非人防区图纸。绿色建筑设计专篇给水排水部分详见非人防区图纸。

4. 给水系统

平时给水系统：本工程平时为地下汽车库，不设平时给水系统。值班人员饮用水由饮水机供应。

战时给水系统：本工程战时为专业队队员掩蔽部，主要供给生活用水及饮用水。系统水源由市政给水管网提供，战时用水由清洁区内装配式不锈钢水箱提供。战时生活用水水箱和饮用水水箱分别设置，人员洗消用水及口部染毒区墙面、地面的冲洗用水贮存在战时生活用水水箱内，水量按 $10m^3$ 冲洗一次计；战时水箱应在临战前充满水。

战时给水用水及贮水主要设计参数见表 12-4、表 12-5。

专业队队员掩蔽工程战时用水量　　　　　　　　　　　　　表 12-4

防护单元	掩蔽人数（人）	用水量标准 [L/(人·d)]		贮水时间 (d)		贮水量 (m³)		
		饮用水	生活用水	饮用水	生活用水	饮用水	生活用水＋口部洗消	人员洗消
专业队队员掩蔽部	180	5	9	15	8	16	22.5	1.5

战时水箱容积　　　　　　　　　　　　　　　表 12-5

防护单元	水箱尺寸 $L \times B \times H$（m）	
	饮用水	生活用水兼洗消用水
专业队队员掩蔽部	$3 \times 2 \times 3$	$3 \times 3 \times 3$

专业队队员掩蔽部人员洗消热水用水量 1440L。本工程在穿衣检查间设 2 个 750L 的容积式热水器。

5. 排水系统

平时坡道雨水及消防废水均由集水井收集，并由潜污泵提升排至室外区域雨、污水管网。隔绝防护期间禁止向工程外排水。设在汽车库内的集水井采用隔油集水井。坡道雨水设计重现期采用 $P = 50$ 年。

战时本工程设置干厕，并设置隔臭干便桶。

第二防毒通道、淋浴间、穿衣检查间的洗消废水直接排入淋浴间的洗消废水集水井内，第一防毒通道、脱衣间、密闭通道、扩散室、除尘前室、除尘室、滤毒室、战时进风竖井、战时排风排烟竖井等的洗消废水采用防爆地漏排放至防毒通道或密闭通道外的洗消废水集水井（设防护盖板）内。洗消废水由设置在集水井内的固定泵排出。

工程口部洗消废水排水管排入集水井时加公称压力不小于 1.0MPa 的铜芯闸阀，平时常闭。

6. 消防给水系统

（1）消火栓给水系统

室内消火栓系统水量为 10L/s，单体室外消火栓系统水量为 20L/s，火灾延续时间为 2h。消火栓系统给水接自非人防区的消防水泵房，采用临时高压给水。水泵接合器位置详见非人防区图纸。室内消火栓布置应保证有 2 支水枪的充实水柱到达室内任何部位。设置环状管网供水，并用阀门分为若干独立管段，以保证检修时停止使用的消火栓不超过 5 个。

消火栓口径为 DN65，水枪口径为 Φ19，采用化纤衬胶水龙带，长 25m。水枪的充实水柱为 10m，消火栓处设置消防软卷盘，栓口直径 25mm，喷嘴口径 6mm，配备胶带内径 19mm。

本工程消火栓采用 SNW65-Ⅲ型减压稳压消火栓，其栓后压力稳定在 0.35MPa。消火栓泵应由消防水泵出水干管上设置的压力开关、高位消防水箱出水管上设置的流量开关等开关信号直接自动启动。也可在消防控制中心和消防水泵房内手动启停。消火栓按钮不得作为直接启动消火栓泵的开关。消火栓栓口不应安装在门轴侧，箱门的开启不应小于 120°。

（2）自动喷水灭火系统

本工程按中危险Ⅱ级设计自动喷水灭火系统，设计喷水强度为 8L/(min·m²)，作用面积为 160m²。用水量为 28L/s，火灾延续时间为 1h。

自动喷水灭火系统给水接自非人防区消防水泵房，采用临时高压给水。水泵接合器位置详见非人防区图纸。本工程内部采用标准直立型玻璃球喷头，流量系数 $K = 80$，公称动作温度 68℃。坡道处采用易熔合金闭式喷头，流量系数 $K = 80$，公称动作温度 72℃。

每个报警阀组控制的最不利点喷头处设末端试水装置，其他非最不利点处的防火分区末端设末端试水阀。末端试水装置的出水采取孔口出流的方式排放。

自喷管道上连接报警阀进出口的控制阀门和水流指示器前的阀门采用信号阀，通过电信号把各阀门的启、闭状况显示在消防控制中心的控制屏上。自喷泵由报警阀上的压力开关自动启动，也可在消防控制中心和消防水泵房内手动启动。

（3）灭火器配置

本工程按规范需设置灭火器，见表 12-6。灭火器放置在配套的消火栓箱内或独立放置在灭火器箱内，灭火器箱不得上锁。每个放置点放置 2 具灭火器。

灭火器配置

表 12-6

配置位置	危险等级	火灾类型	最大保护距离	单具灭火器灭火级别	单具灭火级别最大保护面积	灭火器类型
汽车库/自行车库	中危险级	车库 B 类/设备房 A 类	12m	55B	1m²/B	手提式 MFZ/ABC4

7. 管材

生活给水管：战时生活给水管采用钢塑复合管，执行行业标准《钢塑复合压力管》CJ/T 183—2008。生活给水管管径＜DN100 时采用螺纹连接，管径≥DN100 时采用沟槽式卡箍连接，管件执行行业标准《钢塑复合压力管用管件》CJ/T 253—2007。

排水管：埋地重力自流排水管、压力排水管均采用内外壁热浸镀锌钢管。重力自流排水管采用螺纹连接并做好防腐处理；压力排水管管径＜DN100 时采用螺纹连接，管径≥DN100 时采用沟槽式卡箍连接。战时水箱溢流管、泄水管采用钢塑复合管，由专用管件连接。

消防给水管：消火栓给水管采用内外壁热浸镀锌加厚钢管及其管件，自喷管道采用内外壁热浸镀锌钢管及其管件，管径＜DN50 时采用螺纹连接，套丝扣时破坏的镀锌层表面及外露螺纹部分应做防腐处理；管径≥DN50 时采用沟槽式卡箍连接或法兰连接，镀锌钢管与法兰的焊接处应二次镀锌。镀锌钢管不宜采用焊接连接。

8. 阀门及附件

人防区内管道上防护阀门的设置及安装要求：管道从人防出入口穿过时，设在防护密闭门的内侧；从人防围护结构穿过时，设在人防围护结构的内侧；穿过防护单元之间的防护密闭隔墙时，设在防护密闭隔墙两侧的管道上。防护阀门采用公称压力不小于 1.0MPa（或 1.6MPa）的铜芯闸阀，外墙内壁距阀门近端面不大于 200mm，并应有明显的启闭装置，核生化袭击报警时关闭。

生活给水管上采用全铜质闸阀，公称压力为 1.0MPa。

排水管上的阀门采用铜芯球墨铸铁闸阀，公称压力为 1.0MPa。

消防泵进、出水管上的阀门选用明杆闸阀，阀门的工作压力进水管不低于 1.0MPa、出水管不低于 1.6MPa；消火栓管道采用明杆闸阀或蝶阀（有防护要求的阀门采用闸阀，无防护要求的阀门采用蝶阀），阀门的工作压力不低于 1.6MPa；自喷管道采用信号阀，公称压力不低于 1.6MPa；湿式报警阀后的自喷管道上除泄水阀外其他均采用信号阀或带有锁定装置的阀门（有防护要求的阀门采用闸阀，无防护要求的阀门采用蝶阀）。

消防系统上的阀门为常开，只有当管道检修时才允许关闭。

止回阀：水泵出水管上采用微阻缓闭止回阀；潜污泵出水管上采用旋启式（水平管）或升降式（立管）止回阀。止回阀的工作压力与同位置的阀门一致。

9. 管道敷设、防护与抗震

除埋地排水管外，其余管道均明装。

管径≤DN150 的管道穿过防空地下室顶板、外墙、密闭隔墙及防护单元之间的防护密闭隔墙，穿过核 6 级和核 6B 级的甲类防空地下室临空墙时，在穿墙（穿板）处设置刚性防水套管。管径＞DN150 的管道穿过人防围护结构时，在穿墙（穿板）处设置外侧加防护挡板的刚性防水套管。

管道穿过钢筋混凝土墙和楼板、梁时，应根据图中所注管道标高、位置配合土建工种预埋套管，套管长度不应小于墙体厚度，或应高出楼面或地面 50mm；套管与管道的间隙应用柔性不燃材料填塞密实，管道的接口不应位于套管内。

管道穿过伸缩缝及沉降缝时，应采用波纹管和补偿器等技术措施。

管道坡度：重力自流排水管除图中注明坡度外，均按表 12-7 的要求安装。

排水管道安装坡度　　　　表 12-7

管径	DN50	DN80	DN100	DN150
安装坡度	0.025	0.025	0.012	0.007

重力自流排水管中三通采用顺水三通或斜三通，90°弯头采用两个 45°弯头连接。

给水及消防管按 3‰的坡度坡向立管或泄水装置，自喷管道在配水干管最高处设自动排气阀。

管道支架：管道支架或管卡应固定在楼板上或承重结构上；水泵房内采用减震吊架及支架。

钢管水平支架间距，按《建筑给水排水及采暖工程施工质量验收规范》GB 50242—2002 规定。

自喷管道的吊架与喷头之间的距离应不小于 300mm，距末端喷头的距离应不大于750mm，吊架应位于相邻喷头间的管段上，当喷头间距不大于 3.6m 时可设一个，小于1.8m 时允许隔段设置。

室内给水、消防管道管径≥DN65 的水平管道，当其采用吊架、支架或托架固定时，应按《建筑机电工程抗震设计规范》GB 50981—2014 第 8 章的要求设置抗震支承。

室内自动喷水灭火系统还应按相关施工及验收规范的要求设置防晃支架；管道设置抗震支架和防晃支架重合处，可只设抗震支承。

管道保温：坡道处管道采取保温防冻措施，保温材料为泡沫橡塑制品，保温层厚度为20mm，保护层采用玻璃布缠绕，外刷防火漆两道。

10. 防腐与刷漆

在涂刷底漆前，应清除管道表面的灰尘、污垢、锈斑、焊渣等物。涂刷油漆厚度应均匀，不得有脱皮、起泡、流淌和漏涂现象。压力排水管外壁刷灰色调合漆两道。消火栓给水管刷银粉油两道，红色调合漆两道。自喷管道刷银粉油两道，红色黄环调合漆两道。管道支架除锈后刷樟丹两道，灰色调合漆两道。

11. 管道试压

市政直供生活给水管的试验压力为 0.6MPa，应按《建筑给水排水及采暖工程施工质量验收规范》GB 50242—2002 的要求做通球试验。

消火栓给水管的试验压力为 1.4MPa，试压方法应按《消防给水及消火栓系统技术规范》GB 50974—2014 的规定执行。

自喷管道的试验压力为 1.4MPa，试压方法应按《自动喷水灭火系统施工及验收规范》

GB 50261—2017 的规定执行。

污水横干管还应按《建筑给水排水及采暖工程施工质量验收规范》GB 50242—2002 的要求做通球试验。

压力排水管按排水泵扬程的 2 倍进行水压试验，保持 30min，无渗漏为合格。

水压试验用的压力表不应少于 2 只，精度不应低于 1.5 级，量程应为试验压力值的 1.5～2 倍。

生活和消防给水阀门及有关配件试压要求与管道相同。

12. 管道冲洗及消毒

给水管道在系统运行前须用水冲洗和消毒，要求以不小于 1.5m/s 的流速进行冲洗，并符合《建筑给水排水及采暖工程施工质量验收规范》GB 50242—2002 第 4.2.3 条的规定。

室内消火栓系统在交付使用前，必须冲洗干净，其冲洗强度应达到消防时的最大设计流量，且按《消防给水及消火栓系统技术规范》GB 50974—2014 的规定执行。

自动喷水灭火系统按《自动喷水灭火系统施工及验收规范》GB 50261—2017 的要求进行冲洗。

生活给水和热水管道应采用氯离子含量不低于 20mg/L 的清洁水浸泡 24h 再冲洗，直至取样化验合格为止。

13. 其他

图中所注尺寸标高以 m 计，其余以 mm 计。本图所注管道标高：给水、消防、压力排水管道等压力管道指管中心；污水、废水、溢水、重力流管道指管内底。施工中应与土建公司和其他专业公司密切合作，合理安排施工进度，及时预留孔洞及预埋套管，以防碰撞和返工。

除本设计说明外，施工中还应遵守《建筑给水排水及采暖工程施工质量验收规范》GB 50242—2002、《给水排水构筑物工程施工及验收规范》GB 50141—2008、《自动喷水灭火系统施工及验收规范》GB 50261—2017、《消防给水及消火栓系统技术规范》GB 50974—2014 的相关规定。

管道交叉时的处理方法：水管让风管，压力管让重力管，小管径让大管径，并保证净高不小于 2.2m。上部建筑的生活污水管、雨水管、燃气管不得进入防空地下室。本设计说明中未述及部分，按国家有关规定办理或另见图纸中补充说明。本施工图必须经过相关审查部门审核认可后，方可进行消防施工。本施工图必须经过设计施工技术交底后，方可进行施工；若本施工图与装修设计有矛盾时，须征得设计人员的同意方可进行现场调整。

14. 平战转换

防爆地漏、清扫口、战时给水引入管、排水出户管及相应的止回阀和防护密闭闸阀，应在施工安装中一次完成。

专业队队员掩蔽部的水箱、战时给水泵平时安装到位。除淋浴器和加热设备可暂不安装（预留管道接口和固定设备用的预埋件）外，其余给水排水设备及管线均应安装到位。

专业队装备掩蔽部的水箱、战时给水泵临战安装，平时预留管道接口和固定设备用的预埋件。口部染毒区供墙面及地面冲洗用的冲洗栓或冲洗水龙头应安装到位。各种穿墙管应与工程同步施工。平时使用战时拆除的管道应采用法兰连接。战时紧急转换时应关闭所有闸阀及封堵平时的给水排水等孔口。战时紧急转换时应进行安装调试、水池消毒、贮存战时人员生活饮用水等平战功能转换。柴油电站内给水排水及供油设备和管线均应安装到位。

15. 图例

图例见表 12-8。

图例　　　　　　　　　　　　　　　　　　　　　　　　表 12-8

图例	名称	图例	名称
—— J ——	平时给水管	—○—（平面）　（系统）	闭式喷头（直立型）
—— JZ ——	战时给水管	—○—（平面）　（系统）	闭式喷头（下垂型）
—— F ——	自流排水管	—◉—（平面）　（系统）	闭式喷头（上下型）
—— YF ——	压力排水管	—○—（平面）　（系统）	闭式喷头（侧喷）
—— ZP ——	自喷给水管	—○—（平面）　（系统）	自动排气阀
—— XH ——	消火栓给水管	（平面）　（系统）	室内消火栓箱 未填充面为开启面
	铜芯闸阀	（平面）　（系统）	防爆地漏
	蝶阀	—○—（平面）　（系统）	普通地漏（水封地漏）
	铜芯信号闸阀		手提灭火器箱
	信号蝶阀		普通龙头（带软管）
	止回阀		普通龙头
	截止阀	==	普通套管
	减压阀		刚性防水套管 防护密闭套管（A、B 型）
—Ⓛ—	水流指示器		防护密闭套管（C、D 型）
	浮球阀		防护密闭套管（E、F 型）
	不锈钢金属软管		柔性防水套管
	保温管		
	带锁定阀位锁具的闸阀		

16. 套用图集

套用图集说明见表 12-9。

套用图集说明　　　　　　　　　　　　　　　　　　　　表 12-9

序号	图集号	图集名称	页码	备注
01	07FS02	防空地下室给排水设施安装	14～19	防护密闭套管安装图
02	02S404	防水套管	5～7	柔性防水套管安装图
			15～17	刚性防水套管安装图
03	04S206	自动喷水与水喷雾灭火设施安装	64～68	喷头的布置示意图
04	03S402	室内管道支架及吊架	43～45	防晃支架图
05	12S101	矩形给水箱	12～15	组合式不锈钢板给水箱
06	15S202	室内消火栓安装	21	带灭火器箱组合式消防柜（丙型）
			35	减压稳压型室内消火栓（SNW65-Ⅲ-H 型）
07	07FJ05	防空地下室移动柴油电站		

17. 主要设备材料表

列出防空地下室主要设备材料表，需要在主要设备材料表的最后一栏加备注，说明是平时安装还是临战安装。

12.2.2　战时主要出入口设计

专业队队员掩蔽部战时水箱贮水量计算、给水排水设备布置、管道水力计算等具体设计方法和要求，与 12.1 节介绍的人员掩蔽工程基本相同。本节主要介绍专业队队员掩蔽部主要出入口的给水排水设计。图 12-8 所示为专业队队员掩蔽部主要出入口给水排水平面图，图 12-9 所示为主要出入口给水系统图。

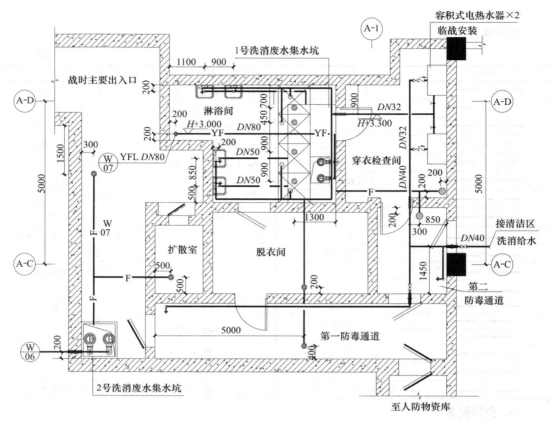

图 12-8　专业队队员掩蔽部主要出入口给水排水平面图

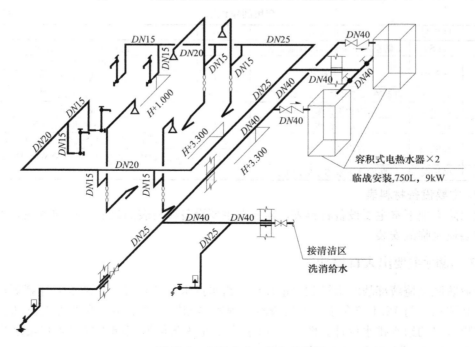

图 12-9　主要出入口给水系统图

口部给水引自清洁区生活及洗消用水水箱及增压设备。

该防护单元战时掩蔽 180 人，设 4 套淋浴洗消设备，洗消人员百分数为 20%，用水量为 40L/（人·次），人员洗消用水量为：$V=180\times20\%\times40=1440$L。

洗消热水供应温度取 32℃，冷水供应温度取 5℃，提前加热时间 3h，设 2 台容积式电热水器，电热水器的热效率取 0.95，根据公式（8-4），电热水器总功率为：

$$N=1.1\times\frac{1440\times(32-5)\times4.187\times1}{3617\times0.95\times3}=17.37\text{kW}$$

容积式电热水器选 750L，单台功率 9kW。在选用一般民用容积式电热水器时，为了减少战时用电负荷，宜选择大容积、配备功率较低的电热水器。

为使用方便和节约用水，淋浴器及洗脸盆均采用单管供水（热水），同时淋浴器采用脚踏式开关控制。

战时口部洗消设施在使用上分两个不同的阶段。

一是外部染毒时，人员出入时进行洗消，洗消废水排入淋浴间下方设置的 1 号洗消废水集水坑，当坑内水达到排水泵启动水位时，水泵自动排水。图 12-10 所示为 1 号洗消废水集水坑排水系统图。

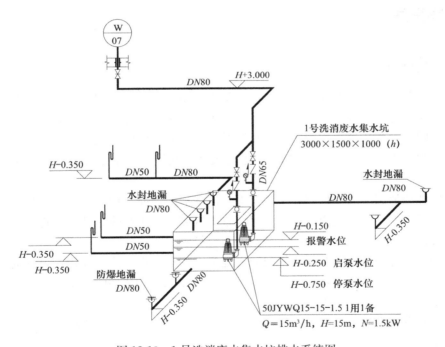

图 12-10　1 号洗消废水集水坑排水系统图

二是外部警报解除后，工程清洁区内的人员可以到室外去。在工程清洁区内的人员通过主要出入口通道时，需要对该通道进行清洗，消除通道内墙面、地面的污染。其洗消废水排入 2 号洗消废水集水坑，由固定式污水泵或移动式污水泵排出工程外部。也有部分墙面、地面洗消废水排入 1 号洗消废水集水坑。图 12-11 所示为 2 号洗消废水集水坑排水系统图。

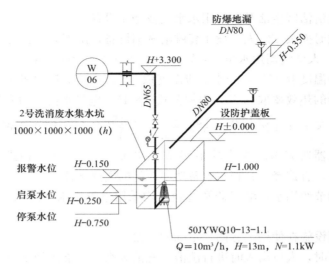

图 12-11　2 号洗消废水集水坑排水系统图

12.3　物资库工程

12.3.1　设计概述

物资库工程的物资储存区，需要维持非染毒状态，在战时外部染毒时，人员不得进出工程。物资库战时通风仅包括清洁式通风和隔绝式通风。在外部染毒时，关闭口部的防护密闭门及密闭门。由于内部空间较大，可以维持较长时间的隔绝通风时间。在战时，工程内部可能有少量管理人员，多数按 20 人进行设计，其给水排水设计方法与人员掩蔽工程基本相同。

工程口部洗消用水需要贮存在工程内部，需洗消的墙面、地面面积仅包括出入口的通道。用于平时进、排风的通道、竖井、集气室等区域，由于在战时外部染毒时处于关闭状态，不会染毒，因此无需考虑这些区域的洗消及排水。

本示例工程为平战结合全埋式甲类防空地下室，平时作为停车库使用，战时作为人防物资库使用，人防物资库防护建筑面积为 2599m²，设 1 个防护单元、2 个抗爆单元，防护等级为核 6 级，防化等级为丁级。

战时给水系统水源由市政给水管网提供，战时用水由清洁区内装配式不锈钢水箱提供。战时用水量计算结果见表 12-10。

物资库工程战时用水量　　　　　　　　　　　　　　　　表 12-10

防护单元	掩蔽人数（人）	用水量标准 [L/(人·d)]		贮水时间（d）		贮水量（m³）		
		饮用水	生活用水	饮用水	生活用水	饮用水	生活用水	洗消用水
人防物资库	20	5	4	15	10	1.5	0.8	5.5

战时水箱尺寸（L×B×H）为：3×2×2＝12m³。

战时人员生活饮用水从水箱上的取水龙头直接取水。洗消用水利用增压泵供水。

12.3.2　口部给水排水设计示例

人防物资库设有 2 个出入口，图 12-12 所示为物资库口部给水排水图示例，给水管由清洁区增压泵从内部水箱供应，水箱详图略。图 12-13 所示为物资库给水系统图。

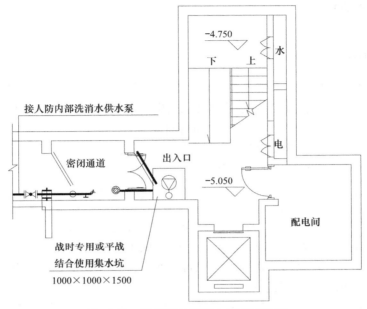

图 12-12　物资库口部给水排水图示例

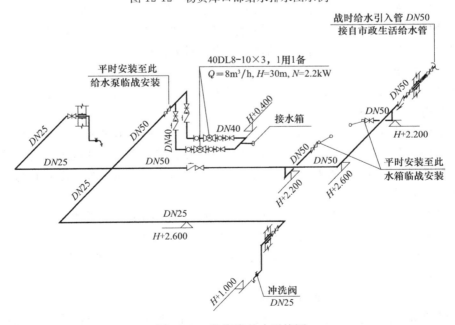

图 12-13　物资库给水系统图

密闭通道洗消废水，由防爆地漏排入工程口部的洗消废水集水坑。该集水坑可以是人防口部洗消的专用集水坑，此时该集水坑不需要安装固定式排水泵，其废水在战时采用移动泵排除。该集水坑的容积不宜过大,仅需满足移动泵放置抽水的要求即可,一般不小于0.6m³。为节约造价,该集水坑宜与平时口部排消防废水或雨水而设置的集水坑共用,其排水泵按平时使用要求设置。

12.4 柴油电站

12.4.1 固定电站

某防空地下室共建有 16 个核 6 级、常 6 级二等人员掩蔽防护单元,配套建设 1 个战时人防固定电站。本示例为固定电站给水排水及供油系统设计。柴油电站战时设 2 台柴油发电机组,每台功率 $N=200\text{kW}$。战时贮油时间取 8d。

取燃油消耗率 $b=0.195\text{kg/(kW·h)}$,同时使用台数 $m=2$,燃油密度 $\gamma=0.85\text{kg/L}$。根据公式(9-15),得战时贮油量为:

$$V=\frac{24N \cdot b \cdot T \cdot m}{1000\gamma}=\frac{24 \times 200 \times 0.195 \times 8 \times 2}{1000 \times 0.85}=17.62\text{m}^3$$

为便于油料中杂质的沉淀,应设 2 只油箱,本工程设 2 只 $2.5 \times 2.0 \times 2.5=12.5\text{m}^3$ 的油箱,油箱容积 20m³。设 2 只有效容积 1m³ 的日用油箱。

图 12-14 所示为固定电站给水排水及供油平面图,为了更好地了解风冷电站的原理,图中保留了电站通风系统的平面图。

电站风冷却的原理是:机房冷却新风从平时汽车坡道口进入进风扩散室,经电站进风机抽吸增压后,送入柴油发电机房。柴油机为闭式循环水冷式柴油机,冷却原理如图 9-2 所示。柴油机内循环冷却水的热量,最终通过机头散热器的热交换传递给机房的空气。为了减少机房内温升,与散热器热交换的热空气直接排入排风风道,再进入排风扩散室及排风排烟竖井,排至室外。

排烟管直接排入排烟扩散室,再排入排风排烟扩散室,排至室外。为了减少机房内温升,排烟管需作保温处理。

电站工作人员可从电站下侧方向的人员掩蔽区,经防毒通道进入柴油发电机房。当人员从染毒的柴油发电机房进入清洁区时,可利用防毒通道的简易洗消设施进行洗消。防毒通道在人员洗消时,要进行超压排风。电站防毒通道的超压排风系统,需要和与其连接的防空地下室通风系统配合设计。

风冷电站的供水相对比较简单,机房内设有效容积不小于 2m³ 的水箱,用于补充闭式循环水冷式柴油机冷却用水的损耗。该水箱临战前从邻近的防护单元进水充满。简易洗消用水也从邻近单元战时供水系统接入,临战前将简易洗消间内高架水箱(1m×0.25m×0.25m)充满。

图 12-15 所示为固定电站供油系统图。临战前通过油管接头井,将油输入贮油箱。油管接头井的位置,需要协调建筑专业,根据地面建筑的规划布局,合理确定,应便于运油车接近卸油。油管接头井内安装了快速油管接头及控制阀门,其作用和原理与加油站安装在地面上用于运油车向地下贮油罐输油的油管接头相同;油管接头井的钢筋混凝土结构,起到对油管接头的防冲击波保护作用。油管接头井的深度视柴油发电机房的埋深、工程所

在地的地下水深度、上方构筑物情况等因素确定。当柴油发电机房设置在负二层，地下水位深时，油管接头井的深度仅需满足油管接头及控制阀门的安装即可，下方可直接接输油管至柴油发电机房。当柴油发电机房设置在负一层或地下水位较高时，一般将油管接头井的深度沿深至柴油发电机房。

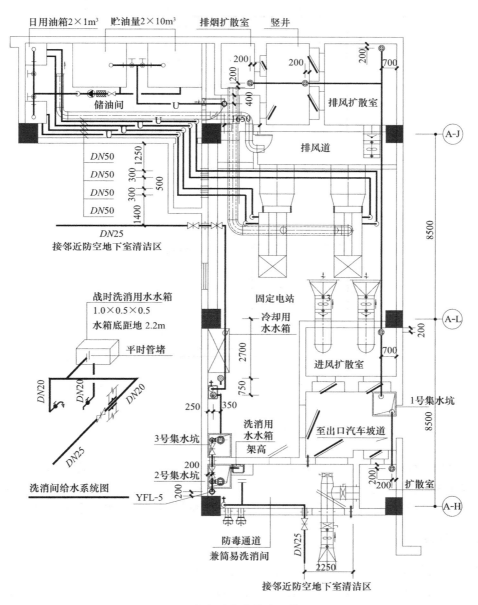

图 12-14　固定电站给水排水及供油平面图

供油时，通过油泵从贮油箱抽油，提升至日用油箱。日用油箱中的油，通过重力自流进入柴油发电机组。为减少油料杂质的影响，供油管道系统上应设多道油网过滤器。为了减少安全隐患，一般不在贮油箱中贮油，可在日用油箱中少量贮油用于柴油发电机组运行调试。贮油箱应设防火呼吸阀。

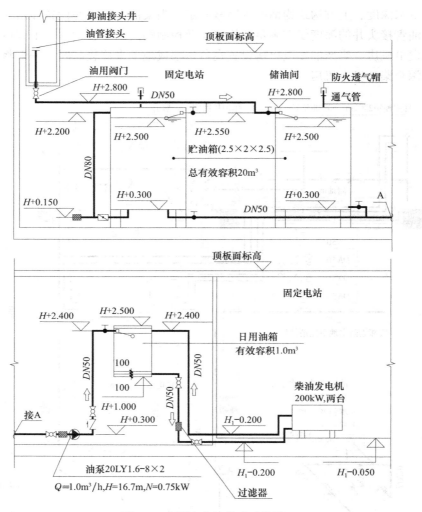

图 12-15　固定电站供油系统图

储油间不设排水地漏，贮油箱溢油管下方设溢油接盘。储油间设防火门。1 号集水坑用于收集进排风竖井洗消废水，由移动泵排水。2 号集水坑收集简易洗消间的废水。3 号集水坑收集柴油发电机房产生的废水。2、3 号集水坑设固定泵排水（系统图略）。

12.4.2　移动电站

本工程为附建式甲类民防工程。人防建筑面积 6835m²，人防掩蔽面积 4730m²。临战转换为 3 个核 6 级、常 6 级二等人员掩蔽所（防化等级为丙级）和一个移动式柴油电站，共设 3 个防护单元。负二层为防护单元 A，战时掩蔽 2330 人，该防护单元与负二层柴油发电机房连通。负一层为防护单元 B、C，战时各掩蔽 1200 人。本示例为移动电站给水排水及供油系统设计。图 12-16 所示为移动电站给水排水及供油平面图。

柴油发电机组功率为 $N=120kW$，同时使用台数 $m=1$，取燃油消耗率为 0.195kg/(kW·h)，燃油密度 $\gamma=0.85kg/L$，柴油贮油时间 $T=8d$。

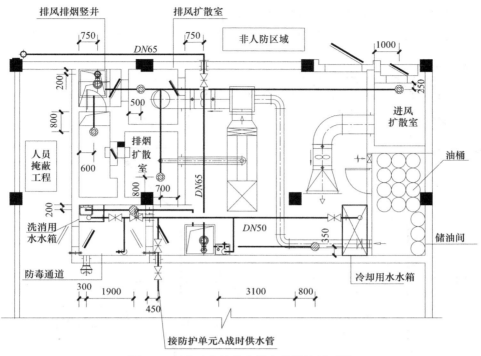

图 12-16　移动电站给水排水及供油平面图

根据公式（9-15），得战时贮油量为：

$$V = \frac{24N \cdot b \cdot T \cdot m}{1000\gamma} = \frac{24 \times 120 \times 0.195 \times 8}{1000 \times 0.85} = 5.29 \text{m}^3$$

柴油电站储油间设置 30 个 200L 的油桶，有效贮油容积为 6.0m³。柴油电站给水排水管道施工到位，柴油发电机组临战前安装。油桶也在临战前运入电站储油间，堆叠放置。该运油、贮油方式，无需设油管接头井；为便于人力搬运，同时要考虑到防空地下室的各种门洞尺寸普遍较小，单个油桶的容积不宜过大。

该移动电站采用风冷却系统，冷却原理与图 12-16 基本相同。区别是该移动电站单台柴油机工作，机头散热器排风直接接入排风扩散室；人员通过防毒通道需要简易洗消时，附近的防护单元 A 通风系统需要配合，清洁的空气通过超压排气活门进入防毒通道，换气后排入了柴油发电机房。

图 12-17 所示为移动电站给水排水系统图。

柴油电站供水，从邻近的防护单元 A 接入供水管，电站简易洗消间内设高架水箱，尺寸为 1m×0.5m×0.5m，箱底距地面 2.5m；电站内设冷却用水水箱，尺寸为 2m×1m×1.5m，箱底距地面 0.35m，水箱上设取水龙头一只，用于给柴油发电机组补充冷却水。

柴油发电机房内设 1 号集水坑，收集柴油发电机房内的污废水，同时收集简易洗消间内的洗消废水。为了减少集水坑的设置，简易洗消间内不单独设集水坑；洗消需要排水时，临时打开防爆地漏进行排水，排入 1 号集水坑；该处设置防爆地漏的目的是利用其较好的密闭性，从理论上分析，该防毒通道不存在直接或间接的冲击波作用；如有适合的产品，可选用能确保有 50mm 以上水封深度的深水封地漏。2 号集水坑收集柴油发电机房内的洗消废水，该集水坑及其排水系统的使用时间为战后；该集水坑的排水泵可选用移动泵，负二层埋深较深，其压力排水管宜与工程同步施工到位。1、2 号集水坑尺寸为 1m×1m×1m。污水泵的选型：50JYWQ10-13-1.1，$Q=10m^3/h$，$H=13m$，$N=1.1kW$。

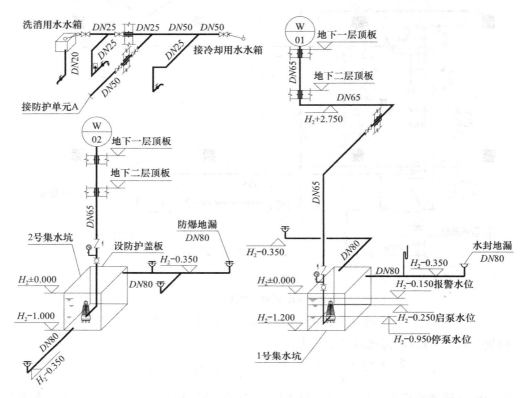

图 12-17　移动电站给水排水系统图

12.5　医疗救护站

12.5.1　设计概述

　　医疗救护工程包括中心医院、急救医院、医疗救护站，其建设一般由人防主管部门根据城市人防总体规划及现有医疗机构的分布情况进行规划建设。这 3 种工程给水排水专业的设计方法基本相同，主要差异在于建设规模的大小。防空地下室设计规范第 3.2.1 条规定了医疗救护工程的建设规模，如表 12-11 所示。

医疗救护工程规模　　　　　　　　　　　　表 12-11

类别	规模		
	有效面积（m²）	床位（个）	人数（含伤员）
中心医院	2500～3300	150～250	390～530
急救医院	1700～2000	50～100	210～280
医疗救护站	900～950	15～25	140～150

注：中心医院、急救医院的有效面积中含电站，医疗救护站的有效面积中不含电站。

本示例医疗救护站设计规模：防护面积 $1495m^2$，防护等级核 6 级、常 3 级；伤员 53 人，床位 38 个，工作人员 87 人。本工程无内水源，战时采用城市自来水，需临战前贮水。邻近有其他人员掩蔽工程及人防移动电站。根据战时使用人数，计算得到战时贮水量，如表 12-12 所示。

医疗救护站战时贮水量　　　　　　　　　　　　　　　表 12-12

项目	人员	用水量标准 [L/(人·d)]	贮水时间 (d)	用水人数或面积	用水量 (m^3)	设计贮水量 (m^3)	总贮水量 (m^3)
饮用水	伤员	5	15	53 人	4.0	11.9	12.6
	工作人员	6	15	87 人	7.9		
生活用水	伤员	50	7	53 人	18.6	50.6	51.46
	工作人员	35	7	87 人	21.4		
墙面、地面洗消用水		10L/(m^2·次)		$1000m^2$	10.0		
人员洗消用水		40L/(人·次)，10%比例		14 人	0.56		

战时人员洗消热水供应设计及计算方法与前述示例相同。人员饮用水供应，在清洁区设电开水器 1 套。在工程内还需设置水冲厕所，其用水量已计入人员生活用水量中，应选用节水型卫生器具。

战时生活用水及饮用水的增压给水设备选型相同，增压泵：40DL8-10×3，流量 $8m^3/h$，扬程 $30mH_2O$；气压罐：SQL800，工作压力 0.60MPa，启泵压力 0.24MPa，停泵压力 0.29MPa。

12.5.2　设计图示

与人员掩蔽工程相比，医疗救护工程的设计难点在于主要出入口口部设计，该空间主要包括分类厅、诊疗室、急救观察室、厕所、污物及污水泵间。这个空间在战时可能染毒，需要考虑该区域全面的墙面、地面洗消。此外，该区域要根据医疗处置要求，设置卫生器具及排水设施。图 12-18 所示为医疗救护站主要出入口给水排水平面图。与设淋浴洗消的口部相比，相当于在防护密闭门外增加了一个防毒通道和医疗处置空间。图 12-19 所示为医疗救护站主要出入口排水系统图。

图 12-20 所示为医疗救护站主要出入口口部给水系统图。因规范的特殊要求，应注意以下两点：

（1）生活给水系统增压给水设备的出口处有两根给水管，一根专供口部最后一道密闭门以外的区域，一根专供内部清洁区。

（2）向主要出入口口部染毒区域供水的给水管，在穿越口部密闭墙面时，每一处都要在一侧加装密闭阀门。

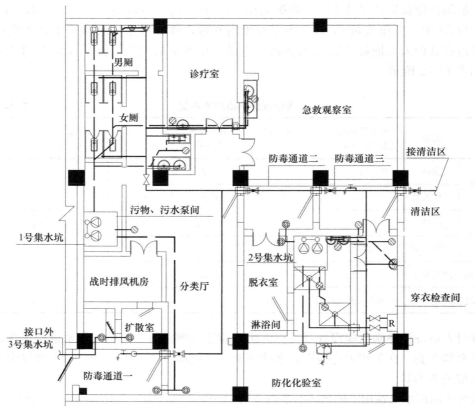

图 12-18　医疗救护站主要出入口给水排水平面图

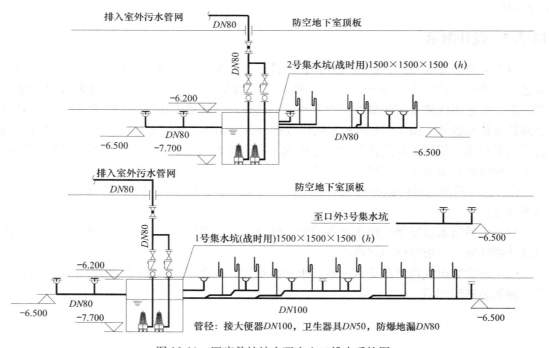

图 12-19　医疗救护站主要出入口排水系统图

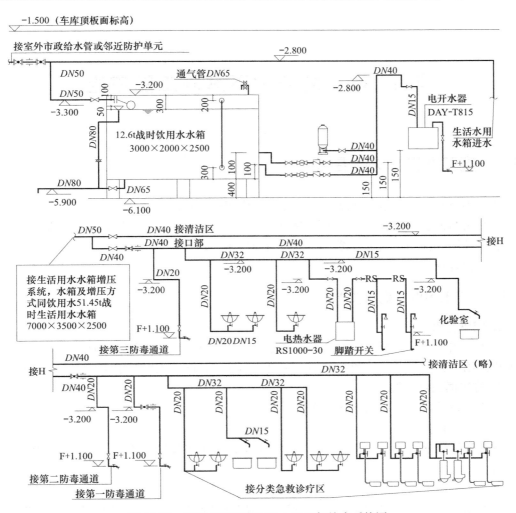

图 12-20 医疗救护站主要出入口口部给水系统图

第 13 章　防空地下室施工图审查

13.1　施工图设计深度要求

防空地下室给水排水专业施工图设计文件应包括下列内容：

（1）由封面、图纸目录、施工图设计说明、主要设备材料表、图例以及管道和设备布置图、系统图、详图（或大样图）等组成的设计图纸；

（2）设计计算书。

13.1.1　施工图设计说明要求

1. 图纸目录

应先列出本次设计新绘制的给水排水专业设计图纸，后详细列出本次设计选用的或重复使用的给水排水专业设计图纸（如国家建筑标准设计图、人民防空工程大样图等）。

2. 施工图设计说明

施工图设计说明应包括下列内容：

（1）设计依据

本工程采用的主要法规和标准，其他专业提供的本工程设计资料，工程可利用的市政条件等。

（2）工程概况

写明防空地下室总建筑面积、防护单元的划分及各防护单元的战时功能、掩蔽人数、平时功能及防火单元的划分等。

（3）战时给水

应说明各防护单元战时水源情况、给水方式等。有内水源的防护单元，应说明水源的出水量能否满足战时用水要求；无内水源的防护单元，应按规范要求列出战时贮水量计算表，水池（箱）的容积、数量、材质，增压设备的型号。

（4）战时排水

应说明各防护单元战时的排水方式，隔绝防护时间内贮存污废水的水池容积，战时排水措施。如设有机械排水设施，应列出排水设备的型号。

（5）自备电站供油及给水排水

设有自备电站的工程，应说明战时自备电站的形式、功率、冷却方式等基本情况，列出油箱、水池（箱）容积计算的主要参数以及油箱、水箱的材质等。

（6）平战结合措施

说明平战结合利用的给水排水设备、水池（箱）的临战转换要求及措施；平时需要使用而战时不使用的给水排水管道（如消防给水管）在穿越防护单元围护结构处的临战转换与防护措施；临战前安装的设备的贮备、安装时限要求等。

（7）施工说明

应突出给水排水防护在给水排水管材的材质及公称压力，阀门型号、材质及公称压力，管道穿越人防工程围护结构、密闭墙的密闭措施，管道连接方式等方面的特殊要求。

3. 主要设备材料表

应以表格的形式，详细写明选用的给水排水设备和主要材料的型号、规格、数量、单位、安装时限等相关的技术要求。

4. 图例

绘制图纸中使用的人防工程给水排水及供油设计专用图例。

13.1.2　设计图纸要求

1. 战时给水排水总平面图

在建筑专业提供的战时平面图上，布置战时使用的给水排水设备和管道。标出水池（箱）的功能、容积（或尺寸），设备的主要定位尺寸，地面标高等。应避免出现与其他专业在平面布置上的矛盾。

2. 战时给水排水系统图

准确反映系统的组成，设备与管道、管道与管道之间的连接关系，准确标注管径、标高、坡度、水流流向等。对系统采用不同材质的部分，应予注明。对平战结合使用的设备，应在图中注明设备平战转换的措施，不易说明清楚的，应增加详图。

3. 口部房间、设备房间给水排水详图

对总平面图表示不全面或不清楚的内容，应单独绘制详图，准确标注设备、管道及防护阀门的定位尺寸、标高、管径等参数。

4. 柴油电站供油及给水排水详图（设有自备电站的工程提交）

柴油电站的供油及给水排水平面图、系统图，准确标注设备、供油管道上防护阀门的定位尺寸，绘制油箱的施工详图（或指定油箱套用的标准图集号）。

5. 上一层给水排水平面图或说明

上一层为非人防建筑时，如果上部没有与人防工程无关的管道（人防工程平时和战时都不使用的管道）到达防护单元所在层，可不单独绘制上一层给水排水平面图，仅提出说明。如果上部有与人防工程无关的管道到达防护单元所在层（应布置在防护单元围护结构以外），需单独绘制上一层给水排水平面图，特别标注各类管道进出防护单元所在层的位置。

6. 预留孔洞图

在建筑专业提供的战时平面图上，准确标注战时、平时使用的各类管道（特别是平时使用的消防给水管道）穿越防护单元围护结构的平面定位尺寸、标高，并说明各穿管处的施工方法同时指定套用的标准图集号。在平面上表达不清或穿管比较多的部位，应增加局部的剖面图。

在其他图上已反映清楚的埋地管道，可不再反映在本图上，但应予以说明。

13.1.3　设计计算书要求

给水排水设计计算书应包括如下内容：

（1）战时生活用水、饮用水贮水量标准及贮水量计算；

（2）洗消用水量标准及用水量计算；

（3）隔绝防护时间标准及污废水池容积计算；

（4）设自备电站的工程，要增加电站贮油量标准及贮油量计算；

（5）电站冷却用水计算（该部分也可放在防护通风专业中）；

（6）管道的水力计算；

（7）水泵、电热水器等设备的选型计算。

13.2 施工图审查要点

防空地下室施工图审查的基本依据是国家有关设计规范以及当地人防主管部门颁发的有关设计要求，特别是平战转换方面的要求。有关技术措施、设计图集等，只是设计参考性依据，当与设计规范有矛盾时，应以设计规范为准。

防空地下室施工图审查，可参照表 13-1 的内容开展。

防空地下室施工图审查要点 表 13-1

序号	项目	主要审查内容	依据的规范条文号提示	重点审查内容
1	设计计算书	战时生活用水贮水量标准及贮水量计算	6.2.3、6.2.5、6.2.6	取值是否符合规范要求
		洗消用水量标准及用水量计算	6.4.1、6.4.2、6.4.4、6.4.5	取值是否符合规范要求
		隔绝防护时间标准及污废水池容积计算	5.2.4、6.3.2、6.3.5	
		设自备电站的工程，电站贮油量标准及贮油量计算，电站冷却用水计算	6.5.10	贮油量
			6.5.2、6.5.4	冷却用水量
		管道的水力计算	—	有无明显不合理管径
		水泵、电热水器等设备的选型计算	6.2.10	水泵
			6.4.2、6.4.3	电热水器
2	施工图设计说明	设计依据应包括人民防空主管部门下达的防空地下室建设审批文件、现行的《人民防空地下室设计规范》		规范、文件等是否为最新版本
		工程概况应包括防空地下室的建筑面积、战时防护面积、防护等级、防化等级、战时使用功能（掩蔽人数）、工程可利用的市政条件等		要素是否齐全
		各防护单元战时水源情况、给水方式。有内水源的防护单元，应说明水源的出水量能否满足战时用水要求；无内水源的防护单元，应按规范要求列出战时贮水量计算表，水池（箱）的容积、数量、材质，增压设备的型号	6.2.1、6.2.3、6.2.5、6.2.6、6.2.9、6.2.10	与设计计算书的内容进行核对
		各防护单元战时的排水方式，隔绝防护时间内贮存污废水的水池容积，战时排水措施。如设有机械排水设施，应列出排水设备的型号	6.3.1、6.3.5、6.3.6、6.3.7、6.3.9	与设计计算书的内容进行核对

续表

序号	项目	主要审查内容	依据的规范条文号提示	重点审查内容
2	施工图设计说明	说明平战结合利用的给水排水设备、水池（箱）的临战转换要求及措施；施工的特殊要求；平时需要使用而战时不使用的给水排水管道（如消防给水管）在穿越防护单元围护结构处的临战转换与防护措施，临战前安装的设备的贮备、安装时限要求等	6.6.1、6.6.2、6.6.3、6.6.4、6.6.5	核对平战转换预案
		管道穿越人防工程围护结构、密闭墙的密闭措施，管道连接方式等特殊要求	6.1.2、6.2.13、6.3.12、6.5.9	查套用图集是否准确
		设有自备电站的工程，应说明战时自备电站的形式、功率、冷却方式等基本情况，列出油箱、水池（箱）容积计算的主要参数以及油箱、水箱的材质等	6.5.1、6.5.2、6.5.4、6.5.10	核对设计计算书
		主要设备材料表应包括选用的给水排水设备和主要材料的型号、规格、数量、单位、安装时限等相关的技术要求	6.6.1、6.6.2、6.6.5	
3	战时给水排水总平面图	战时给水排水设备、管道的平面位置		核对水箱选型的有效容积
		战时给水排水设备的主要定位尺寸及标高		
		标出水池（箱）的功能、容积（或尺寸）		
4	战时给水排水系统图	准确反映系统的组成，设备与管道、管道与管道之间的连接关系		
		准确标注管径、标高、坡度、水流流向		
5	口部房间、设备房间给水排水详图	对总平面图表示不全面或不清楚的内容，应单独绘制详图，准确标注设备、管道及防护阀门的定位尺寸、标高、管径等参数	6.4.5、6.4.6、6.4.7、6.4.8	口部需冲洗房间是否漏设排水地漏
6	自备电站供油及给水排水详图	准确标注设备、供油管道上防护阀门的定位尺寸	6.5.9	
		绘制油箱的施工详图（或指定油箱套用的标准图集号）	6.5.10、6.5.11	
7	提交的其他相关图纸	防空地下室消防给水平面图、系统图；上一层给水排水平面图；防空地下室预留孔洞图	3.1.6、6.1.1、6.1.2	是否有与人防无关的管道穿人防围护结构
8	防护密闭措施	所有平时、战时管道穿人防围护结构及口部密闭隔墙处	6.1.1、6.1.2、6.2.13、6.2.14、6.3.8、6.3.12、6.5.9	查预埋套管、管材、防护阀门设置

第14章 防空地下室给水排水施工监理

14.1 监理实施细则编写

监理实施细则是在监理规划指导下，在落实了各专业的监理责任后，由专业监理工程师针对项目的具体情况制定的更具有实施性和可操作性的业务文件。它起着指导监理业务开展的作用。对中型及中型以上项目或者专业性较强、危险性较大的工程项目，项目监理机构应编制工程建设监理实施细则。

1. 监理实施细则的作用

（1）对业主的作用

业主与监理是委托与被委托的关系，是通过监理委托合同确定的，监理代表业主的利益工作。监理实施细则是监理工作指导性资料，它反映了监理单位对项目控制的理解能力、程序控制技术水平。一份详实且针对性较强的监理实施细则可以消除业主对监理工作能力的疑虑，增强信任感，有利于业主对监理工作的支持。

（2）对施工方的作用

1）施工方在收到监理实施细则后，会十分清楚各分项工程的监理控制程序与监理方法。在以后的工作中能加强与监理的沟通、联系，明确各质量控制点的检验程序与检查方法，在做好自检的基础上，为监理的抽查做好各项准备工作。

2）监理实施细则中对工程质量通病、工程施工的重点、难点都有预防与应急处理措施。这对施工方起着良好的警示作用，它能时刻提醒施工方在施工中应注意哪些问题，如何预防质量通病的产生，避免工程质量留下隐患及延误工期。

3）促进施工方加强自检工作，完善质量保证体系，进行全面的质量管理，提高整体管理水平。

（3）对监理的作用

1）指导监理工作，使监理人员通过各种控制方法能更好地进行质量、安全、进度、投资控制。

2）增加监理对本工程的认识和熟悉程度，有针对性地开展监理工作。

3）监理实施细则中质量通病、重点、难点的分析及预控措施，能使现场监理人员在施工中迅速采取补救措施，有利于保证工程的质量、安全、进度、投资目标实现。

4）有助于提高监理的专业技术水平与监理素质。

5）综合运用规范，贯彻相关规定，使监理工作规范化、标准化。

6）作为监理检查、评估、交底的依据之一。

2. 编制依据

（1）已批准的工程建设监理规划；

（2）相关的专业工程的标准、设计文件和有关的技术资料；

（3）施工组织设计。

3. 基本写法

《建设工程监理规范》GB/T 50319—2013 规定：对于建设工程的新建、扩建、改建工程的监理与相关服务活动，监理实施细则应在相应工程施工开始前由专业监理工程师编制，并报总监理工程师审批。

监理实施细则应是监理单位提供的技术资料，考虑工程项目的施工条件、技术特点，监理实施细则应由监理公司组织一批有经验的工程师共同商讨形成，也可由专业监理工程师根据商讨结果执笔完成。

监理实施细则应有针对性、切合实际的可行性，要突出专业性，明显体现监理程序与监理方法。

监理实施细则的基本写法是：

（1）在施工准备阶段，如何审查承包人的施工技术方案；在各分部工程开工之前，如何对承包人的准备工作做具体的检查及说明检查内容。

（2）在施工阶段，如何对工程的质量进行控制；明确各质量控制点的位置及对质量控制点检查的方法；对质量通病提出预控措施，提醒承包人如何进行预控。

（3）指导质量监理的工作内容，如何进行动态控制，做好事前、事中、事后控制工作。

（4）明确施工质量监理的方法，即检查核实、抽样试验、检测与测量、旁站、工地巡视、签发指令文件的适用范围；对各个阶段及施工中各个环节、各道工序进行严格、系统、全面地质量监督和管理，保证达到质量监理的目标。

（5）突出重点，明确如何对工程的难点、重点进行质量控制，如何预防和处理施工中可能出现的异常情况。

（6）制定质量监理程序（即工作流程）来指导工程的施工和监理，规范施工方的施工活动，统一施工方和监理工程师监督检查和管理的工作步骤。

4. 基本内容

一个比较全面、完善的监理实施细则，一般应包括以下内容。具体可根据工程的复杂程度，适当增减。

（1）工程概况；

（2）监理依据；

（3）监理工作范围及工作目标。

5. 监理工作内容

（1）准备阶段；

（2）施工阶段。

6. 监理工作流程

7. 监理工作的控制要点及目标

（1）督促施工单位建立健全安全生产管理制度、责任制度及安全技术操作规程；

（2）审查施工单位的专项施工方案；

（3）审核施工单位的管理人员及特殊工种作业人员的资格；

（4）核查特种设备的验收手续；

（5）安全检查。

8. 监理工作的方法及措施

（1）监理工作方法；

（2）监理工作措施。

9. 安全质量隐患及事故的处理程序

（1）安全质量隐患的处理程序；

（2）安全质量事故的处理程序。

10. 监理工作制度

（1）设计文件、图纸审查制度；

（2）施工图纸会审及设计交底制度；

（3）施工组织设计（专项施工方案）审查制度；

（4）工程开工申请审批制度；

（5）工程材料、半成品质量检验制度；

（6）安全物资查验制度；

（7）设计变更处理制度；

（8）工程安全隐患整改制度；

（9）工程安全事故处理制度；

（10）监理报告制度；

（11）监理日记和会议制度；

（12）监理组织工作会议制度；

（13）对外行文审批制度；

（14）安全监理工作日志制度；

（15）安全监理月报制度；

（16）技术、经济资料及档案管理制度。

11. 监理资料

14.2　防空地下室给水排水安装工程监理实施细则示例

监理实施细则的编制要有针对性，体现出专业监理工程师对工程质量控制的理解和准备工作。监理工作是一项高级的专业技术咨询服务工作，要撰写出对建设、施工、监理三方都很有价值，高水平、有针对性的监理实施细则，专业监理工程师不仅要具备专业工程师的专业理论知识，还要有丰富的工程施工、质量验收、专业监理等方面的经验，其要求比专业设计更高。根据国内目前监理从业人员现状，完全由现场专业监理人员独立完成监理实施细则编写是很困难的，需要监理企业集中专业力量进行编写。监理企业还应为现场监理人员提供完善的工程施工、验收等方面的规范、标准、图集等基本资料。

以下为平时作为汽车库，战时为二等人员掩蔽工程的防空地下室给水排水安装工程的监理实施细则。

1. 工程概况

介绍防空地下室的建筑面积、防护单元划分、战时使用功能、防护等级等基本信息。

可从专业设计图纸中的"设计施工说明"中摘录。

2. 监理依据

（1）建设单位与监理单位签订的工程建设监理合同。

（2）建设单位与施工单位签订的施工承包合同。

（3）经建设单位审核同意后的施工组织设计。

（4）监理工程主要依据的规范、标准。可从专业设计图纸中的"设计施工说明"中摘录，再增加人防施工验收、质量评定标准类规范和标准。

（5）采用的标准图集。可从专业设计图纸中的"设计施工说明"中摘录。

（6）地方法规性文件。主要列出当地人防主管部门有关平战转换、施工质量验收方面的一些文件规定。

（7）建设单位、施工单位与材料、成品、半成品及设备等供货单位签订的加工和购货合同等。

3. 监理工作范围

监理工作范围包括：本防空地下室平时给水、排水、消火栓给水、自动喷水灭火系统、雨水以及战时给水排水系统的预留预埋等分项。

4. 监理工作组织体系

（1）监理组织框图

列出监理公司的组织框图。

（2）施工阶段质量控制流程

图 14-1 所示为施工阶段质量控制流程图。

5. 施工准备阶段控制要点和目标

（1）技术准备

1）开工前，监理人员认真熟悉图纸，有疑问处逐项、逐条整理成文，参加图纸技术交底，领会设计意图。对图纸表达不清晰之处，要向设计单位提出问题，逐条核实，形成图纸会审纪要，经有关人员签认。

2）审查承包商资质，项目部管理人员、技术人员资格证书，特殊工种人员上岗操作证。

3）组织讨论和审查施工组织设计和施工方案，对工程中的难点和要点，要求承包商做出专项施工方案或相应技术措施。审核通过后予以实施，承包商不得擅自改动。

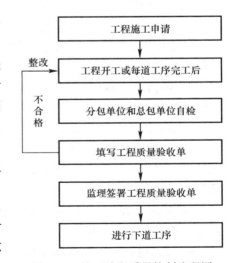

图 14-1　施工阶段质量控制流程图

4）工程主体土建开工前，监理组织土建施工方、设备安装方（给水排水）、消防给水施工方等，做好穿防空地下室外墙、防护单元隔墙、口部密闭墙等钢筋混凝土现浇墙体上的预留洞、预埋管件的技术交底。人防工程战时有防冲击波、防毒的防护要求，这些墙体上的穿管均应有预留预埋，若有错、漏，难以弥补。土建施工方和设备安装方应密切配合。

（2）现场对给水排水设备、材料的质量控制

对进场的给水排水设备、材料，监理人员应组织业主、施工单位共同验收。

239

招标文件中对生产厂家或品牌有约定的，须按要求购置，有关质保资料（合格证、质量保证书、检测报告等）必须齐全，而且有效（时间在有效期内、印章齐全）。

现场检查材料、设备的规格、型号是否符合设计图纸要求，外观、壁厚是否符合要求，检查合格并履行手续后方可使用。对不合格的材料、设备，监理应发退场通知单，要求及时退场，退场时应做好不合格材料退场记录。

1）对管材检查的要求。各类管材应有产品质量证明文件：合格证、质量保证书、检测报告等。镀锌管、焊接管、无缝钢管管材和管配件的管壁厚薄一致、无锈蚀、无毛刺，镀锌管内外镀锌均匀，管件不得有偏扣、套扣不全等现象。抽样用游标卡尺测量管材壁厚、外径应在允许范围内。

对于进场的PVC、PP-R、PEX给水管，除了应有合格证、检测报告外，还应有卫生检疫部门开出的厂家生产许可证。现场检验管材和管件颜色要一致。管材色泽应均匀，内外壁应光滑、平整，无气泡、裂口、裂纹、脱皮和凹陷等现象，抽验管材外径和壁厚应在允许范围内。

铸铁管及其附件的尺寸、规格必须符合设计要求，管壁厚薄应均匀，内外壁光滑、整洁，无浮砂、粘砂，不得有砂眼、裂纹、毛刺和疙瘩。不得使用人工翻砂制造的排水铸铁管。

2）对阀门的要求。阀门进场时，监理人员要同施工单位技术人员共同检查，合格后方可使用。阀门必须有出厂合格证，规格、型号、材质、公称压力等应符合设计要求，阀门壳体铸造规整、表面光洁、无裂缝，填料密封完好。阀门安装前应做强度试验和严密性试验，每批数量中抽查10%且不少于1个；安装在主干管上起切断作用的闭路阀门，以及防空地下室中给水排水引入管、排出管上起防护作用的阀门，应逐个做强度试验和严密性试验。强度试验压力为阀门公称压力的1.5倍，严密性试验压力为阀门公称压力的1.1倍。试验压力在试验时间内保持不变且壳体填料及阀瓣密封面无渗漏为合格，试验合格填写试验合格单。试验合格后方可使用。

3）消防给水器材。消防给水系统中的消火栓、喷头、报警阀、压力开关、水流指示器以及消防水泵接合器进场，除具有一般生产合格证外，还必须具有国家消防装备质量监督检验中心检测合格的证明。

4）一般给水排水器材。卫生洁具的规格、型号必须符合设计要求，生产厂家和品牌满足业主要求并具有出厂合格证，卫生洁具外观应规整、造型美观、表面光洁、无裂缝、色调一致。

5）防爆地漏供应商应提供国家人防办颁发的人防防护设备定点生产资格证书和在省人防办备案资料或年检证书。

6. 施工过程控制要点和目标

（1）基本要求

1）跟踪监理，要求施工单位严格按设计图和施工方案、施工技术规范、质检标准组织施工。

2）所有分部分项工程和隐蔽工程的验收，均应在承包单位进行自检后，下一道工序和隐蔽工程施工前24h，通知监理组进行复验签证。未经监理组签证的一律不得进行下一道工序和隐蔽工程施工。

3）监理组在施工单位三级自检基础上抽检，复验签证。

4）施工过程中复验签证，复测坐标、轴线、标高，对所有预留件及预埋件的轴线、标高进行复核。

5）对进场的原材料、成品、半成品的质量进行抽验。

6）在施工过程中不间断进行质量巡视、监督，关键部位进行旁站监督。巡视检查重点部位及内容：

① 管道预埋件制作及安装；

② 管道支架制作、焊接、安装以及除锈刷漆过程；

③ 管道安装的放线定位过程和管道安装过程；

④ 所有阀门、阀件安装过程；

⑤ 消火栓箱、水流指示器、报警阀以及喷头安装过程；

⑥ 水泵等泵房安装；

⑦ 卫生洁具的安装。

7）发现工程有质量问题，尽快在现场解决。属事故性质量问题，处理后及时上报；属重大工程质量事故，应填写有关报表并参与质量事故巡查，负责检查质量事故处理、执行情况以及事故解决后进行质量验收签证。

8）督促施工单位按期、按质、按量实施季、月进度。如出现延误情况，要求施工单位采取有效措施，合理调整，保证计划、工程的按期实施。

（2）防空地下室施工质量控制要点

1）预埋件施工质量控制

① 预埋钢制套管的制作和施工须符合设计及施工标准图集中的要求。

② 检查测量放线定位。施工单位在钢筋上用红漆标注，监理检查复核。

③ 检查预埋工作，应在结构钢筋绑扎完，模板支设前进行。

④ 注意套管与结构钢筋的交叉，尽可能调整钢筋位置。

2）给水排水管道安装质量控制

① 底板内洗消排水管采用热镀锌钢管，采用 L40×40×4 角钢支架固定，支架与底板基础钢筋焊接，管道用 V 形卡固定在支架上。

② 检查排水口的设置数量、规格、位置、标高是否准确，检查防管口堵塞措施。

③ 给水排水管道穿沉降缝、伸缩缝，应按规范要求设补偿措施。

④ 检查标高时，压力管道是指管中心标高、重力排水管道是指管内底标高。

⑤ 暗装在墙体及埋地部分的管道隐蔽前，必须做耐压强度试验及渗漏试验。

⑥ 所有预埋件外露部分的内外壁均采用刷两道红丹漆防腐处理。

⑦ 木工支模和混凝土浇筑过程中，要特别注意防止预埋管件、箱盒移位、受损。

（3）给水排水施工质量常见问题

1）底板预埋

① 口部需洗消的房间，漏设地漏或清扫口。

② 排水口高出地坪表面，影响排水。

③ 口部埋地排水管采用塑料管，镀锌钢管与钢筋直接焊接固定。

2）内外墙及顶板预埋

① 密闭措施及管材不符合要求。

② 随意在有防护和密闭要求的墙体、楼板上留洞或打孔。

③ 预埋在混凝土中的管道与混凝土接触的部分刷漆。

④ 消火栓嵌入有防护要求的墙体。

⑤ 生活污水池漏设透气管或透气管接至排风管、进风竖井内。

7. 验收

工程质量的验收均应在施工单位自行检查评定的基础上进行。管道试压等应以防空地下室给水排水施工图设计说明中明确的参数为基本依据，设计说明中未明确的，参照《建筑给水排水及采暖工程施工质量验收规范》GB 50242—2002 等通用规范执行。

（1）隐蔽工程验收

专业监理工程师应根据承包单位报送的隐蔽工程报验单申请表和自检结果进行现场检查，符合要求的予以签认；检查中发现的质量问题必须立即整改，对未经监理人员验收或验收不合格的工序，监理人员拒绝签认，并要求承包单位停止进行下一道工序的施工。

（2）分项工程质量验收

分项工程可由一个或若干个检验批组成。检验批可根据施工及质量控制和专业验收需要进行划分，检验批质量验收合格应符合下列规定：

1）主控项目和一般项目的质量抽样检验合格；

2）具有完整的施工操作依据、质量检查记录。

检验批质量验收是工程质量验收中的重要环节，监理方和施工方参加人员在检查工程质量问题时必须认真仔细，不放过一个问题，发现问题应将工程中存在的质量问题整理成整改通知单交施工单位限期整改，整改后由监理方复查，检验批检查合格后在检验批质量验收记录表中填写检验评定记录和验收记录。

检验批质量验收全部合格后，应组织分项工程质量验收。由监理工程师组织施工单位项目专业技术负责人或专职质量检查员参加。验收工作按建设合同、设计图纸和规范要求进行。

分项工程质量验收合格应符合下列规定：

1）分项工程所含检验批均应符合质量合格的规定；

2）分项工程所含检验批的质量验收记录应完整。

验收工作完成后，监理方应完成分项工程质量验收报告；填写分项工程质量验收记录表，检查评定结果和验收结论。

（3）分部工程质量验收

各分项工程质量验收全部结束后，应组织分部（子分部）工程质量验收。由总监理工程师组织施工单位项目负责人和技术、质量负责人等进行验收，验收工作按建设合同、设计图纸和规范要求进行。

分部（子分部）工程质量验收合格应符合下列规定：

1）分部（子分部）工程所含分项工程的质量均应验收合格；

2）质量控制资料应完整；

3）各分部工程有关安全及功能的检验和抽样检测结果应符合有关规定。

（4）单位工程质量验收

由监理项目部组织成立验收小组，施工单位提供验收方案，经验收小组审核通过实施。验收小组进行预验收，在预验收过程中发现质量问题，整理成预验收纪要；要求施工单位限时整改逐条消项，经过复检无问题，工程质量均达到合格后，进行签认手续，由项目总监理工程师写出质量评估报告报质检站。

（5）审核竣工图及其他技术文件资料

1）审核竣工图的正确性和完整性，检查设计变更和有关资料是否齐全。

2）审核进场设备开箱检查、验收记录及相关设备复测记录。

3）审核进场材料的产品合格证、质量保证书、检测报告。

4）审核给水、排水和消防水系统各种隐蔽工程验收原始记录及会签手续。

5）各种试验报告、系统调试报告等，资料齐全，数据正确。

（6）组织对工程项目的质量等级评定

在竣工验收过程中，由承包方提出质量等级，监理单位在质检站参加正式验收前，根据工程质量及整改情况，对工程做出质量评估报告，确定质量等级。

第 15 章　防空地下室给水排水维护管理

15.1　水源及给水系统维护管理

1. 基本原理

防空地下室的给水系统分平时给水系统和战时给水系统。平时给水系统按用水性质一般可分为：

（1）生活饮用水：保证工程内部人员生活、饮用及一般性生产活动所需要的水。

（2）消防用水：用于扑灭工程内部火灾的用水，如消火栓给水、自喷给水。

（3）设备用水：供给工程内部各种技术设备使用的用水，如空调冷却用水等。

战时给水系统按用水性质一般可分为：

（1）饮用水：保证工程内部人员从事正常活动、维持正常生理功能所需的餐饮、解渴用水。

（2）生活用水：保证工程内部人员从事正常活动所需的洗涤及卫生用水。

（3）洗消用水：战时外界染毒时，对进入工程内的染毒人员的洗消用水以及对染毒设备和染毒墙面、地面的冲洗用水等。

（4）消防用水：扑灭工程火灾所需的用水。

（5）设备用水：供给工程内部各种技术设备使用的用水，如空调冷却用水、柴油发电机组冷却用水、医疗设备用水等。

对二等人员掩蔽所等有平战转换要求的工程，平时、战时给水系统的差异大，一般采用两套不同的系统。

防空地下室的供水水源也可分为平时供水水源和战时供水水源。平时供水水源一般都使用市政自来水，其水质、水量容易得到保证，安全性、经济性好。由于战时市政供水系统水质容易受到污染，输水管线也可能受到破坏，因此防空地下室战时供水水源一般采用内部贮水。

防空地下室的给水方式一般有以下几种类型：

（1）直接给水方式

防空地下室一般标高较低，平时生活饮用水及战时水箱、水库的进水都采用直接给水方式，以便充分利用市政给水管网的水压。

（2）设水箱（池）及增压设备的给水方式

在战时当市政给水管网受到破坏时，利用预先贮存在工程内的水箱（池）中的水，进行增压供水。增压供水方式有水泵定时供水、定压供水及气压给水设备供水等。当工程没有设自备电站时，战时无可靠电源，宜在水泵增压供水的基础上增加手摇泵。水池（箱）

一般设有进水管、出水管、溢流管、放空管、透气管和水位计等。

（3）重力给水方式

在工程内部的简易洗消间、柴油发电机房等局部用水的房间和区域，当总用水量不大时，设置架高水箱，自流供水。战时饮用水的供应，也可采用在水箱上直接设饮用水取水龙头的给水方式，利用重力进行给水。

2. 维护管理的基本要求

防空地下室的室外给水引入管，要在工程外部设水表井。每半年应打开水表井的井盖一次，清理井中的杂物和可能的积水。

给水管道穿过防空地下室的围护结构进入工程内部时，在距围护结构约 200mm 左右安装有防护阀门，起到对冲击波的防护及防毒作用。防空地下室内的水箱，在临战前从市政给水管网进水。当接到防空警报时，需要将该防护阀门关闭。防护阀门一般选用公称压力为 1.0MPa 或 1.6MPa 的闸阀或截止阀。当管径为 50mm 及以上时，采用闸阀。当管径为 40mm 及以下时，采用截止阀。

工程给水引入管上的防护阀门是防空地下室给水排水系统中最重要的防护设施，要确保"打得开、关得严"。每年需要启闭阀门一次，防止阀门因长期不用而锈蚀。当阀芯或阀盖板漏水时，应及时维修。当需开启或关闭防护阀门时，为防止市政自来水进入工程内部，需首先关闭工程外部水表井中的阀门。

平时已安装就位的防空地下室战时生活饮用水水箱，应确保不受水箱周围环境的污染。同时尽量避免装配式不锈钢或钢板水箱进水或潮湿，以减少水箱的锈蚀。对因影响平时使用而未安装的防空地下室战时生活饮用水水箱，应将水箱各组件集中存放在防护单元内，并采取可靠措施防止组件锈蚀、丢失。

对平时已安装好的气压给水设备，每半年需要检验一次水泵的启动性能。接通电源后，手动启动水泵，水泵空转时间少于 1min，防止水泵因长时间不启动，转动部件锈蚀堵死，不能正常启动。对于手摇泵，需要每半年使用一次，防止锈蚀卡死。

15.2　排水系统维护管理

防空地下室排水按排水性质可分为：生活污水、洗消废水、消防废水、设备废水、口部雨水以及坑道工程的建筑排水等。

排水系统按照排出方式分为自流排水系统和压力排水系统。多数防空地下室需同时采用这两种排水方式。向工程内污水池、集水坑排水的管道或明沟，一般属自流排水，即利用坡度排水。由污水池、集水坑向防空地下室外部集中排水时，一般采用压力排水。

防空地下室压力排水系统的组成主要包括：污水集水池、污水泵、排出管、防护阀门等。防护阀门起到防毒和防爆的作用。防空地下室的排水泵一般兼作平时的雨水排水泵或消防废水排水泵，一般为 1 用 1 备、自动启动。在最低水位时停泵，当到最高水位时第一台水泵启动。如消防废水流入水量超过排水泵的排水量，水位继续升高时，第二台备用泵同时启动。仅战时使用的排水泵，当工程未设战时三防自控系统时，一般采用手动控制；当工程设有战时三防自控系统时，一般采用自动控制。

污水泵出水管上应设阀门、单向阀和可曲挠接头。对平时使用机会较少的排水泵，每半年需要启闭阀门一次，防止阀门锈死；污水泵也需要每半年通电一次，防止转动部件锈死。此外，每年应检查工程内部给水排水管道的支墩、支架情况，要牢固、不锈蚀。每年检查一次管道的锈蚀情况，有锈蚀严重段应及时除锈、涂沥青漆防腐；法兰螺栓如有锈蚀现象，应除锈、涂黄油防腐。

防空地下室所采用的排水附件，除了一般建筑所采用的排水附件外，还有防爆地漏、防爆清扫口等特殊附件。防爆地漏是指能防止冲击波和毒剂等进入防空地下室内的地漏。其结构如第 5 章图 5-2 所示。平时需要排水时，使地漏处于开启状态（A 位）。战时发出空袭警报后，需要该地漏具有防护及密闭作用时，将地漏盖板放下，逆时针旋紧后封闭地漏的排水口（B 位）。防爆地漏，其材质分为不锈钢和铸铁。对于平时无排水的房间，应对防爆地漏的盖板及地漏的漏体加黄油，以减少锈蚀；每年检查一次防爆地漏盖板的升降性能。有些房间因平时使用需求，敷设的地砖，导致防爆地漏距地面有 5~6cm 深，容易在地漏上积存杂物，应定期检查，防止杂物在地漏内的积累，影响战时管道的通水。

15.3 洗消设施系统维护管理

对于洗消设备已安装的工程，每半年要检查一次洗消给水、排水设备的完整性，防止被拆除。每年要检查一次设备的外观，清除管道、设备上的锈蚀；对管道、设备的固定件进行检查，确保固定牢固。

墙面、地面的洗消，需设冲洗龙头及冲洗软管，每个龙头的服务半径不宜超过 25m，供水压力不宜小于 0.2MPa，供水管管径不小于 20mm。冲洗设备的阀门，应设在防护密闭门以内。

对地面洗消排水设施，如地漏、防爆地漏、清扫口，每半年要检查一次其启闭的灵活性，有锈蚀时要及时清除，并上黄油等进行保护；要及时清理沉积在地漏口上的杂物，防止杂物进入排水管道或在地漏口堆积，影响排水。

对设有盖板的集水坑，每半年要检查一次盖板的完整性，及时修复破损。

15.4 柴油电站给水排水及供油系统维护管理

柴油电站的冷却主要分为水冷却方式和风冷却方式。风冷电站使用的柴油机如图 9-2 所示。当闭式循环的冷却水温度过高时，利用电站内设置的冷却用水水箱进行补水。由于补水量较小，所以电站的贮水量多数为 2~3m³。为防止散热器冷却放出的热量传到机房内，一般将柴油机机头散热器直接与排风道或排风管连接。

柴油发电机组的供油系统由输油泵、燃油滤清器、喷油泵、调速器、喷油器及燃油管路等零部件组成。柴油机工作时，输油泵从燃油箱吸取燃油，送至燃油滤清器后进入喷油泵。燃油压力在喷油泵内被提高，按不同工况所需的供油量，经高压油管输送到喷油器，最后经喷油孔形成雾状喷入燃烧室内。输油泵供应的多余燃油经燃油滤清器的回油管返回燃油箱中，喷油器顶部回油管中流出的少量燃油也回流至燃油箱中。

防空地下室柴油电站的供油系统，一般由口部的油管接头井（或接油口）、输油管、贮油池、加压泵、过滤器和内部日用油箱等组成，如图 9-11~图 9-14 所示。防空地下室大部分采用自流供油系统，即外部输油车（油桶）利用自然高差将柴油自流到工程内电站的高架油箱（池）内。

油管接头井（阀门井）是连接外部输油车（管）和内部输油管的措施，也是供油系统的防爆措施。对于防空地下室，一般在电站附近的工程外部就近设置。在油管引入防空地下室围护结构的内侧设置油用防爆波阀门，其抗力应不小于 1.0MPa 并不得小于工程的抗力等级。

对于在基座上等部位自带日用油箱的柴油机，可不另设日用油箱。日用油箱应架高设置，使油能自流进入柴油机。由于柴油机根据荷载大小调节喷油量，会有一部分油需要回流至日用油箱，因此需要设回油管。但回油的压力较低，日用油箱的设置不宜过高，也不宜距离柴油机过远，一般高度不宜超过 1.5m。一般按每台柴油机设一个日用油箱考虑，如柴油机为 1 用 1 备，则可共用一个日用油箱。日用油箱一般贮存柴油机不超过 8h 的用油量。油罐、供油管路系统要确保接地可靠。

对于平时不运行的柴油电站，为了防火安全，贮油箱不宜贮存柴油。如需临时检测、调试柴油发电机组，可利用日用油箱供油。应采取严密的防火措施，一般储油间单独设置，设门槛，安装防火门，采用防爆灯，设置防爆排风口，用防火墙与柴油发电机房隔开，排烟管不允许穿过储油间。呼吸阀的作用主要是透气，防止油箱内出现负压，同时能有效隔断外部火源通过呼吸阀向油箱扩散。

常用的输油泵为齿轮油泵或手摇泵。工程外部的增压油泵可选择移动泵。油管一般选用无缝钢管焊接。使用的阀门应选用油用阀门，否则会漏油。

15.5　消防系统维护管理和安全使用

防空地下室的消防安全是维护管理与安全使用的重要内容。平战结合的防空地下室，其消防给水系统是为平时而设置的，战时不考虑消防给水；临战时，可以根据防护需求，对消防管道进行截断、关闭等处理。

防空地下室的消防给水系统主要有消火栓给水系统、自动喷水灭火系统以及气体灭火系统等。防空地下室的消火栓给水系统、自动喷水灭火系统，在火灾前 10min 其消防供水设施、消防水池、消防水泵及消防报警系统一般与地面建筑物合用，防空地下室的消防给水系统只是整个建筑或小区的消防给水系统的一部分。

对于单建式防空地下室，一般设独立的消防水库、消防水泵、消防报警系统及火灾前 10min 供水的消防设施。

防空地下室的消火栓给水系统，一般要求有 2 支水枪同时到达任意一点，每支水枪的流量不小于 5L/s，充实水柱不小于 10m。当消火栓给水系统需要维修，关闭给水管道上的阀门时，受影响的消火栓数量不能超过 5 只。

日常维护中，要防止消防给水系统的总阀门被关闭，使管道系统处于无水状态，这会导致火灾时不能从消火栓供水。通过检查消火栓给水系统上的压力表，可了解管道系统的水压情况，如果压力表指示为零，说明管道中没有水。

每半年需要通过消火栓上的消防启动按钮，启动消防给水泵，以便检测消火栓给水系统能否正常供水。同时需要检测消防水龙带是否漏水。如漏水严重，需要及时更换，防止消防救火时，消火栓供水形成不了足够长的充实水柱。

对于自动喷水灭火系统，日常维护的主要工作是检查系统的压力情况，防止供水管道被关闭。如被关闭，一般水力报警阀或末端试水装置上的压力表会显示压力为零。要防止自动喷水喷头被临时性障碍物阻挡。

每半年需要通过末端试水装置检测一下自动喷水灭火系统消防给水泵能否及时启动、消防报警系统是否正常。

防空地下室重要通信机房和电子计算机机房可能设有气体灭火系统。常用的气体灭火介质有二氧化碳（CO_2）、七氟丙烷（HFC-227ea，FM200）、烟烙尽（IG541）、热气溶胶（K型、S型）等。

气体灭火系统的防护区应有保证人员在30s内疏散完毕的通道，出口防护区的门应向疏散方向开启，并能自行关闭；用于疏散的门必须能从防护区内打开；防护区内设置的预制灭火系统的充压压力不应大于2.5MPa。

应定期检查灭火介质贮存罐的工作压力，并按贮存罐上的要求，定期补充或更换灭火介质。

防空地下室内灭火器的配置和布置是按现行国家标准《建筑灭火器配置设计规范》GB 50140—2005的规定进行的，平时维护管理过程中，不得随意移动灭火器的放置位置。灭火器的保护半径一般与消火栓的保护半径相同，所以一般情况下将灭火器放置于消火栓的下方。要定期检查灭火器的工作压力，并按灭火器说明书要求及时更换灭火器。

消防给水泵一般按1用1备设置。每台消防给水泵应设置独立的吸水管，并宜采用自灌式吸水，其吸水管上应设置阀门，出水管上应设置压力表、试泵阀和放水阀门等。维护管理中，不得随意关闭消防给水泵房内的阀门。阀门应有明显的启闭标志，或采用信号闸阀，能自动检测阀门的启闭。

有消防给水的防空地下室，都设置有消防排水设施。消防排水泵的维护与其他排水泵的要求相同。

第 16 章 常见问题及分析

16.1 设计常见问题及分析

1. 提交人防施工图审查的图纸内容不全

有的防空地下室给水排水图纸由两家设计院设计，防空地下室平时给水排水（主要是消防给水）图纸由地面建筑的设计院一并设计，防空地下室战时给水排水图纸由人防专业设计院设计。在进行人防施工图专项审查时，仅提供了防空地下室战时给水排水的图纸。

人防施工图审查不仅要审查防空地下室战时给水排水图纸中的内容，还应审查防空地下室平时给水排水图纸中的内容。对平时给水排水图纸审查的重点是：

（1）是否有与防空地下室无关的管道进入防空地下室；

（2）消防给水排水管道穿防空地下室围护结构及有密闭要求墙体处的防护密闭措施是否符合设计规范要求；

（3）消防给水管道临战转换措施是否合理、可靠，如设防护阀门、加法兰板封堵等。

2. 施工蓝图比例不合适

目前有不少单层建筑面积非常大的防空地下室项目，设计人员采用 CAD 软件绘图，很容易进行比例的缩放，不影响绘图。在提交图纸审查时，一般也采用电子版，不影响施工图审查。但设计院在出施工蓝图时，有时为了减少工作量，采用 1：500 甚至更大的比例出图，导致施工单位看图困难。

根据《建筑给水排水制图标准》GB/T 50106—2010，建筑给水排水平面图的比例宜采用 1：200、1：150、1：100，且宜与建筑专业一致。给水排水专业工程师应与建筑专业工程师充分协商，合理确定施工蓝图的绘图比例，根据图纸图幅的大小，对每张图的出图范围做适当地划分。

3. 图纸设计深度不够

在防空地下室给水排水系统施工安装质量检查中，出现的问题比较多。按照我国建筑工程质量控制体系，设计、施工、监理 3 家单位均是工程质量的责任主体。在各类工程质量问题及事故中，往往是这 3 家单位均有在质量控制方面做得不规范的地方，从而导致质量问题及事故的发生。

防空地下室设计图纸经过了设计院、审图部门的多次审查，理论上设计图纸是符合规范及设计深度要求的，核心问题是施工、监理人员对图纸的理解能力达不到施工图审查人员的水平。常见还有以下几个方面的原因：

（1）施工、监理人员凭经验，想当然按照普通地下室的方法施工和监理。

（2）施工单位、监理单位缺少给水排水设计施工说明中列出的图集。

（3）由于国内监理企业的实际收费普遍较低，监理单位在现场往往无法配齐各个专业的监理工程师，有时一名监理工程师需管多个专业工种，其对给水排水专业知识不精通，不能深刻理解图纸要求，不能有效监督、指导施工单位按图施工。

（4）设计图纸虽符合规范要求，但有些设计细节交代不明确，需要施工单位去做"选择题"，施工单位选择错误。

总体上，在防空地下室给水排水系统施工安装质量控制的 3 个环节中，施工方、监理方对质量控制的能力要普遍弱于一般民用建筑工程施工，这就要求设计方不能仅满足达到一般民用建筑给水排水施工图的设计深度要求，应以"预防犯错"为设计标准，要加大图纸的设计深度。设计工程师要把阅读对象定位于对防空地下室不了解、不熟悉的施工人员；管件加工尺寸、空间定位尺寸等要标识醒目、清晰；最好绘出施工中必须用到的大样图，使得施工单位、监理单位即使对人防缺乏概念，但因图纸及施工要求特别清晰，从而不容易犯错。

一旦出现工程质量问题，在问责时，往往倾向于从设计、施工、监理 3 方均找瑕疵。设计人员应重视在工程质量控制中的责任要求，设计计算、图纸、施工说明等应符合设计及施工规范的要求；现场技术交底等应突出重点，并有文字记录。不能将所有图纸中的问题寄托在图纸审查部门，图纸审查一般仅将重点放在设计文件、要素是否齐全，是否符合相关设计规范要求，特别是有无违反强制性条文的情况，一般不会提设计深度方面的细节问题。因此，设计人员必须有足够的责任心，不仅要总体设计正确，还要做好设计细节。

4. 穿防空地下室围护结构墙体套管做法问题

在防空地下室质量检查中，穿防空地下室围护结构墙体套管做法不符合要求，遗漏套管预埋的问题比较普遍，给工程质量造成很大隐患，且很难采取补救措施。

造成这一问题的原因主要有：

（1）土建施工方未能履行好总包单位的责任，未注意到墙体上有预留预埋管或未能及时通知设备安装人员进行预埋管施工。

（2）设备安装单位未能合理确定预埋套管的规格，套管尺寸有的过大、有的过小，难以满足填料密闭的要求，影响穿管处的密闭性及管道与填料的粘结力，从而影响管道的防冲击波能力。

为预防这类质量问题的发生，"预防犯错"的设计图纸宜做到以下几个方面：

（1）单独绘制一张预留预埋管平面图，标识清晰预埋管的编号、定位尺寸，图 16-1 所示为给水排水管道预留预埋平面图示例（主要出入口）。当多家设计单位联合设计防空地下室时，如消防给水设计由地面建筑设计单位负责，则防空地下室设计方应将消防给水管穿人防墙体的位置及做法一并在人防图纸中表达出来。对于复杂的口部，当平面图标识仍不够清晰时，宜增加局部剖面图；对于特别复杂的工程，宜再增加各专业预留预埋的汇总图，减少各专业之间的交叉、碰撞。图 16-1 中还标识了管道穿防护单元之间平时连通通道、战时门式封堵的门洞，管道局部采用法兰连接，以便临战转换施工。

（2）根据套管编号，列表注明套管类型、套用大样图、穿管管径、管中心标高、预埋套管外径等，参见表 16-1。

（3）为减少施工单位、监理单位购买国标大样图的麻烦，宜在施工图中给出预埋套管的大样图，图 16-2 所示为大样图 S1-防护密闭套管 A/B 型，图 16-3 所示为大样图 S2-防护密闭套管 C/D 型，套管的详细加工尺寸参见表 16-2。

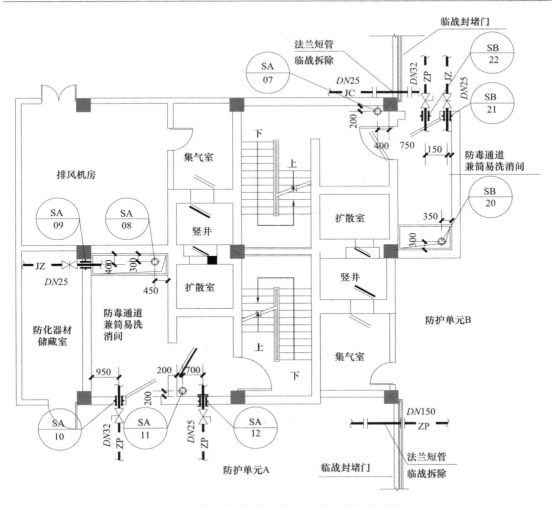

图 16-1　给水排水管道预留预埋平面图示例（主要出入口）

给水排水预埋套管汇总表示例　　　　　　　　　　　表 16-1

序号	编号	类型	大样图	尺寸	中心标高（m）	套管外径（mm）
1	SA07	刚性防水套管	S01	$DN80$	地下一层顶板	$D_3 = 140$
2	SA08	防护密闭套管（B 型）	S01	$DN65$	地下一层顶板	$D_3 = 121$
3	SA09	防护密闭套管（A 型）	S01	$DN25$	$H_1 + 2.850$	$D_3 = 65$
4	SA10	防护密闭套管（B 型）	S01	$DN32$	$H_1 + 2.750$	$D_3 = 89$
5	SA11	刚性防水套管	S01	$DN80$	地下一层顶板	$D_3 = 140$
6	SA12	防护密闭套管（D 型）	S02	$DN25$	$H_1 + 2.850$	$D_3 = 65$
7	SB20	防护密闭套管（B 型）	S01	$DN65$	地下一层顶板	$D_3 = 121$
8	SB21	防护密闭套管（A 型）	S01	$DN25$	$H_1 + 2.850$	$D_3 = 65$
9	SB22	防护密闭套管（B 型）	S01	$DN32$	$H_1 + 2.750$	$D_3 = 89$

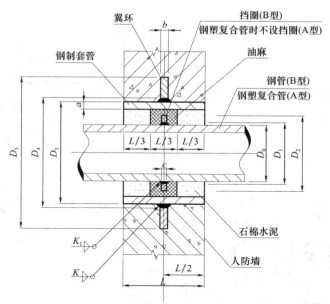

图 16-2　大样图 S1-防护密闭套管 A/B 型

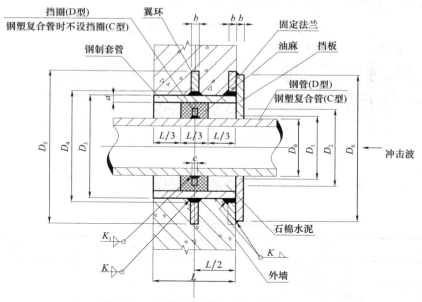

图 16-3　大样图 S2-防护密闭套管 C/D 型

套管加工尺寸对照表　　　　　　　　　　　　　　　　　　　　　　表 16-2

DN	D_0	D_1	D_2	D_3	D_4	D_5	D_6	a	b	c	K	K_1
25				65								
50	60	61	80	114	116	225	223	3.5	10	4	4	3
65	75.5	76.5	95	121	123	230	228	3.75	10	4	4	3
80	89	90	110	140	142	250	248	4	10	4	4	3
100	108	109	130	159	161	270	268	4.5	10	4	5	3
125	133	134	155	180	182	290	288	6	10	4	6	3
150	159	160	180	219	221	330	328	6	10	4	6	3
200	219	220	240	273	275	385	383	8	12	4	8	3

5. 消防给水管从防空地下室引出后再次引入

图 16-4 所示为消防管穿出又穿入防空地下室错误设计示例。图 16-4（a）为错误设计，自喷给水管从防空地下室引出至非防护区——消防电梯前室后，又再次引入至防护区——密闭通道，增加了管道系统的不安全性。图 16-4（b）为正确设计，密闭通道的自喷给水管从防空地下室内部接入，在穿密闭隔墙时，加预埋密闭套管。由于密闭通道与防空地下室内部之间不存在冲击波作用，自喷给水管本身为闭式状态，在防空地下室内侧无需加防护阀门。

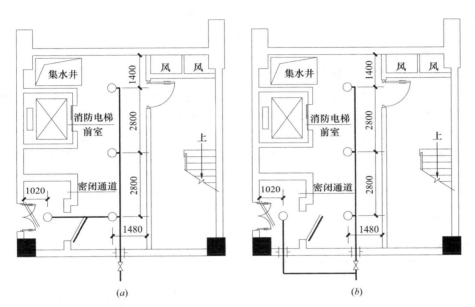

图 16-4　消防管穿出又穿入防空地下室错误设计示例
（a）错误；（b）正确

6. 过多地从防空地下室顶板接入地面建筑消防给水管

防空地下室消防给水管是防空地下室平时需要使用的管道，故规范将其定义为"与防空地下室有关的管道"。为了节约造价，消防水库、消防泵房等设施一般建在非防护区，并和地面建筑及非人防地下室的消防给水系统共用。

当地面建筑要求消火栓给水系统形成纵向环状管网时，有的将防空地下室按普通地下室设计，将所有的地面建筑消火栓给水立管均引入防空地下室，并在防空地下室内连接为底部供水环。这种设计的主要问题是：

（1）过多的顶板引入管，增加了防护的不安全性和临战转换的工作量。

（2）当防空地下室临战转换后，地面建筑消火栓最下方的立管均被关闭，地面建筑消火栓纵向给水环网不能继续连通，影响地面建筑消火栓给水系统的使用。

因此，防空地下室消火栓给水系统宜独立引入给水管，与地面建筑的消火栓给水系统相对独立。当防空地下室内消火栓数量≥10 个时，引入 2 根给水管，并在内部形成环网。引入点的位置优先顺序是防空地下室的外墙、顶板、临空墙。外墙处由于有室外覆土层，有利于管道的室外引入部分及穿墙处的防护。

7. 临战需要拆除或关闭的管道，缺失便于转换的设计措施

平时作汽车库使用的防空地下室，一般设有大量的消火栓、自喷管道，不少管道需穿越临战时需封堵的门洞，其平时安装的管道影响了战时的封堵。这类管道在封堵部位宜采用法兰连接或沟槽式连接方式，便于临战拆除和战后恢复，推荐做法如图 16-1 中 $DN150$ 自喷管穿防护单元 A、B 临战封堵口。

8. 防护阀门安装空间不够

当管径≥50mm 时，防护阀门选用闸阀。当管径较大时，闸阀的尺寸也较大，需要较大的安装空间。设计人员需要查准阀门的尺寸，在确定穿墙管道距离顶板、侧墙的位置时，预留好防护阀门的安装空间。有的设计人员预留安装空间过小，导致防护阀门没有足够的安装空间。

9. 战时给水管从邻近防护单元接入

根据防空地下室设计规范第 3.2.8 条：防空地下室中每个防护单元的防护设施和内部设备应自成系统。图 16-5 所示为战时给水管接入防护单元示意图，其中方案 1 更符合各防护单元相对独立的要求，当其中一个防护单元的结构或给水系统被毁坏时，不会对其他单元产生影响；而对于方案 2，当防护单元 1 被毁坏时，对其他防护单元的给水均有影响。有的设计人员理解是各防护单元内的水箱临战前加满水，所以可以用方案 2，但方案 1 更便于战时供水的管理及战后的抢修抢建。一般只有在防空地下室外部施工场地条件受限或市政自来水接入条件受限等情况下，才选择方案 2。

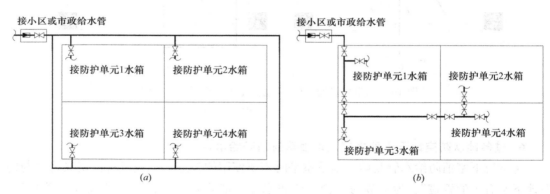

图 16-5 战时给水管接入防护单元示意图
(a) 方案 1；(b) 方案 2

10. 污废水池增加了不必要的外接透气管

接至室外或竖井、扩散室内的透气管主要作用是排除污废水池内积累的有毒有害气体。是否需要设这种透气管，应分析池内是否会产生有毒有害气体以及战时的工作模式。

（1）空调机房排地面凝结水的集水池、平时用的消防废水集水池均不会产生有害气体，无需设外接透气管。

（2）战时生活污水池，如设外接透气管，但管道上安装的防护阀门在临战前需关闭，起不到透气管的作用，其排有害气体的方式是安装接至室内厕所排风口的透气管。

（3）战时洗消间内的洗消废水集水池，不会产生生物性有害气体，其他气体会被洗消间的排风系统带走，不需设透气管。

（4）工程口部外的洗消废水集水池，一般无生活污水排入，不会产生生物性有害气体，不需设透气管。

（5）工程内因平战结合需要，平时收集生活污水的集水池，需要设与外部连通的透气管，同时按照对给水管的要求，在穿围护结构处作防护密闭处理并安装防护阀门，临战前将防护阀门关闭。

11. 战时洗消用水贮存不可靠

从合理利用增压设备考虑，战时洗消用水多数和战时生活用水贮存在一个水箱内，共用一套增压供水设备及管道系统。洗消用水的使用时机是外界警报解除，内部人员需要到工程外部去，一般属于战后时间。以二等人员掩蔽工程为例，人员生活用水量标准仅 4L/（人·d），在有增压设备供水的条件下，很容易被超用。因此，应有保证洗消用水不被挪用的措施，如图 12-2 设计示例。

不少设计图纸中战时生活用水、洗消用水合用的水箱，出水口仅设一个，无法对洗消用水的最后贮存进行控制。

12. 战时生活用水、饮用水水箱安装场所及干厕、盥洗间设置场所缺地漏或排水明沟

战时生活用水、饮用水水箱安装场所，干厕、盥洗间设置场所，在使用时可能会产生地面积水；在清洁地面时，可能会产生地面排水。应设置排水地漏，将地面排水引至战时生活污水集水坑或其他集水坑。

当有平时收集消防废水的排水明沟可利用时，可利用排水明沟收集地面冲洗排水及盥洗间排水。

13. 除尘室墙式安装的油网过滤器两侧未安装地漏

防空地下室的进风系统，清洁式、滤毒式通风，室外空气均需要通过油网过滤器进行初过滤。在滤毒式通风之后，需要转入清洁式通风之前，应对工程进风系统进行彻底、有效地清洗。

墙式安装的油网过滤器，有的底部有高 300mm 左右的钢筋混凝土墙，类似固定式门槛，因此排地面积水时，两侧均需安装地漏。不少设计人员忽略了油网过滤器底部墙体的阻隔作用，仅在一侧安装了地漏。但也有的墙式安装的油网过滤器，贴在油网过滤器预留门洞地面上安装，完全拆除油网过滤器后，除尘前后室是能连通的，具体要看建筑专业的剖面详图，从便于排除除尘前后室洗消废水的目的出发，宜在除尘前后室均安装地漏。

14. 普通地漏、防爆地漏、清扫口（防爆清扫口）的类型选择不合理

普通地漏、防爆地漏、清扫口都能起到地面排水的作用。选用的原则是：

普通地漏：地漏安装位置及连接地漏的排水管排入的集水坑，都不受冲击波作用，且排水管道不跨越安装超压排气活门的密闭墙体。

防爆地漏：地漏安装位置或连接地漏的排水管排入的集水坑，受冲击波作用；或排水管道需跨越安装超压排气活门的密闭墙体。

清扫口（防爆清扫口）适用的安装位置同防爆地漏，区别是清扫口不适宜平时排水，防爆地漏适宜平时排水。由于防空地下室常年湿度大，清扫口宜选择铜或不锈钢材质。

15. 口部洗消废水集水坑设置过多

该洗消废水收集方式也称分散式排水。除洗消间外，其他需要冲洗的房间、滤毒室、防毒通道、密闭通道、扩散室、竖井等，均设 300～500mm 见方的集水坑，完全取消排水地漏及埋地排水管，集水坑内的水用移动泵排除。

该设计方法不违反设计规范，也能满足战时墙面、地面洗消废水收集、排放的要求，但过多的集水坑设置会增加造价，也增加了平时使用人员踩空受伤的危险性。

16. 排洗消废水的地漏或防爆地漏规格过大

根据《地漏》CJ/T 186—2018，有水封的地漏水封深度应不小于 50mm；地漏箅子开孔总面积应不小于排水口断面面积；孔径或孔宽宜为 6～8mm。DN50 地漏的排水能力≥1.0L/s。口部墙面、地面冲洗时，口部冲洗阀的供水压力≥0.2MPa，供水管管径≥20mm。如以 DN20 口部冲洗阀计算，管道流速、流量对应关系是：$v=1.24$m/s，$q=0.4$L/s；$v=1.55$m/s，$q=0.5$L/s；$v=2.02$m/s，$q=0.65$L/s。冲洗流量不会大于 DN50 地漏的排水能力。一般情况下，DN50 防爆地漏能满足排水要求；不宜大于 DN80。

17. 排消防废水地漏排水能力不足

平时作汽车库使用的防空地下室，当发生火灾时，如果落地后的消防废水不能按照停车位纵向流入排水截水沟，发生横向流动，则漂浮在水面上的油火可能危及横向邻近的车辆，这使原本没有着火的车辆可能被引燃，增加了火灾蔓延的可能性。

有的工程为了节约造价，未采用截水沟排水，而是采用地漏收集消防排水，但在设计计算书中缺乏对地漏及排水管排水能力的核算。

根据《地漏》CJ/T 186—2018，地漏排水能力如表 16-3 所示。

收集地面排水地漏排水能力 表 16-3

规格	DN50	DN75	DN100	DN125	DN150
排水能力（L/s）	1.0	1.7	3.8	5.0	10.0

当地面排水仅靠地面找坡度排向地漏时，排水流量校核计算可参照表 16-3 进行。如果排水时有人工干预，如拿掉地漏箅子，排水能力会大于表 16-3 的排水量。

18. 排消防废水地漏位置设置不合理

根据防空地下室设计规范第 6.3.15 条：对于乙类防空地下室和核 5 级、核 6 级、核 6B 级甲类防空地下室，当收集上一层地面废水的排水管道需引入防空地下室时，其地漏应采用防爆地漏。

结合规范中该条文的解释，理解和应用的要点是：

（1）该条文针对多层地下室消防废水收集排放，目的是减少上一层地下室消防废水集水坑及排水泵的设置数量，以节约造价。

（2）对比人防地下室设计规范第 3.1.6 条"与防空地下室无关的管道不宜穿过人防围护结构；上部建筑的生活污水管、雨水管、燃气管不得进入防空地下室"，"无关管道系指防空地下室在战时和平时均不使用的管道"。本条文相当于允许上一层与防空地下室无关的管道引入防空地下室的特例。

（3）不同于平时长期使用的生活污水排水管道系统，消防废水污染小、腐蚀性低，使用概率低，临战转换工作量小。

（4）防爆地漏穿楼板的防护可靠性，经过了试验测试。

因此，不少多层地下室的消防排水，上一层地下室的消防排水通过防爆地漏排入了下一层防空地下室。

　　某防空地下室设有 A、B、C 三个防护单元，平时作汽车库使用，战时为二等人员掩蔽部。防护单元 A、B 位于负一层，人防建筑面积分别为 1659m² 和 1796m²；防护单元 C 位于负二层，防护单元 A、B 的正下方，人防建筑面积为 3380m²（含 108m² 移动电站）。

　　某设计院在防护单元 A、B 分别设置了 11 个、14 个 DN100 的防爆地漏，用于向防护单元 C 消防废水集水坑排水。根据表 16-3 计算，能满足消防排水总量的要求。但防爆地漏的设置位置在汽车停车位前端，平时处于轮胎碾压位置，对车辆行驶可能有一定影响。此外，基于对上述第 17 个问题的分析，安全排水的效果要差一些。地漏的设置数量也偏多。

　　可以考虑在上层保留截水沟的设置，在沟内设防爆地漏。图 16-6 所示为车库典型截水沟布置（截水沟尺寸 300mm×100mm）。由于地漏箅子的开孔面积不小于连接排水管的直径，此时地漏的排水能力可参照屋面天沟内单斗雨水排水，立管排水为重力半有压流，天沟水深为 100mm，单个 DN100 的立管排水能力达到 19L/s，每个截水沟内设 2 只 DN100 的防爆地漏即能满足排水要求。

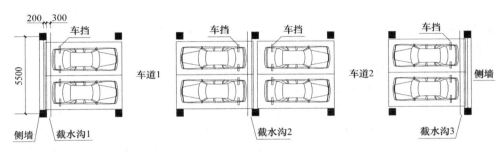

图 16-6　车库典型截水沟布置（截水沟尺寸 300mm×100mm）

19. 排消防废水截水沟排水能力不足

　　有的工程在结构底板装饰层内设不加排水箅子的半圆形浅排水沟。图 16-7 所示为某防空地下室地面排水沟截面现状图，截水沟为半圆形，直径为 120mm，深 60mm。

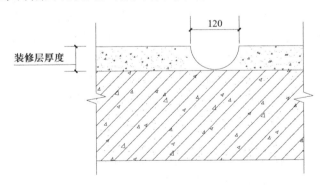

图 16-7　某防空地下室地面排水沟截面现状图

　　截水沟采用水泥砂浆抹面，粗糙度系数 $n=0.011$，水力坡度 $i=0.005$。根据公式（7-8），流速为：

$$v = \frac{1}{0.011} \times \left(\frac{0.06}{2}\right)^{\frac{2}{3}} \times 0.005^{\frac{1}{2}} = 0.62\text{m/s}$$

根据公式（7-7），截水沟排水能力为：

$$q_\mathrm{p} = 0.62 \times \frac{1}{2} \times \pi \times 0.06^2 = 0.0035\mathrm{m^3/s} = 3.5\mathrm{L/s}$$

小于汽车库 1 个消火栓使用时的排水量。

20. 战时移动排水泵缺临近取电插座

二等人员掩蔽工程、物资库工程等仅战时使用的洗消废水排水泵，由于安装位置无法对水泵作防护，设固定排水泵在战时可能被毁坏且水泵仅相当于战后一次性使用，所以一般采用移动排水泵。移动排水泵及配套的排水软管临战前贮存在防护单元清洁区内待用。

由于目前规范中各专业条文配套协调方面的问题，在给水排水专业设移动排水泵的情况下，电气专业没有条文限定其应配套设供电插座。需要给水排水专业人员主动提醒电气专业人员在移动排水泵使用位置附近的防护单元内设移动排水泵取电插座，以便战时使用。

21. 战时生活污水池、洗消废水集水池容积过大

战时生活污水池，一般一个防护单元仅需设 1 个，其容积按图 7-1 及公式（7-3）计算。在设计计算书中，施工图审查的核心是能否满足贮备容积的要求。在此基础上，不宜过多增加容积，使得生活污水在工程内停留时间过长，成了化粪池。

洗消废水集水池主要有 2 种，一种是设置在洗消间或简易洗消间内的集水池；另一种是设置在工程口部的集水池。洗消间或简易洗消间内的集水池，主要用于收集人员洗消废水，其容积确定的依据是人员洗消用水量及同时排水方式。简易洗消间可考虑将人员洗消用水全部收集贮存，待战后口部墙面、地面洗消时再排水。淋浴洗消间，集水池容积按公式（7-3）计算，无需考虑贮备容积。有的设计将洗消间下方全部设计成集水池，容积远大于人员洗消的总贮水量，是不合理的。工程口部外专用于排战时洗消废水的集水池，一般采用移动泵排水，容积能满足选定的移动泵调节容积即可；如平战结合使用，再根据平时使用功能进行计算校核。

22. 未考虑战时生活污废水的机械排水措施

有不少设计人员认为，所设计的防护单元战时使用干厕，所以不需要设置战时生活污水池，也不需要考虑生活污废水的机械排水。这是设计人员对战时干厕使用理解的误区。

以常见的二等人员掩蔽工程为例，战时一个防护单元的生活用水、饮用水的总贮备容积达到 100m³ 左右，这些水最终会有 80%～90% 转变为污废水，如全部采用人工排出是不方便的。此外，在用水区域还存在地面排水，是无法用干厕收集的，需要设置污水池。采用机械排水是符合规范要求且合理的设计。该排水泵一般结合平时消防废水排水泵设置和使用。

23. 不适当地使用防爆波阀门

防爆波阀门用于需要在战时始终与外部保持连通的管道，主要用于战时从外部有防护外水源取水的引入给水管。常见的设计错误有：

（1）防空地下室平时的消防给水管道上，如消防给水引入管、水泵接合器引入管上，安装了防爆波阀门。消防给水引入管在临战时会关闭，无需安装防爆波阀门；如安装，还会带来外部消防泵增压时，防爆波阀门自动关闭的隐患。

（2）战时污水排水泵、洗消废水排水泵、平时消防废水排水泵上安装了防爆波阀门。这类泵在战时不使用时，都会关闭管道上的防护阀门，安装防爆波阀门是多余的；防爆波阀门内部的材料及结构特殊，不宜长期与污水接触；排水泵的出水管上，为防地面雨水倒灌，均安装了单向阀，也能起到防爆波阀门的作用。

16.2 施工常见问题及分析

1. 预埋遗漏

预埋套管、预埋地漏等工作跟不上土建施工工序或对图纸理解不到位，导致预埋遗漏。

发生问题的原因，在 16.1 节设计常见问题 3 和 4 中已做了分析。除少量图纸设计深度不够外，多数还是施工方的原因。在追究责任时，施工方一般承担主要责任，监理单位也要承担未能监督施工方按图施工的连带责任。在图纸会审阶段，施工方、监理方应组织单位有经验的专业工程师，分专业对施工图进行详细审核，如有不清晰之处，及时让设计方书面回复。在专业工程师吃透图纸后，应对工程可能发生质量问题的关键之处，向现场具体施工、监理的技术人员进行交代，确保不发生大的问题。

2. 预埋防水套管管径偏大或偏小

预埋防水套管的管径应根据设计图纸或人防施工大样图中要求的管径规格进行施工。常见错误是施工人员没有认真看图纸，认为只要套管比穿管的管径大即可，特别是在施工现场没有某一套管规格管材的情况下，施工人员更容易将就使用其他规格的管材。

在套管和穿管之间需要填充油麻和石棉水泥等密封材料，如果套管管径偏小，则没有足够的填充密封材料的空间，影响密闭性；如果套管管径过大，可能会影响填料端面对冲击波的防护能力。

3. 套管密闭填料施工不合格

管道穿预埋套管时，管道与预埋套管之间的空隙应按设计要求做好密闭填料的施工。与地面建筑管道穿楼板预埋套管时的施工要求相比，防空地下室管道穿预埋套管之处，均有防护密闭的要求，如填料的材料、施工工序、密实度等不合格，往往会影响防护密闭效果。

4. 防水套管密闭翼环施工质量不符合要求

防水套管的防水翼环焊接不密实，影响翼环的防水能力。防水套管的防水翼环，能改变外墙地下水入渗的路径，是防水的重要环节。防水翼环与防水套管之间应双面焊实。如点焊，则起不到防水翼环的作用。

5. 封堵措施不到位

预埋地漏等缺少对口部的有效封堵，导致水泥砂浆等进入预埋管道，影响通水能力。在混凝土底板浇筑前，应对预埋的地漏口进行有效封堵，防止浇筑过程中，水泥砂浆的渗入。一旦渗入水泥砂浆，容易导致排水不畅。凝结后的水泥砂浆，疏通机械无法疏通。与地面建筑不同，防空地下室的排水管均埋在钢筋混凝土结构中，几乎无法更换。

6. 擅自更改施工管材

防空地下室的给水排水管材选用，除满足一般民用建筑给水排水管材选用的基本要求外，还需满足管道自身防护及不影响结构墙体或底板强度的要求，一般会比普通地下室多选几种管材。施工时，应严格根据管材的安装位置及图纸的具体要求选用管材，不能根据一般民用建筑的施工经验擅自更改。特别应注意在结构底板中不得预埋塑料排水管；穿防空地下室围护结构处的管道应采用镀锌钢管、钢塑复合管或机制铸铁管。

7. 给水排水管道安装位置不当

给水排水管道施工完毕后，发现影响到通风管道或通风阀门的安装。出现这个问题的原因主要有：

（1）设计时缺乏各专业间的协调配合，对通风管道、给水排水管道安装数量较多的洗消间、防毒通道等处的管道布置，没有做碰撞交叉检查。

（2）设计图纸没有问题，但给水排水管道、通风管道施工由不同单位或不同专业负责人完成，未能有效配合，在施工排管时未能合理安排关系走向。

这类问题的解决，需要施工方对图纸有较深入的理解，当发现不同专业的管道有碰撞问题时，一方面可向设计方提出修改要求，另一方面可根据施工说明中的管道碰撞交叉处置原则，即小管让大管、压力管让重力排水管等进行现场处置。

8. 管道连接方式不符合设计要求

防空地下室给水排水管道施工中，管道常见的几种连接方式，如沟槽、丝扣、焊接、法兰、承插等，往往都有应用。施工方应根据施工图中施工说明要求进行施工，不得擅自更改管道连接方式。

管道连接方式的错误，有可能带来事故风险。如埋地给水管道施工，设计图纸要求采用丝扣连接，施工方改为沟槽式连接。这种做法，施工方主观上不想偷工减料和节约施工费用，但客观上会增加因地面沉降、管材管件腐蚀等引起的管道接口断裂的风险，一旦发生接口断裂事故，施工方需承担主要责任。如施工方按设计图纸要求施工，出现管道接口断裂事故，一般会将原因归结于设计方未设计好管道防不均匀沉降措施，不会追究施工方的责任。

9. 地漏预埋高度不合理

常见错误是预埋地漏标高过高，影响地面排水。防空地下室的底板均为钢筋混凝土现浇，其上安装的地漏及排水管均需要在底板钢筋绑扎时同步预埋。需要根据建筑及结构专业设计的大样图，如钢筋上混凝土保护层厚度、地面装饰层厚度等，合理确定地漏的标高，应保证在地面装饰层施工完成及找平后，地漏比装饰层表面低5～10mm。

10. 地面坡度不符合要求

防空地下室内设置的地漏、截水沟等，均要求在施工装饰层或找平层时，有合理的坡度坡向地漏或截水沟，有不少工程在施工时往往忽视地面找坡，影响地面积水的排放。

11. 地漏及防爆地漏质量不符合要求

地漏产品的国家标准要求水封深度不小于50mm，但市场上符合该标准的产品很少，施工方随意采购，监理方对进场产品把关不严，施工安装了水封很浅的地漏，影响防空地下室的防毒。

防爆地漏由人防专业厂家生产，但产品质量参差不齐，主要体现在地漏漏体、钟罩及地漏箅子的材质、厚度不符合要求，地漏的密封性不合格等。

12. 防护阀门选型错误

与防空地下室通风管路上的阀门不同，给水排水专业中的防护阀门，主要是根据其在给水排水系统中的作用命名的，一般还是选择通用性阀门，无需选择人防专业设备厂生产的阀门。这往往导致施工人员不特别关注防护阀门的型号、材质方面的特殊要求。例如消防管道穿防护单元两侧，设计为安装带锁定装置的铜芯闸阀，实际安装成蝶阀，施工人员理解为起检修作业的阀门。

施工方及监理方应特别重视防护阀门的安装质量，核实阀门铭牌、参数等与设计图纸是否一致，检查产品合格证，并参照水压试验原理，预先进行阀门密闭性测试。

13. 大规格防护阀门未设支吊架

大规格防护阀门一般为闸阀，尺寸大、重量较重，在战时还会受到冲击波的直接作用。应根据管道及阀门的整体受力情况，适当在防护阀门或邻近管道处设置支吊架，以便保证对防护阀门的支撑力。

16.3　维护管理常见问题及分析

1. 擅自在有防护密闭要求的墙体上钻孔

有的防空地下室平时使用功能及要求发生了变化，有的需要增加给水排水管道或电力、通信等管道，使用单位对人防工程的管理要求不熟悉，擅自在防空地下室围护结构或有口部密闭要求的墙体上钻孔，敷设管道。这会影响防空地下室的防护密闭性，增加临战时处置的工作量。

2. 擅自垫高地坪

由于设固定门槛的原因，防毒通道或密闭通道的地坪要低于固定门槛。当通道平时有较多人员通行时，有的管理单位为了人员通行方便，擅自将通道用素混凝土垫高，影响通道内防爆地漏的开启；有的甚至将防爆地漏封闭在素混凝土之下，影响战时洗消排水。

3. 设备、阀门等长期缺乏维护

平时已安装战时才使用的给水排水设备、阀门等，除防空演练之外，没有使用的机会。设备、阀门等长期得不到使用和必要的维护，导致设备、阀门生锈严重，启闭困难，最终影响战时使用功能的发挥。

4. 关闭了消防给水系统上应常开的阀门

为了减少闭式自动喷水灭火系统漏水、误报警的麻烦，关闭给水引入管等应常开的阀门，使自动灭火及报警的功能丧失。

这是防空地下室日常维护管理中较为常见的问题，如发生火灾，将导致极为严重的后果。特别是缺乏消防部门有效监督的工程，更容易出现这类管理问题。如因气候或季节性原因，防空地下室不能有效维持防水管冻裂的温度，则在设计或系统改造上，应进行干湿式转换，以满足季节性转换的要求。

5. 消防给水系统缺少定期检测及设备联动

消防给水系统的维护管理有一套制度要求，消火栓、自动喷水灭火系统需要定期进行检测及设备联动调试，以检测给水管网、消防报警、设备启动等方面的状态及可靠性。但有的防空地下室在消防给水系统的管理方面存在制度不明确、专业性不足、重视程度不够等问题，系统长期不检测与联动，有的水泵因长期不通电运转，传动系统生锈严重，导致无法启动。

6. 配置的灭火器失效

防空地下室建设初期配置的灭火器，均有专门的配置设计。但灭火器根据灭火介质的不同，有不同的失效期，一般为5～10年。从灭火器出厂日期算起，达到报废年限的，应报废或送厂家处置。还要观察灭火器上的压力表，看其填充压力是否满足要求。如灭火器失效，则起不到设置灭火器的作用。

7. 消火栓箱损坏

消火栓是防空地下室重要和最基本的灭火系统，不少防空地下室的消火栓箱缺乏管理和维护，常见的问题有：

（1）水龙带、水枪遗失；

（2）水龙带严重老化，漏水严重，消防时不能对水枪有效供水；

（3）箱体上玻璃门损坏等。

8. 战时给水排水设备、器材丢失

由于日常管理不到位，导致已安装的战时给水排水设备、器材被人为丢失，如丢失阀门、水龙头、地漏箅子等。

9. 战时使用的地漏锈蚀、堵塞

有的防空地下室战时使用的地漏安装空间在平时使用频繁，且地面会有较多的灰尘、杂物等。由于管理不善，地面灰尘、杂物等不断地排入战时使用的地漏处，导致地漏锈蚀较为严重，与地漏连接的排水管内杂物累积多，甚至堵塞。

除上述常见的普遍性问题之外，还有一些个别、特殊性问题，影响着防空地下室平时使用的安全及战时功能的发挥。防止这些问题的发生，核心在于日常的维护管理要到位。关键问题是应根据防空地下室的产权、收费等具体情况，建立责、权、利相一致的管理规章制度，明确责任主体单位。可以委托地面建筑的物业公司结合地面建筑进行管理，也可以将部分专项设备及功能委托社会化专业公司进行区域性管理。

参 考 文 献

［1］ 陈冀胜. 化学生物武器与防化装备［M］. 北京：原子能出版社，2003.

［2］ 曹保榆. 核生化事件的防范与处置［M］. 北京：国防工业出版社，2004.

［3］ 丁志斌. 刚性防水套管管道粘结力计算及试验研究［J］. 防护工程，2006（6）：34-36.

［4］ 公安部天津消防研究所等. 建筑设计防火规范：GB 50016—2014（2018 年版）［S］. 北京：中国计划出版社，2018.

［5］ 中国中元国际工程公司等. 消防给水及消火栓系统技术规范：GB 50974—2014［S］. 北京：中国计划出版社，2014.

［6］ 公安部天津消防研究所等. 自动喷水灭火系统设计规范：GB 50084—2017［S］. 北京：中国计划出版社，2017.

［7］ 上海市公安消防总队等. 汽车库、修车库、停车场设计防火规范：GB 50067—2014［S］. 北京：中国计划出版社，2015.

［8］ 防空地下室设计手册——暖通、给水排水、电气分册. 北京：中国建筑标准设计研究院等，2006.

［9］ 住房和城乡建设部工程质量安全监管司等. 全国民用建筑工程设计技术措施——防空地下室（2009 年版）［M］. 北京：中国计划出版社，2009.